21 世纪全国本科院校电气信息类创新型应用人才培养规划教材

光 纤 通 信

主　编　卢志茂　冯进玫
副主编　陈丽娟　郭忠义
主　审　张智勇

内 容 简 介

本书按照创新型教材的思想和目标，力求体系结构新颖，内容符合实用性教材的需要。本书坚持以学生为根本，从当前的教学实际出发，由浅入深、循序渐进地阐述了光纤通信的基础理论和先进技术。在理论介绍的过程中，通过例题、案例、典型应用突出重点内容，加深对理论的理解，锻炼学生的思维能力及运用概念解决问题的能力；通过综合实例，全面提升学生解决实际应用问题的能力。

本书的主要内容包括：绪论，光纤和光缆，无源光器件，光放大器，光源与光发送机，光检测器与光接收机，系统设计，光纤通信网。

本书适用面较广，可作为通信工程专业、电子信息专业和相关专业本科生以及其他工科类专业的教材，还可供相关技术人员自学和参考使用。

图书在版编目(CIP)数据

光纤通信/卢志茂，冯进玫主编. —北京：北京大学出版社，2010.8
(21世纪全国本科院校电气信息类创新型应用人才培养规划教材)
ISBN 978-7-301-12379-9

Ⅰ.①光… Ⅱ.①卢…②冯… Ⅲ.①光纤通信—高等学校—教材 Ⅳ.①TN929.11

中国版本图书馆 CIP 数据核字(2010)第 145872 号

书 名：	光纤通信
著作责任者：	卢志茂 冯进玫 主编
策划编辑：	程志强
责任编辑：	程志强
标准书号：	ISBN 978-7-301-12379-9/TN·0028
出 版 者：	北京大学出版社
地 址：	北京市海淀区成府路 205 号 100871
网 址：	http://www.pup.cn http://www.pup6.com
电 话：	邮购部 62752015 发行部 62750672 编辑部 62750667 出版部 62754962
电子邮箱：	pup_6@163.com
印 刷 者：	北京京华虎彩印刷有限公司
发 行 者：	北京大学出版社
经 销 者：	新华书店
	787 毫米×1092 毫米 16 开本 15.5 印张 357 千字
	2010 年 8 月第 1 版 2017 年 2 月第 3 次印刷
定 价：	28.00 元

未经许可，不得以任何方式复制或抄袭本书之部分或全部内容。
版权所有，侵权必究 举报电话：010-62752024
电子邮箱：fd@pup.pku.edu.cn

前　言

光纤及其在通信领域的不断发展，促进了信息技术产业的革新；作为通信领域的重要分支，光纤通信在通信领域起到了举足轻重的作用。因而，掌握光纤通信技术及系统方面的知识就显得尤为重要。光纤通信是高等院校工科专业学生必修的一门专业基础课程，本课程内容丰富，知识面广，实用性强，不仅要使学生掌握光纤通信的基本原理，还要求学生对光纤通信系统有一定了解；既要使学生学习足够的理论知识，又要注重技术应用能力的培养。按照创新型教材"编写体例要新颖活泼，注重人文知识与科技知识的结合，注重拓展学生的知识面，以学生为本"的思想和目标，我们编写了本书。本书结构新颖，内容符合实用性教材的需要，主要具有以下特点。

1. 体系创新

本书力求改变工科教材艰深古板的固有面貌，提高学生的全面素养。每章开始的知识框架，使读者对本章内容一目了然。同时，注重拓展学生的知识面，坚持科技知识与人文知识的结合。学习和借鉴人文学科教材的写作模式，风格清新活泼，增强教材的可读性，把一些与课程相关的材料(历史、最新成果、技术发展等)充实到每章中。

2. 内容更新

(1) 理论讲解简单实用，服务于光纤通信的实际应用。本书摒弃传统工科教材知识点设置按部就班、理论讲解枯燥无味的弊端，作者结合长期的教学实践和光纤通信实训基地的实际应用，简明阐述了光纤通信的工作原理；并根据工科类专业本科生的培养目标，侧重于在光纤通信各组成部分及光纤通信系统的设计、开发和应用能力等方面加强对学生的培养。

(2) 强化案例式教学，重视实践环节。通过相关的应用实例来介绍光纤通信各组成部分的基本原理和工作方式，并可通过习题练习、实验环节和课程综合设计项目的实践教学等手段使学生具有一定的光纤系统的设计能力和应用能力。

(3) 内容的介绍符合当前的现状和教学规律。本书不以内容全、知识点深取胜，而是坚持以学生为根本，从当前的实际出发，努力站在学生的角度思考问题，考虑学生看到教材时的感受，由浅入深、循序渐进地阐述了其工作原理和光纤通信的应用。例如，在理论介绍的过程中以例题、案例加深对理论的理解；通过知识点的提醒和有关问题的思考以锻炼学生的思维能力以及运用概念解决问题的能力；通过综合实例，全面提升学生解决实际应用问题的能力。

全书共分8章，第1章绪论，介绍了光纤通信的发展，光纤通信的定义、光纤通信的基本组成和优缺点，以及全光网络的定义和特点；第2章光纤和光缆，简要介绍了光纤和光缆的结构、分类、特性及型号，重点分析了光传输理论，介绍了光纤的特性及测量技术；

第 3 章无源光器件，介绍了 7 种常用的无源光器件的结构、分类、工作原理及性能；第 4 章光放大器，介绍了几种常用的光放大器的放大原理、性能和应用；第 5 章光源与光发送机，介绍了光发射机的组成、技术指标，几种常用光源的工作原理、工作特性及光源的调制技术；第 6 章光检测器与光接收机，介绍了两种比较常用的光检测器及其工作特点，光接收机的基本组成、各部分功能以及光接收机的重要特性；第 7 章系统设计，介绍了光纤通信系统的基本设计方法以及设计中应注意的问题；第 8 章光纤通信网，介绍了现阶段比较成熟的光传输系统 SDH 光传送网、WDM 光传送网以及未来的全光网络，并介绍了光纤接入网的基本知识。

本书由哈尔滨工程大学的卢志茂教授、黑龙江科技学院的冯进玫担任主编并负责全书的统稿；黑龙江科技学院的陈丽娟、哈尔滨工业大学理学院的郭忠义担任副主编，协助主编完成统稿工作。其中，第 1、2 章由卢志茂编写，第 3、4 章由冯进玫编写，第 5、6 章由郭忠义编写，第 7、8 章由陈丽娟编写。本书由黑龙江科技学院电气与信息工程学院的张智勇主审。此外，本书参考了一些老师的部分材料以及其他单位、同行所公开的有关文献(已在参考文献中列出)，在此一并致以衷心的感谢！

由于编者水平有限，难免有疏漏和不当之处，欢迎广大读者和同行不吝指教。

编　者
2010 年 5 月

目 录

第1章 绪论 1
引言 2
1.1 光通信的发展史 3
　1.1.1 早期的光通信 3
　1.1.2 光纤通信的历史 4
1.2 光纤通信的基本概念 6
1.3 光波的电磁频谱 6
1.4 光纤通信的优点和缺点 7
1.5 光纤通信的系统组成 8
1.6 全光网络简介 10
本章小结 10
习题 11

第2章 光纤和光缆 12
引言 13
2.1 光缆 14
　2.1.1 光缆的结构 14
　2.1.2 光缆的分类 15
　2.1.3 光缆的特性 16
　2.1.4 光缆的型号 17
2.2 光纤的分类 19
2.3 光纤的传输特性 22
　2.3.1 几何光学分析法 22
　2.3.2 光纤的数值孔径 24
　2.3.3 波动理论分析法 25
2.4 光纤模式 27
　2.4.1 波的类型和模的概念 27
　2.4.2 多模光纤中的模式数目 27
　2.4.3 单模光纤的传播模 28
2.5 光纤的色散 28
　2.5.1 模式色散 29
　2.5.2 色度色散 30
　2.5.3 偏振模色散 30
　2.5.4 色散补偿 31

2.6 光纤的损耗 34
　2.6.1 损耗系数 34
　2.6.2 产生损耗的原因 34
　2.6.3 损耗谱 36
2.7 光纤特性的测量技术 37
　2.7.1 光纤损耗特性的测量方法 37
　2.7.2 带宽的测量方法 39
　2.7.3 光纤色散特性的测量方法 40
本章小结 40
习题 41

第3章 无源光器件 43
引言 44
3.1 光纤连接器 45
　3.1.1 光纤熔接法 45
　3.1.2 光纤连接器简介 46
3.2 光纤耦合器 50
　3.2.1 光耦合器的分类 50
　3.2.2 光纤耦合器的工作原理 50
　3.2.3 性能参数 52
3.3 光开关 54
　3.3.1 光开关的分类 54
　3.3.2 工作原理 55
3.4 光隔离器与光环行器 59
　3.4.1 光隔离器 59
　3.4.2 光环行器 60
　3.4.3 主要性能 61
3.5 光滤波器 61
　3.5.1 M-Z 干涉滤波器 62
　3.5.2 F-P 腔光纤滤波器 63
　3.5.3 光纤光栅滤波器 64
3.6 光衰减器 65
本章小结 67
习题 68

第4章 光放大器 ... 69
引言 ... 70
4.1 光放大器的分类 ... 71
4.2 掺铒光纤放大器 ... 71
    4.2.1 光与物质相互作用的三个过程 ... 71
    4.2.2 EDFA 的放大原理 ... 73
    4.2.3 EDFA 的泵浦方式 ... 74
    4.2.4 EDFA 的工作特性 ... 76
    4.2.5 EDFA 的优点 ... 78
4.3 掺镨光纤放大器 ... 80
4.4 受激拉曼光纤放大器 ... 80
    4.4.1 SRA 的放大原理 ... 80
    4.4.2 SRA 的结构 ... 82
    4.4.3 SRA 的性能 ... 82
    4.4.4 SRA 的典型应用 ... 84
    4.4.5 SRA 的优点和缺点 ... 85
4.5 受激布里渊光纤放大器 ... 88
4.6 半导体型光放大器 ... 88
    4.6.1 SOA 的工作原理 ... 88
    4.6.2 SOA 分类 ... 89
    4.6.3 SOA 的应用 ... 89
    4.6.4 SOA 的主要特性 ... 90
4.7 光放大器的应用 ... 90
本章小结 ... 92
习题 ... 92

第5章 光源与光发送机 ... 94
引言 ... 95
5.1 光发送机 ... 96
    5.1.1 光发送机的组成 ... 96
    5.1.2 光发送机的主要技术指标 ... 99
5.2 线路编码 ... 100
    5.2.1 编码原则 ... 100
    5.2.2 扰码 ... 101
    5.2.3 字变换码 ... 101
    5.2.4 插入码 ... 103
    5.2.5 线路码的主要性能参数 ... 106

5.3 激光器及激光器组件的组成 ... 107
5.4 半导体激光器 ... 108
    5.4.1 F-P 腔激光器 ... 108
    5.4.2 DFB 和 DBR 激光器 ... 109
    5.4.3 LD 的工作特性 ... 110
    5.4.4 LD 的自动温度控制 ... 112
    5.4.5 LD 的自动功率控制 ... 113
5.5 半导体 LED ... 114
    5.5.1 结构和分类 ... 115
    5.5.2 LED 的特性 ... 116
5.6 其他类型激光器 ... 117
    5.6.1 量子阱激光器 ... 117
    5.6.2 垂直腔面发光激光器 ... 118
5.7 光源与光纤的耦合 ... 119
5.8 光调制 ... 120
    5.8.1 直接调制 ... 120
    5.8.2 间接调制 ... 122
本章小结 ... 124
习题 ... 125

第6章 光检测器与光接收机 ... 126
引言 ... 127
6.1 光检测器 ... 129
    6.1.1 光检测器的工作原理 ... 129
    6.1.2 PIN 光电二极管 ... 129
    6.1.3 雪崩光电二极管 ... 130
6.2 光检测器的工作特性 ... 131
6.3 光接收机 ... 135
6.4 光接收机的噪声 ... 141
    6.4.1 光接收机中的噪声源 ... 141
    6.4.2 接收机等效电路及放大器电路噪声 ... 142
    6.4.3 光检测器的噪声 ... 143
6.5 光接收机的误码率和接收灵敏度 ... 144
    6.5.1 接收机的误码率 ... 144
    6.5.2 接收机的灵敏度 ... 147
6.6 光接收机的动态范围 ... 149
本章小结 ... 151
习题 ... 152

第 7 章　系统设计 153

引言 154
7.1　总体设计考虑 155
7.2　数字光纤通信系统的体制 157
　　7.2.1　脉冲编码调制原理 157
　　7.2.2　光纤传输系统的基本速率 158
7.3　光缆线路传输距离的估算 160
7.4　光纤工作波长的选择 162
7.5　光线路码的合理选用 163
　　7.5.1　光线路码及特点 163
　　7.5.2　$mBnB$ 码 164
　　7.5.3　插入比特码 165
7.6　光接口分类及应用代码 167
7.7　工程设计中考虑的其他问题 169
　　7.7.1　选择通信路由 169
　　7.7.2　光通信网络承载业务类型和容量 170
本章小结 173
习题 173

第 8 章　光纤通信网 175

引言 176
8.1　光纤通信网概述 176
　　8.1.1　光纤通信网络结构 176
　　8.1.2　光传送网的发展过程 177
8.2　SDH 光同步数字传送网 181
　　8.2.1　SDH 传送网概述 181
　　8.2.2　SDH 速率等级和帧结构 182
　　8.2.3　复用映射结构 184
　　8.2.4　SDH 网元设备 188
　　8.2.5　典型设备简介 194
8.3　WDM 光传送网 211
　　8.3.1　WDM 传送网的概念 211
　　8.3.2　WDM 光传送网的分层结构 214
　　8.3.3　WDM 网络基本形式和基本结构 215
　　8.3.4　WDM 系统的关键技术 217
　　8.3.5　WDM 系统工程设计 221
8.4　全光网络 223
　　8.4.1　全光网概述 223
　　8.4.2　全光网分层结构 224
　　8.4.3　全光网的性能 226
8.5　光纤接入网 227
　　8.5.1　光纤接入网的基本组成 227
　　8.5.2　光纤接入网的分类 228
　　8.5.3　光纤接入网的拓扑结构 230
　　8.5.4　光纤接入网的形式 230
　　8.5.5　HFC 接入网 231
　　8.5.6　光纤接入网的优势与劣势 233
本章小结 234
习题 234

参考文献 236

第 1 章 绪　论

本章知识结构

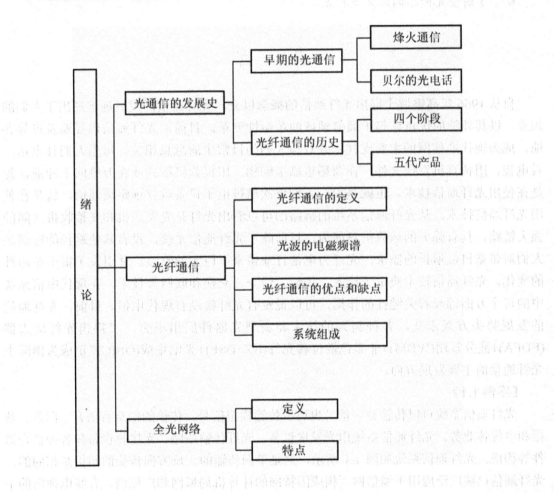

光纤通信

本章教学目的与要求

- 了解光通信的发展史
- 了解光纤通信系统在当今通信领域的重要地位和作用
- 掌握光纤通信的定义
- 掌握光纤通信的基本组成及各组成部分的功能
- 了解光纤通信的优点和缺点
- 了解光纤通信发展的四个阶段、五代产品
- 了解全光网络的定义及特点

引　言

自从1966年高锟博士提出光纤通信的概念以来,光纤通信的发展远远超出了人们的想象,以其独特的优点掀起了通信领域的革命性变革。目前,光纤通信已经遍及世界各地,成为现代通信网的主要支柱,并且与人们的日常生活息息相关。每当人们打电话、看电视、用传真机发送文件,在商场里刷卡购物,用提款机取钱或在万维网上冲浪,都是在使用光纤通信技术,也就是说,人们每次通过电子设备进行远距离通信,就是在使用光纤通信技术。从光纤通信系统的链路图可以看出光纤是光发送机和光接收机之间的强大链路,具有强大的运载信息能力,目前除了光纤通信系统,没有其他途径能够满足人们对带宽日益增长的需求。光纤为电信行业带来了巨大的收益,并引发了很多革命性的变化。光纤通信技术决定了接入、传输、信令、交换和联网等技术,在现代电信系统中的每个方面都起着关键性的作用,可以说没有光纤就没有现代电信。目前,光纤通信的发展势头方兴未艾,各种新兴的技术和新型光器件层出不穷,"掺铒光纤放大器(EDFA)+波分复用(WDM)+非零色散位移光纤(NZ-DSF)+光电集成(OEIC)"正成为国际上光纤通信的主要发展方向。

【案例1.1】

光纤通信系统可以传输数字信号也可以传输模拟信号,传输的信息有语音、图像、数据和多媒体业务。光纤通信系统由光发送设备、光纤传输线路、光接收设备和各种耦合器件等构成。光纤通信系统如图1.1所示,这是单向传输的,反方向传输的结构是相同的。光纤通信已被广泛应用于通信网、构成因特网的计算机局域网和广域网、有线电视网的干线和分配网、综合业务光纤接入网等领域。

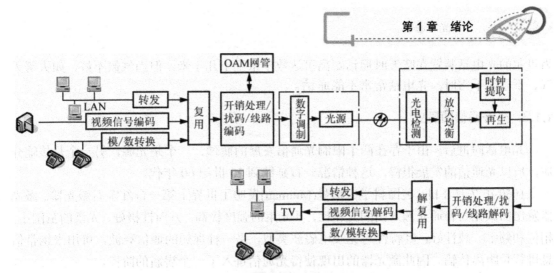

图 1.1 光纤通信系统示意图(单向)

1.1 光通信的发展史

1.1.1 早期的光通信

1. 烽火通信

光通信是利用光波来传送信息的。三千多年前人们就开始利用光进行通信,中国古代的烽火通信是利用火光来传递军事情报,使用的设施是烽火台,烽火通信虽然设施简陋,但却包含了现代光通信的基本要素。

现代光通信的基本要素是:
(1) 要有一个光源;
(2) 要有接收器,也就是要有能感受火光的装置;
(3) 要对光波进行调制,把要传送的信息加在光波上;
(4) 要有良好的光通道。

烽火通信的光源就是烽火;接收器就是人的眼睛;在烽火通信中,被调制的火光信号只有光两种状态,即有火光和无火光,有火光表示有敌人入侵,无火光表示没有军事情况;烽火通信的光通道就是地球表面的大气。

2. 贝尔的光电话

1881 年,贝尔发表了著名的《关于利用光线实现声音的产生与复制》论文。现代光通信起源于贝尔发明的"光电话"。贝尔的光电话是以弧光灯为光源,通过透镜将弧光灯发出的光聚焦在送话器的音膜上,音膜随着说话人声音的强弱及音调不同而作相应的振动时,从音膜上反射出来的光的强弱也随之变化。这种被声音信号调制的光通过大气传播一段距离后,被一个大型抛物面镜接收,在抛物面镜的焦点上放着一个硅光电池,硅光电池就是一个光探测器,能将射在其上面的光转变成电信号,这个电信号的强弱及变化频率,恰好能反映原来用于调制光信号的声音的强弱及频率。这个电信号被送进受话器,还原成原来的声音,从而完成了整个通信过程。遗憾的是贝尔的光电话没有真正的使用价值,因

为贝尔的光电话装置在晴天时通话距离可达数千米至十几千米,但当气候不好,如大雾天气、下雨或下雪时,光电话常常不能通话。

1.1.2 光纤通信的历史

光电话问世后,由于存在两个限制光通信发展的瓶颈,一个是光源,另一个是传输介质,所以光通信的发展很慢,这种情况一直延续到20世纪60年代。

1960年7月8日,美国科学家梅曼(Meiman)发明了世界上第一台红宝石激光器。激光器发出的激光与普通光源发出的光相比,其光束的强度极高,方向性极好,光谱的范围小,相位和频率一致性好,其特性与无线电磁波类似,是一种理想的通信载波,可用来携带信息进行长距离传输。因此激光器的出现使得光通信进入了一个崭新的阶段。

激光由于频率很高,可极大地提高通信容量,因此很快在通信领域得到应用。继红宝石激光器问世后,各种不同材料的激光器相继出现。1965年,发明了硅雪崩光电二极管;1976年,日本电报电话公司成功研制出发射波长为 1.3 μm 的铟镓砷磷(InGaAsP)激光器;1977年,贝尔实验室研制的半导体激光器寿命长达10万小时(约11.4年),外推寿命可达100万小时;1979年,美国电报电话(AT&T)公司和日本电报电话公司成功研制出发射波长为 1.55 μm 的连续振荡半导体激光器。

1966年,英籍华裔学者高锟(K.C.Kao)和霍克哈姆(G.A.Hockham)发表了关于传输介质新概念的论文,指出了利用光纤(Optical Fiber)进行信息传输的可能性和技术途径,奠定了现代光通信——光纤通信的基础。1970年,在高锟理论的指导下,美国的康宁公司研制出第一根 20 dB/km 的低损耗光纤。自1970年以后,光纤技术以指数规律快速向前发展。1974年,贝尔实验室发明了制造低损耗光纤的化学汽相沉积法(MCVD),并成功研制出了损耗为 1 dB/km 的光纤。1976年日本电报电话公司研制出更低损耗的光纤,损耗下降为 0.471 dB/km。20世纪80年代后期,光纤损耗降到了 0.154 dB/km。

由于有了理想的光源和传输介质,从此光纤通信便进入了迅猛发展的阶段。

1976年,美国在亚特兰大(Atlanta)进行了世界上第一个实用光纤通信系统的现场试验,系统采用 GaAlAs 激光器作为光源,多模光纤作为传输介质,速率为 44.7 Mb/s,传输距离约为 10 km。

1980年,美国标准化 FT-3 光纤通信系统投入商业应用,系统采用渐变型多模光纤,速率为 44.7 Mb/s。随后美国很快敷设了东西干线和南北干线,穿越22个州,光缆总长达 5×10^4 km。

1976年和1978年,日本先后进行了速率为 34 Mb/s,传输距离为 64 km 的阶跃型多模光纤通信系统,以及速率为 100 Mb/s 的渐变型多模光纤通信系统的试验。

1983年敷设了纵贯日本南北的光缆长途干线,全长 3 400 km,初期传输速率为 400 Mb/s,后来扩容到 1.6 Gb/s。

1988年,由美、日、英、法建成了第一条横跨大西洋 TAT-8 海底光缆通信系统,全长 6 400 km。

1989 年建成了第一条横跨太平洋 TPC-3/HAW-4 海底光缆通信系统,全长 13 200 km。从此,海底光缆通信系统的建设得到了全面展开,促进了全球通信网的发展。

1999 年中国生产的 8×2.5 Gb/s WDM 系统首次在青岛至大连开通,随后沈阳至大连的 32×2.5Gb/s WDM 光纤通信系统开通。

2005 年 3.2 Tb/s 超大容量的光纤通信系统在上海至杭州开通,是当时世界容量最大的实用线路。

2008 年 10 月 8 日,连接亚洲和美洲大陆的首个太级(Tb/s)海底光缆通信系统——跨太平洋直达光缆系统(Trans-Pacific Express Cable Network,TPE)正式开通。该光缆通信系统由中国电信牵头发起,亚太地区多家主要电信运营商共同参与建设。TPE 连接中国内陆及台湾地区、韩国和美国,分别在上海、青岛、淡水、韩国巨济和美国俄勒冈州 Nedonna 登陆,网络总线路长度约 26 000 公里,该系统的初始容量为 1.28 Tb/s,设计容量为 5.12 Tb/s,TPE 一期工程投资约 5 亿美元。能容纳 1 920 万人同时通话,或者相当于同时传递 16 万路高清电视信号。由于采用了当前最先进的多种通信技术,TPE 将是首条可为客户提供中美间 10 G 波长直连的光缆系统,不必中转日本,从而实现真正意义上的跨太平洋直达。

光纤通信技术的问世与发展给世界通信业带来了革命性的变化。光纤通信在 40 年里飞速发展,技术不断更新换代,通信能力不断提高,应用范围不断扩大。

光纤通信的发展可分为四个阶段、五代产品。四个阶段为:

第一阶段(1966—1976 年),实现了短波长(0.85 μm)、低速(45 或 34 Mb/s)多模光纤通信系统,无中继传输距离约 10 km。

第二阶段(1976—1986 年),光纤以多模发展到单模,工作波长以短波(0.85 μm)发展到长波长,实现了波长为 1.31 μm、传输速率为 140~165 Mb/s 的单模光纤通信系统,无中继传输距离为 50~100 km。

第三阶段(1986—1996 年),实现了 1.55 μm 色散位移单模光纤通信系统。采用外调制技术,传输速率可达 2.5~10 Gb/s,无中继传输距离可达 100~150 km。

第四阶段(1996—2006 年),主要研究的是光纤通信新技术,例如,超大容量的波分复用技术和超长距离的光弧子通信技术等。

五代产品是这样划分的:

第一代工作于 0.85 μm 波段,最大通信容量约为 500 Mb/(s·km);

第二代工作于 1.31 μm 波段,最大通信容量约为 85 Gb/(s·km);

第三代工作于 1.55 μm 波段,最大通信容量约为 1 000 Gb/(s·km);

第四代采用光放大器增加中继距离,采用频分和波长复用技术增加比特率,最大通信容量约为 2 000 Gb/(s·km);

第五代光弧子脉冲为通信载体,以光时分复用技术和波分复用技术联合复用为通信手段,以超大容量、超高速率为特征。

进入 20 世纪 90 年代以后,随着光纤通信与光波电子技术的发展,在全世界范围内掀起了第三代通信网——全光通信网研究的潮流。

1.2 光纤通信的基本概念

光纤是现代通信网络传输信息的最佳媒质,光纤通信迅速发展,取代了电通信的地位,已成为现代通信技术的主要支柱之一。

利用光导纤维传输光波信号的通信方式称为光纤通信。即以光波为载频,以光纤为传输介质的通信方式称为光纤通信。光导纤维简称光纤。

光纤是光发射机与光接收机之间的强大链路,其链路能力可由香农定理算出

$$C = BW \times \log_2(1 + SNR) \tag{1-1}$$

式中,C 为运载信息能力,单位为比特/秒(b/s);BW 为链路带宽(1Hz=1 周期/秒);SNR 为信噪比。

香农公式说明运载信息能力与信道带宽成正比,其中带宽就是信号进行传输且没有明显衰减的频率范围。信号载体的频率限制了带宽,因为载体的频率越高,信道的带宽就越大,系统的信息传输能力就越大。

系统的带宽用载频的百分比即带宽利用系数来表示。对带宽进行估算的经验规则是:带宽大概是载波信号频率的10%。通信系统的通信容量与系统的带宽成正比。光波的频率比电通信使用的频率高得多,因而其通信容量也大得多。

1.3 光波的电磁频谱

光波实际上是一高频的电磁波。在讨论高频电磁波时,习惯采用波长来代替频率描述。波长与频率的关系为

$$\lambda = \frac{c}{f} \tag{1-2}$$

式中,λ 为电磁波的波长,波长是一个波的两个连续周期中具有相同相位的点间的距离;c 为光波在自由空间中传播的速度,其值为 3×10^8 m/s;f 为电磁波的频率,其物理含义是交变电磁波在单位时间(每秒)变化的周期数。

对于光波来说,波长常用的单位有微米($1\mu m = 10^{-6}$ m)、纳米($1 nm = 10^{-9}$ m)、埃($1\text{Å} = 10^{-10}$ m)。

光波在电磁波频谱中的大体位置分布,如图1.2所示,光波的频率一般可达到 $10^{13} \sim 10^{14}$ Hz,对应的波长为 $10 \sim 100\,000$ nm。可进一步将光波细分为红外线、可见光和紫外线。

红外线的波长为 $0.76 \sim 300\,\mu m$,这一波段的波长比人眼实际可见的光的波长要长得多,可细分为波长为 $0.76 \sim 15\,\mu m$ 的近红外、波长为 $15 \sim 25\,\mu m$ 的中红外和波长为 $25 \sim 300\,\mu m$ 的远红外。这一波段的信号主要用于光波通信、红外制导、电子摄像及天文学。目前光纤通信所使用的光波波长为 $0.85\,\mu m$、$1.31\,\mu m$ 及 $1.55\,\mu m$,主要位于近红外波段。通常将小于 $1\,\mu m$ 的红外波长称为短波长,将大于 $1\,\mu m$ 的红外波长称为长波长。

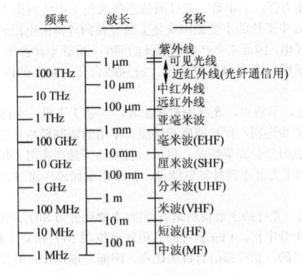

图 1.2　电磁波频谱图

可见光的波长为 0.39～0.76 μm，这一波段就是人眼实际可见的波长，像自然光源(如太阳光)和白炽灯、荧光灯以及许多激光源(如 He-Ne 激光器)等装饰性的人造光源，发出的光都是人眼可见的可见光。

紫外线的波长小于 0.39 μm，这一波段的波长比人眼实际可见的光的波长要短得多，这一波段的信号很少应用于通信。

1.4　光纤通信的优点和缺点

曾经阻碍光纤通信向实用化方向发展的两大障碍，即没有良好的光源和理想的传输介质，目前都得到了圆满的解决。自 1982 年以后，光纤通信迅速发展，促进了光纤的应用和产业化，光纤的需求量呈指数规律上升。无论是在陆地，还是在海底都敷设了光纤，光纤甚至已经延伸到了办公桌和家中。光纤之所以在世界各国的各个领域都得到广泛的应用，成为高质量信息传输的主要手段，是因为光纤与传统的金属同轴电缆相比，具有如下的优点：

(1) 传输频带宽，通信容量大。光纤通信是以光纤为传输媒介，光波为载波的通信系统，其载波具有很高的频率(约 10^{14} Hz)，因此光纤具有很大的通信容量。目前电缆通信的工作频率为 10^5～10^8 Hz，微波通信的工作频率为 10^9 Hz 左右，光纤通信的带宽与通信容量比微波通信提高了 10 万倍，比同轴电缆通信提高了 100 万倍。

(2) 传输距离长。光缆的传输损耗比电缆低，因而可传输更长的距离。光纤在 1.55 μm 的低损耗窗口衰减系数可以小于 0.2 dB/km，工作带宽可达 100 GHz 以上，无中继距离达 100 km 以上。而工作在 100 MHz 的同轴电缆通信的最佳衰减系数高达 75 dB/km，无中继距离仅在 5 km 左右。

(3) 抗电磁干扰能力强，无串音。光纤通信系统避免了电缆间由于相互靠近而引起的电磁干扰。金属电缆发生干扰的主要原因就是金属导体向外泄漏电磁波。由于光纤的材料是玻璃或塑料，都不导电，因而不会产生电磁波的泄漏，也就不存在相互之间的电磁干扰。

(4) 抗腐蚀、耐酸碱。光缆可直埋地下，特别适合化工企业的内部及恶劣环境下的通信。

(5) 质量轻，安全，易敷设。光纤的质量很轻，安装于飞机、火箭、导弹、潜艇内，可以减轻负载，从而减少燃料，提高速度和性能，军用的特制轻质光缆，每公里仅 5kg 左右，用直升飞机空投临时紧急光缆线路，可以应付敌方突然袭击时采用的强烈电磁干扰。

(6) 保密性强。由于光纤不向外辐射能量，很难用金属感应器对光缆进行窃听，因此比铜缆保密性强。

(7) 原料资源丰富。光纤的主要材料是石英砂(主要成分为 SiO_2，纯度可达 99%以上)，石英砂在地球上资源十分丰富。1 kg 极纯的石英砂可拉制 100 km 以上的光纤。

事情都是一分为二的，光纤通信有许多优点，因而发展迅速，但光纤通信也有一些缺点，其缺点可归纳为：

(1) 抗拉强度低。光纤的理论抗拉强度要大于钢的抗拉强度。但是，由于光纤在生产过程中表面存在或产生微裂痕，光纤受拉时应力全都加于此，从而使光纤的实际抗拉强度非常低，这就是裸光纤很容易折断的原因。为了保护光纤，在光纤制造过程中可以采用一系列保护措施，如在光纤的生产过程中，增加涂覆层；在光缆的制作过程中，增加特殊的抗拉元件；在光缆的施工过程中，绝大部分拉力应加在抗拉元件上，使光纤基本不受拉力。

(2) 光纤连接困难。要使光纤的连接损耗小，两根光纤的纤芯必须严格对准。由于光纤的纤芯很细(只有几个微米)，加之石英的熔点很高，因此连接很困难，需要有昂贵的专门工具。

1.5　光纤通信的系统组成

在光纤通信系统中，最基本的三个组成部分是光发送机、光接收机和光纤链路。图 1.3 所示是光纤通信系统的链路构成，将要发送的信息如音频、视频或数据信号等，送入电子发送器，电子发送器将音频、视频或数据转换成电信号，电信号送至光发送机，光发送机将电信号转换为光信号，并将生成的光信号注入光纤。光信号在光纤链路中传输，光接收机将接收的光信号转换回电信号，最后由电子接收器对这些电信号进行处理，还原成原来的音频、视频或数据信号。

光发送机由电接口、驱动电路和光源组件组成。其作用是将电信号转换为光信号，并将生成的光信号注入光纤。

光接收机是由光检测器组件、放大电路和电接口组成。其作用是将光纤送来的光信号还原成原始的电信号。

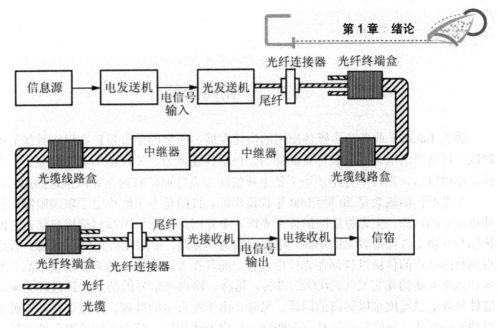

图 1.3 光纤通信系统的链路构成

光纤链路由光纤光缆、光纤光缆线路(接续)盒、中继器等构成。光缆可以架空铺设(敷设)，也可以铺设在管道内，或埋于地下，或铺设于海底。由于制造、铺设等原因，光缆生产厂家生产的光缆一般为 2 km 一盘，因而如果光发送与光接收之间的距离超过 2km 时，每隔 2 km 将需要用光缆线路盒将光缆连接起来。光缆线路盒一般置于户外，因而要注意防潮、防腐等措施。光缆终端盒主要用于将光缆从户外引入到室内，将光缆中的光纤从光缆中分离出来，一般放置在光设备机房内。光纤连接器主要用于将光发送机或光接收机与光缆终端盒分出的光纤连接起来，即连接光纤跳线与光缆中的光纤。

中继器主要用于补偿光信号由于长距离传送所损失的能量。由于光纤的损耗和带宽限制了光波的传输距离，因此当光纤通信线路很长时，则要每隔一定的距离加入一个中继器。由于光纤损耗很低，因此光纤通信的中继距离要比有线通信、微波通信大得多。目前，2.5 Gb/s 单模光纤长波长通信系统的中继距离可达 153 km，已超过微波中继距离的几倍，这就可以减少光纤通信线路中中继器的数目，从而提高光纤通信的可靠性和经济效益。中继器分为电中继器和光中继器(光放大器)两种。电中继器由光接收机和光发送机组成，光接收机首先接收从光纤中传来的被衰减的光信号，并将其转换为电信号，然后对电信号进行放大，再用电信号直接调制发送机中的光源产生已调光波，最后耦合进光纤，达到光信号放大的目的。此种中继器设备比较复杂，而且反复的光/电、电/光变换会增加信号的失真。光中继器也叫光放大器，通过光纤传输后被衰减的光信号可用光放大器直接放大并继续向前传输，以达到长距离通信的目的。目前，光放大器尤其是掺铒光纤放大器(EDFA)已在实际的光纤通信系统中被广泛使用。

光纤可以传输数字信号，也可以传输模拟信号。光纤通信已被广泛应用于通信网、构成因特网的计算机局域网和广域网、有线电视网的干线和分配网、综合业务光纤接入网等领域。光纤宽带干线传送网和接入网发展迅速，是当前研究开发应用的主要目标。

1.6 全光网络简介

随着 Internet 业务和多媒体应用的快速发展，网络的业务量正在以指数级的速度迅速膨胀，这就要求增强网络整体资源能力，包括传输能力、处理能力和存储能力。光纤通信技术出现以后，光技术开始渗透于整个通信网，光纤通信有向全光网推进的趋势。

全光通信的概念是 20 世纪 90 年代提出的，目的是为了解决电子瓶颈限制交换和信息处理速率的问题。全光通信网简称全光网。全光网是指网络中端到端用户结点之间的信号传输与交换全部保持着光的形式，即端到端的全光路，中间没有光/电转换器。数据从源结点到目的结点的传输过程都在光域内进行，而其在各网络结点的交换则使用高可靠、大容量和高度灵活的光交叉连接(OXC)设备。这样，网内光信号的信息传递过程无须面对电子器件处理信息速度难以提高的困难。另外，由于没有电的处理，故允许存在各种不同的协议和编码形式，使信号传输具有透明性。与电方式相比，减少了转换设备的开销，也使整个网络的管理趋于简化。

全光网络利用光波长组网，相对于传统的电信网而言，是基于密集波分复用(DWDM)技术在光域完成信号的选择路由和交换等功能，具有如下特点：

(1) WDM 全光网采用密集波分复用技术，可以充分利用光纤的带宽资源，有极大的传输容量和传输质量，且与现有的通信网有良好的兼容性。

(2) 全光网结构简单，端到端采用透明光通路连接，沿途没有光/电转换与存储，网络中许多光器件都是无源光器件，便于维护，可靠性高。

(3) 全光网结构具备可扩充性和可重构性。网络中使用了 OXC 设备，加入新的网络结点时，不影响原有的网络结构和设备，从而可降低成本。当用户通信量增加或网络出现故障时，可以改变 OXC 设备的连接方式，对网络进行可靠重构。

(4) 全光网以波长选择路由，各个连接是通过承载信息的波长来识别的，因此对传输速率、数据格式及调制方式均具有透明性，可提供不同的速率、协议、调制频率和制式的信号，同时兼容，允许几代设备(PDH/SDH/ATM)甚至 IP 技术共存，共同使用光缆基础设施。

(5) 具有自动修复功能。全光网具有可重构性、可扩展性、透明性、兼容性、完整性和生存性等优点，是目前光纤通信领域的研究热点和前沿。以美国为代表的北美地区、欧洲联盟以及亚洲的日本都已开展了光网络技术的研究，并进行了系统性的大规模网络应用试验。我国自 1996 年开始设立国家级项目，研究波分复用全光网，并取得了突出进展。可以预言，全光网的研究和实用化进程，必将使网络性能和业务提供能力跨上新的台阶。

本 章 小 结

本章回顾了光纤通信发展的历史，介绍了光纤通信系统在当今通信领域的重要地位、作用和发展方向。光纤通信是现代通信网的主要支柱，光纤通信技术决定了接入、传输、信令、交换和联网技术，在现代电信系统中的每个方面都起着关键性的作用。光纤通信的主要发展方向是"掺铒光纤放大器(EDFA)+波分复用(WDM)+非零色散位移光纤(NZ-DSF)+光电集成(OEIC)"。本章着重介绍了光纤通信的定义、基本组成及各组成部分的功能。光纤通信是利用光导纤维传输光波信号的通信方式，所使用的光波波长为 0.85 μm、1.31 μm 及 1.55 μm，主要位于近红外波段。光纤通信系统由光发送机、光接收机和光纤链路三个主要部分组成。最后对全光网络的定义及特点作了介绍。

习　　题

1.1 填空题
(1) 光纤通信是利用_____传输光波信号的通信方式。
(2) 目前光纤通信的主要发展方向是_____+_____+_____+_____。
(3) 光纤通信所使用的光波波长为_____、_____及_____，主要位于_____波段。
(4) 光纤通信系统由_____、_____和_____三个主要部分组成。
(5) _____是光发射机与光接收机之间的强大链路，其链路能力可由香农公式_____算出，香农公式说明运载信息能力与_____成正比。
(6) 载体的频率越高，信道的带宽就越_____，系统的信息传输能力就越_____。
(7) 系统的带宽用载频的百分比即_____来表示。
(8) 全光网具有_____、_____、_____、_____、_____和_____等优点。

1.2 什么是光纤通信？
1.3 光纤通信有哪些优点？
1.4 光纤通信系统由哪几部分组成？说明各部分的作用。
1.5 简述光纤通信的发展趋势。
1.6 简述比较光纤通信各发展阶段的特点与差别。
1.7 简述全光网络的定义及特点。

第 2 章

光纤和光缆

本章知识结构

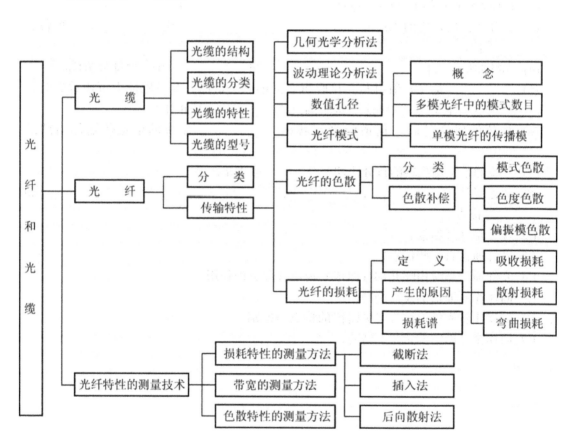

第 2 章 光纤和光缆

本章教学目的与要求

- 了解光缆的结构及特性
- 了解光缆的分类及型号
- 了解光纤的结构、分类及型号
- 掌握几何光学分析法分析多模光纤的光传输原理
- 掌握数值孔径的定义、计算公式
- 了解波动理论分析法
- 会计算多模光纤中模式的数目
- 掌握光纤的单模条件
- 掌握光纤的损耗、色散等特性
- 了解光纤特性的测试技术

引 言

光纤是光纤通信的物理基础。自从 1970 年,美国的康宁公司在高锟理论的指导下研制出第一根 20dB/km 的低损耗光纤之后,光纤、光缆技术不断进步,不断成熟与完善,目前已成为世界信息传输的一种最主要的传输媒质。中国光纤光缆业的发展起步于 1978 年,初成于 1987 年,成熟于 90 年代。中国光纤光缆技术不断进步,从接近世界先进水平,逐步替代进口光缆,已达到世界先进水平,并成为世界制造大国。2006 年,我国生产光纤 2 600 万千米,出口 360 万千米,进口 250 万千米,全国产销光缆达 2 000 万千米。我国光缆总体技术水平已达到国际先进水平,主要企业的主要产品指标领先国际先进水平,产品种类规格基本齐全。纵观世界光纤通信发展的 41 年和中国光纤光缆发展的 30 年,不难发现,每次产业的发展进步都来自于光纤光缆技术进步的推动。

本章主要介绍光纤、光缆的结构、分类、特性和型号,并讨论光纤传输原理和传输特性。对光纤、光缆和光器件的研究,是提高光纤通信系统的水平,促进光纤通信新技术发展最重要的课题。深刻理解光纤传输原理和传输特性,正确选择光纤产品是优化光纤通信系统设计的重要手段。

【案例 2.1】

室外重铠直埋双护套层绞式光缆(GYSTA53)如图 2.1 所示,是一种采用金属加强件、松套层绞填充式、铝-聚乙烯黏结护套、纵包皱纹钢带铠装、聚乙烯护套的室外光缆,主要用于市内中继线路、长途通信干线、ISO、LAN 等场合。这种光缆的结构是把 1~12 根松套管(或部分填充绳)绕中心金属加强构件绞合成圆形的缆芯,缆芯外纵包铝塑复合带挤上 PE 内护层,再纵包阻水带和双面涂塑皱纹钢带并挤上 PE 外护套,松套管中放入 2~12 根单模或多模光纤,并充满油膏。缆芯所有缝隙均填充油膏。

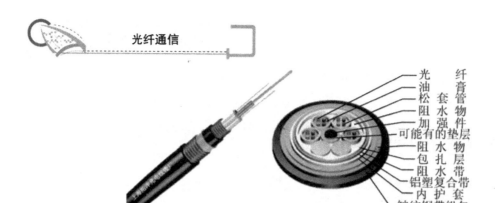

图 2.1 室外重铠直埋双护套层绞式光缆（GYSTA53）

2.1 光　　缆

自从 1970 年美国贝尔实验室，根据英籍华人高锟提出的利用光导纤维可以通信的理论，成功地试制出用于通信的光纤以来，光纤光缆得到了迅速的发展。

2.1.1 光缆的结构

光缆的结构可分为缆芯、加强元件和护层三大部分。

1. 缆芯

缆芯是光缆的主体，决定着光缆的传输特性。缆芯的主要作用是妥善安置光纤的位置，使光纤在各种外力影响下仍能保持优良的传输性能，并具有长期稳定性。

光纤的基本结构一般是双层或多层的同心圆柱体，如图2.2所示。光纤的中心部分是纤芯，纤芯外面的部分是包层。纤芯的折射率高于包层的折射率，从而形成一种光波导效应，使大部分的光被束缚在纤芯中传输，实现光信号的长距离传输。

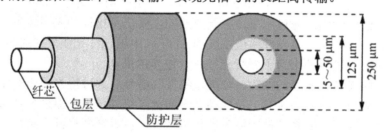

图 2.2 光纤的基本结构

由纤芯和包层组成的光纤称为裸光纤，这种光纤如果直接使用，由于裸露在环境中，容易受到外界温度、压力、水汽的侵蚀等，因而实际应用的光纤都在裸光纤的外面增加了防护层，用来缓冲外界的压力，增加光纤的抗拉、抗压强度，并改善光纤的温度特性和防潮性能等。

防护层通常包括好几层，可细分为包层外面的缓冲涂层、加强材料涂覆层及最外一层的套塑层。

光纤的套塑方法有紧套和松套两种。紧套是指光纤在套管内不能自由松动,而松套光纤则有一定的活动范围。紧套具有性能稳定,外径较小等优点,但机械性能不如松套,因为紧套无松套的缓冲空间,易受外力影响。松套光纤温度性能优于紧套,制作比较容易,但外径较大,为防止光纤吸收水分,需要填充半流质的油膏来提高光缆的纵向封闭性能。目前采用的松套方法具有很好的发展前景。经过涂覆、套塑形成的光纤称为被覆光纤或缆芯。

光纤的几何尺寸很小,纤芯直径一般在 5~50 μm 之间,包层的外径为 125 μm,整个光纤的外径(包括防护层)也只有 250 μm 左右。

2. 加强元件

光缆的加强元件通常处于光缆中心,有时也放在护层中作外层加强。加强元件一般使用杨氏模量最大的金属丝,比如钢丝、钢绞线或钢管等,而在强电磁干扰环境和雷区中则应使用高强度的非金属材料玻璃丝和凯夫拉尔(Kevlar)纤维。

3. 护层

光缆的护层是由护套等构成的多层组合体,主要是对纤芯起保护作用,避免受外界的损伤,保持光缆在各种铺设条件下都能为缆芯提供足够的抗拉、抗压、抗弯曲等方面的能力。护层一般分为填充层、内护套、防水层、缓冲层、铠装层和外护套等。

2.1.2 光缆的分类

光缆的种类很多,根据不同的分类方法,同一种光缆将会有不同的名称。常用的分类方法有根据缆芯的结构、敷设方式、光纤芯数等进行分类,下面将分别予以介绍。

1. 根据缆芯的结构分类

根据缆芯的结构不同,光缆可分为层绞式、骨架式、束管式和带状式四大类。我国和欧亚各国多采用前两种结构。光缆缆芯的典型结构如图 2.3 所示。

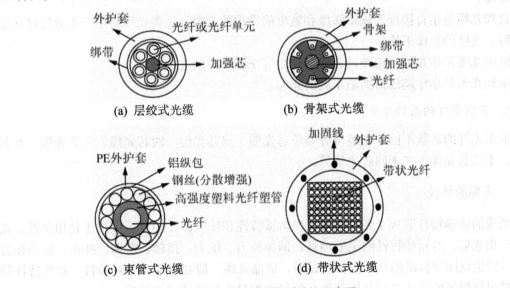

图 2.3 光缆缆芯的典型结构示意图

1) 层绞式结构

层绞式结构的光缆的中央部位是加强构件，而外部是光缆外护套。围绕在加强芯周围的是松套结构的光纤。层绞式结构的优点是可以很好地保护光纤，在施工敷设的过程中引起的损耗较小。但由于结构限制，只适合制作芯数比较小(从几芯到几十芯)的光缆。

2) 骨架式结构

骨架式结构的光缆是先按照一定结构制作出光纤骨架槽，再将一次涂覆的光纤放置于骨架槽中。这种结构的光缆的优点是芯数组合灵活，对光缆中纤芯的保护较好，可以很好地抵抗各种外力的影响。

3) 束管式结构

束管式结构的光缆的加强结构在光缆中央，将几根或者几十根光纤制作成缆芯，然后将几个缆芯绞合成光缆。

4) 带状式结构

带状结构光缆是一种高密度结构的光缆。其是将一定数目的光纤排列成行制成光纤带，然后把若干条光纤带按一定的方式排列扭绞而成。其特点是空间利用率高，光纤易处理和识别，可以做到多纤一次快速接续。缺点是制造工艺复杂，光纤带在扭绞成缆时容易产生微弯损耗。

2．根据光缆的敷设方式分类

根据敷设方式不同，光缆分为架空光缆、管道光缆、直埋光缆、隧道光缆和水底光缆。

架空光缆是指借助吊挂钢索或自身具有抗拉元件能悬挂在已有的电线杆、塔上的光缆。这类光缆适用于地形陡峭、跨越江河等特殊地形条件、城市市区无法直埋及赔偿昂贵的地段。

管道光缆是指在城市光缆环路，人口稠密场所和横穿马路时，穿过用来保护的聚乙烯管的光缆。

直埋光缆是指直接埋入规定深度和宽度的缆沟的光缆。这类光缆适用于需要经过辽阔的田野、戈壁的长途干线。

隧道光缆是指光缆线路经过公路、铁路等交通隧道的光缆。

水底光缆是指穿越江河湖泊水底的光缆。

3．根据光纤的芯数分类

根据光纤的芯数不同，光缆可分为单芯光缆、双芯光缆、四芯光缆、六芯光缆、八芯光缆、十二芯光缆、二十四芯光缆等。

2.1.3 光缆的特性

光缆的传输特性取决于光纤。对光缆机械特性和环境特性的要求取决于使用条件。光缆生产出来后，对这些特性的主要项目，例如拉力、压力、扭转、弯曲、冲击、振动和温度等，要根据国家标准的规定做例行试验。成品光缆一般要求给出下述特性，这些特性的参数都可以用经验公式进行分析计算，这里我们只作简要的定性说明。

1. 拉力特性

光缆能承受的最大拉力取决于加强件的材料和横截面积，一般要求大于 1 km 光缆的质量，多数光缆在 100～400 kg 范围。

2. 压力特性

光缆能承受的最大侧压力取决于护套的材料和结构，多数光缆能承受的最大侧压力在 100～400 kg/dm。

3. 弯曲特性

弯曲特性主要取决于纤芯与包层的相对折射率差、光缆的材料和结构。实用光纤最小弯曲半径一般为 20～50 mm，光缆最小弯曲半径一般为 200～500 mm，等于或大于光纤最小弯曲半径的 10 倍。在以上条件下，光辐射引起的光纤附加损耗可以忽略，若小于最小弯曲半径，附加损耗则急剧增加。

4. 温度特性

光纤本身具有良好的温度特性。光缆的温度特性主要取决于光缆材料的选择及结构的设计，采用松套管二次被覆光纤的光缆温度特性较好。温度变化时，光纤损耗增加，主要是由于光缆材料(塑料)的热膨胀系数比光纤材料(石英)大 2～3 个数量级，在冷缩或热胀过程中，光纤受到应力作用而产生损耗。在我国，对光缆使用温度的要求是：在低温地区为 −40～+40 ℃；在高温地区为 −5～+60 ℃。

2.1.4 光缆的型号

光缆的种类较多，同其他产品一样，有具体的型式和规格。根据 ITU-T 的有关建议，目前光缆的型号由光缆的型式代号和光纤的规格两部分构成，中间用短线(即 "−")分开。

1. 光缆的型式代号

光缆的型式代号是由分类号、加强构件代号、派生(形状、特性等)代号、护套层代号和外护层代号五个部分组成，光缆的型式代号及意义见表 2-1。

表 2-1 光缆的型式代号及意义

光缆分类号	加强构件的代号	派生形状代号	护套层代号	外护层的代号
GY：通信用室(野)外光缆 GR：通信用软光缆 GJ：通信用室(局)内光缆 GS：通信用设备内光缆 GH：通信用海底光缆 GT：通信用特殊光缆 GW：通信用无金属光缆	无符号：金属加强构件 F：非金属加强构件 G：金属重型加强构件 H：非金属重型加强构件	B：扁平式结构 C：自承式结构 D：光纤带结构 J：光纤紧套被覆结构 X：中心束管结构 Z：阻燃 T：填充式结构； S：松套结构 注：当光缆型式兼有不同派生特征时，其代号字母顺序并列	Y：聚乙烯护套 V：聚氯乙烯护套 U：聚氨酯护套 A：铝、聚乙烯黏结护套 L：铝护套 Q：铅护套 G：钢护套 S：钢、铝、聚乙烯综合护套	外护层是指铠装层及铠装层外面的外被层，参照国家标准 GB/T 2952—2008《电缆外护层》的规定，外护层采用两位数字表示，各代号的意义见表 2-2

表 2-2 外护层的代号及意义

代号	铠 装 层	外 护 层	代号	铠 装 层	外 护 层
0	无	无	3	细圆钢丝	聚乙烯套
1	纤维层	纤维层	4	粗圆钢丝	聚乙烯套加覆尼龙套
2	双钢带	聚氯乙烯套	5	单钢带皱纹纵包	聚乙烯保护

2. 光纤的规格代号

光纤的规格代号是由光纤数目、光纤类别、光纤主要尺寸参数、传输性能(使用波长、损耗系数、模式带宽)及适用温度五个部分组成,各部分均用代号或数字表示。

1) 光纤数目

光纤数目是指光缆中同类别光纤的实际有效数目,用阿拉伯数字表示。

2) 光纤类别的代号及其意义

J——二氧化硅多模渐变型光纤;

T——二氧化硅多模阶跃型(突变型)光纤;

Z——二氧化硅多模准突变型光纤;

D——二氧化硅单模光纤;

X——二氧化硅纤芯塑料包层光纤;

S——塑料光纤。

3) 光纤的主要尺寸参数代号及其意义

用阿拉伯数字(含小数点)以 μm 为单位表示多模光纤的芯径/包层直径或单模光纤的模场直径/包层直径。

4) 传输性能代号及其意义

光纤的传输特性代号是由使用波长、损耗系数及模式带宽三组代号构成。其中使用波长的代号用阿拉伯数字表示,其代号和意义规定如下:

1——使用波长在 0.85 μm 区域;

2——使用波长在 1.31 μm 区域;

3——使用波长在 1.55 μm 区域。

损耗系数的代号用两位阿拉伯数字表示,其数字依次为光缆中光纤损耗系数值的个位和小数点后第一位,单位为 dB/km。

模式带宽的代号用两位阿拉伯数字表示,其数字依次是光缆中光纤模式带宽数值的千位数和百位数,单位为 MHz·km,单模光纤无此项。

注意:同一光缆适用于两种以上的波长,并具有不同的传输特性时,应同时列出各波长上的规格代号,并用"/"分开。

5) 适用温度代号及其意义

A——适用于-40~+40 ℃;

B——适用于-30~+50 ℃;

C——适用于-20~+60 ℃;

D——适用于-5~+60 ℃。

【例 2.1】

一金属重型加强构件、自承式、铝护套、聚乙烯外护层的通信用室外光缆,包括 12 根、芯径/包层直径为 50/125 μm 的二氧化硅多模渐变型光纤,且在 1.31 μm 波长上,光纤的衰减系数不大于 0.4 dB/km,模式带宽不大于 800 MHz·km;光缆的适用温度范围为-20~+60 ℃;因此光缆的型号应为 GYGZL03-12J50/125(20408)C。

2.2 光纤的分类

光纤种类很多,根据不同的分类方法和标准,同一根光纤将会有不同的名称。常用的分类方法有根据光纤的制造材料、折射率分布、传播模式、工作波长、ITU-T 建议等进行分类,下面将分别予以介绍。

1. 按光纤的制造材料不同分类

根据制造材料不同,可分为石英光纤和塑料光纤。

石英光纤的主要成分是二氧化硅(SiO_2)。其纤芯是在石英中掺入折射率高于石英的掺杂剂,如二氧化锗(GeO_2)、五氧化二磷(P_2O_5)等。包层是在石英中掺入折射率低于石英的掺杂剂,如三氧化二硼(B_2O_3)、氟(F)等。这种光纤具有损耗小、成本低的特点。适合长距离通信,目前已广泛用于光纤通信系统中。以下所说的光纤主要是指石英光纤。

塑料光纤是由透明的塑料制成纤芯和包层,具有损耗大的特点,只能短距离传输光信号,目前主要应用在光纤传感方面。

2. 按光纤的折射率分布不同分类

根据折射率分布不同,光纤可分为阶跃型光纤和渐变型光纤。其结构如图 2.4 所示,阶跃型光纤的纤芯和包层的折射率分别为不同的常数,在纤芯和包层的分界面处折射率发生突变。其折射率分布的表达式为

$$n(r)=\begin{cases} n_1 & r<a \\ n_2 & r \geq a \end{cases} \tag{2-1}$$

式中,a 为纤芯半径;r 为光纤中任意一点到中心的距离。

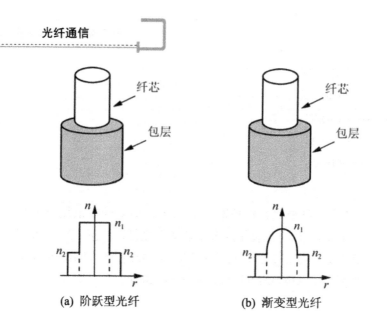

(a) 阶跃型光纤　　　　　(b) 渐变型光纤

图 2.4　光纤的折射率分布

渐变型光纤的纤芯折射率分布是沿径向逐渐减小，而包层中的折射率通常是常数。其折射率分布的表达式为

$$n(r)=\begin{cases} n_1\left[1-\Delta\left(\dfrac{r}{a}\right)^g\right] & r<a \\ n_2 & r\geq a \end{cases} \qquad (2\text{-}2)$$

式中，g 为折射率变化的参数（$g=2$ 为抛物线分布，$g=\infty$ 为阶跃分布）；Δ 为渐变折射率光纤的相对折射率差，即

$$\Delta=\dfrac{n_1^2-n_2^2}{2n_1} \qquad (2\text{-}3)$$

为计算方便 Δ 可近似为

$$\Delta=\dfrac{n_1-n_2}{n_1} \qquad (2\text{-}4)$$

3. 按光纤传播模式分类

根据纤芯内光波的传播模式不同，可分为多模光纤(MMF)和单模光纤(SMF)。

多模光纤的纤芯内传输多个模式的光波，纤芯直径较大(50 μm 左右)。

单模光纤的纤芯内只传输一个最低模式(基模)的光波，纤芯直径很小，仅有 5～10 μm，适用于大容量、长距离通信。

按照传输模式的数量和光纤剖面的折射率分布不同，实用光纤主要有阶跃型多模光纤、渐变型多模光纤和单模光纤三种基本类型。

4. 按工作波长分类

根据工作波长不同，可分为短波长光纤和长波长光纤。

在光纤通信发展的初期，人们使用的光波波长在 0.6～0.9 μm 范围内，典型值为 0.85 μm。

习惯上把工作在此波长范围内的低损耗光纤称为短波长光纤。短波长光纤属于早期产品，目前很少使用。

工作在 1.0～2.0 μm 波长范围的光纤称为长波长光纤。典型值为 1.31 μm 和 1.55 μm。长波长光纤因具有低损耗、宽带宽等优点，特别适合于长距离、大容量的光纤通信。

5. 按 ITU-T 建议分类

为了使光纤具有统一的国际标准，国际电信联盟电信标准化机构(ITU-T)制定了统一的光纤标准(G 标准)。按照 ITU-T 关于光纤的建议，可以将光纤分为 G.651 光纤(多模渐变型光纤)、G.652 光纤(标准单模光纤)、G.653 光纤(色散位移光纤)、G.654 光纤(衰减最小光纤)、G.655 光纤(非零色散位移光纤)等。

1) G.651 光纤

G.651 光纤是多模渐变型光纤，波长为 0.85 μm 或 1.300 μm，这种光纤能用作模拟传输与数字传输。

2) G.652 光纤

标准单模光纤是指零色散波长在 1.3 μm 窗口的单模光纤，国际电信联盟(ITU)把这种光纤规范为 G.652 光纤，这属于第一代单模光纤。其特点是当工作波长在 1.3 μm 时，光纤色散很小，系统的传输距离只受光纤衰减限制。在 1.3 μm 波段的损耗较大，约为 0.3～0.4 dB/km；在 1.55 μm 波段的损耗较小，约为 0.2～0.25 dB/km。色散在 1.3 μm 波段为 3.5 ps/(nm·km)，在 1.55 μm 波段较大，约为 20 ps/(nm·km)。这种光纤可支持用于在 1.55 μm 波段的 2.5 Gb/s 的干线系统，但由于色散较大，若传输 10 Gb/s 的信号，传输距离超过 50 km 时，就要求使用价格昂贵的色散补偿模块。另外，增加了线路损耗，缩短了中继距离，所以不适用于 DWDM 系统。

3) G.653 光纤

G.652 光纤的最大缺点是低衰减和零色散不在同一工作波长上，这不仅使工程应用受到一定的限制，而且在 1.3 μm 的光纤放大器开发应用之前，使不经过光/电转换过程的全光通信无法实现。为此，在 20 世纪 80 年代中期，成功开发了一种把零色散波长从 1.3 μm 移到 1.55 μm 的色散位移光纤(Dispersion Shifted Fiber, DSF)，ITU 把这种光纤规范为 G.653，这属于第二代单模光纤。

4) G.654 光纤

为了满足海底光缆长距离通信的需求，科学家们开发了一种应用于 1.55 μm 波长的纯石英芯单模光纤。在 1.55 μm 波长附近衰减最小，仅为 0.185 dB/km。在 1.3 μm 波长区域色散为零，但在 1.55 μm 波长区域色散较大，约为 17～20 ps/(nm·km)。ITU 把这种光纤规范为 G.654 光纤。

5) G.655 光纤

非零色散光纤实质上是一种改进的色散位移光纤。色散位移光纤在 1.55 μm 波长区域色散为零，不利于多信道的 WDM 传输，因为当复用的信道数较多时，信道间距较小，这时就会发生一种称为四波混频(Four Wave Mixing, FWM)的非线性光学效应，这种效应使两个或三个传输波长混合，产生新的、有害的频率分量，导致信道间发生串扰。如果光纤线路的色散为零，FWM 的干扰就会十分严重；如果有微量色散，FWM 干扰反而还会减小。针对这一现象，科学家们研制了一种新型光纤，即非零色散位移光纤(NZ-DSF)，ITU 把这种光纤规范为 G.655。这种光纤的零色散波长不在 1.55 μm，而是在 1.525 μm 或 1.585 μm 处。在光纤制作过程中，适当控制掺杂剂的量，使色散大到足以抑制高密度波分复用系统中的四波混频，小到足以允许单信道数据速率达到 10 Gb/s，而不需要色散补偿。这种光纤消除了色散效应和四波混频效应，而标准光纤和色散位移位移光纤都只能克服这两种缺陷中的一种，所以非零色散位移光纤综合了标准光纤和色散位移光纤最好的传输特性，既能用于新的陆上网络，又可对现有系统进行升级改造，特别适合于高密度 WDM 系统的传输，所以非零色散位移光纤是新一代光纤通信系统的最佳传输介质。

2.3 光纤的传输特性

分析光纤传输特性的方法主要有几何光学分析法和波动理论分析法。对于多模光纤，由于其光纤的纤芯直径为 50/62.5 μm，远远大于光波的波长(约 1 μm)，因而用几何光学分析法可以很容易的得到光在光纤中传输的直观图像和一些简单的概念；而对于单模光纤，其光纤纤芯直径小于 10 μm，与光波导尺寸相比拟，用几何光学分析法对光的传播特性描述不够准确，要严密、精确地分析光纤的传输特性必须采用波动理论分析法。波动理论分析法是基于电磁场理论，在麦克斯韦方程的基础上，运用光纤纤芯与包层分界面的边界条件，导出光纤中光场的分布形式，从而得到光在光纤中的传输特性。

2.3.1 几何光学分析法

如果光在两种不同折射率的介质中传播，通常把折射率较高的介质称为光密介质，折射率较低的介质称为光疏介质。如图 2.5 所示，当光波从光密介质射入光疏介质，在两介质的分界面处会发生反射和折射现象，且满足如下的反射定律和折射定律，折射定律又称斯涅耳(Snell)定律。

$$\theta_1 = \theta_3 \quad \text{(反射定律)} \tag{2-5}$$

$$n_1 \sin \theta_1 = n_2 \sin \theta_2 \quad \text{(折射定律)} \tag{2-6}$$

式中，θ_1 为入射角；θ_2 为折射角；θ_3 为反射角；n_1 为纤芯折射率；n_2 为包层折射率。

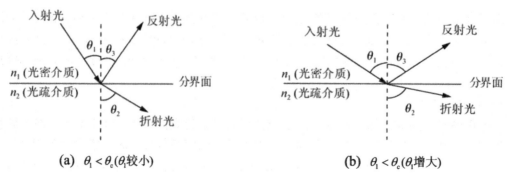

图 2.5 光在两种介质界面上的反射、折射和全反射

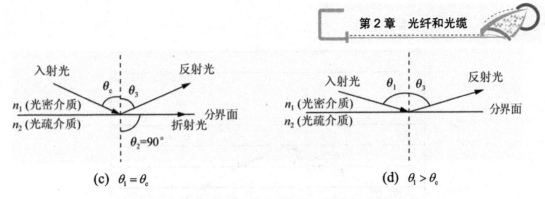

图 2.5 光在两种介质界面上的反射、折射和全反射(续)

由折射定律可知,光波从折射率为 n_1 的光密介质进入折射率为 n_2 的光疏介质时,折射角 θ_2 大于入射角 θ_1,即 $\theta_2 > \theta_1$,并且 θ_2 随 θ_1 的增大而增大。当入射角 θ_1 增大到某一值时,折射角 θ_2 增大到 90°,此时的入射角 θ_1 称为全反射临界角,记为 θ_c,则有

$$\theta_c = \arcsin \frac{n_2}{n_1} \tag{2-7}$$

当入射角 $\theta_1 > \theta_c$ 时,光线在分界面上发生全反射,折射光线消失,光线全部反射回光密介质。光纤就是利用光的这种全反射现象来导光的。在光纤中,纤芯折射率比包层折射率大,所以纤芯为光密介质,包层为光疏介质。如果光在阶跃光纤中传输,入射角 θ_1 大于全反射的临界角 θ_c 时,光线在纤芯和包层的分界面发生全反射,能量全部反射回纤芯,光线继续传播,当再次遇到纤芯和包层的分界面时,再次发生全反射。如此反复,光线从光纤一端沿着折线传输到另一端。光在不同介质中的传播速度不同,光在纤芯中的传播速度可表示为

$$v = c / n_1 \tag{2-8}$$

式中,c 为光在真空中的传播速度,其值为 3×10^5 km/s;n_1 为纤芯的折射率。

如果光在渐变型光纤中传输,由于渐变型光纤的纤芯折射率是连续变化的,可以采用与数学中"积分定义"相同的方法。先将光纤纤芯分成无数个同心的薄圆柱层,每一层的厚度很薄,折射率近似地看作常数(每一层都为均匀介质),相邻层的折射率有一阶跃,但相差很小,各层的折射率分别为 n_1、n_2、n_3、n_4、n_5、n_6、…、n_c,从纤芯中心沿径向依次变小,即 $n_1 > n_2 > n_3 > n_4 > n_5 > n_6 > \cdots > n_c$,其中纤芯中心处的折射率为 n_1,其值最大,纤芯与包层界面处的折射率为 n_c,其值最小。光在渐变型光纤中的传播如图 2.6 所示。当有一束光线以 ϕ 从光纤的端面入射进光纤后,此光线以入射角 θ_1 入射到 1、2 层的分界面,由于光线是从光密介质射入光疏介质,其折射角 θ_1' 将比 θ_1 大;此光线以入射角 $\theta_2 = \theta_1'$ 为新的入射角在 2、3 层界面上发生折射,依次类推。

由于光线都是从光密介质射向光疏介质,其入射角将会逐渐增大,显然应该有 $\theta_1 < \theta_2 < \theta_3 < \theta_4 < \cdots$,直到在某一界面处入射角大于其全反射时的临界角,光线在此处发生全反射。接下来光线以完全对称的形式,一层一层的折向中心轴。由于中心轴下方的折射率分布和上方完全相同。光线过了中心轴后受到同样的折射,入射角增大,直至发生全反射,再折回中心轴。然后又重新以 θ_1 入射到 1、2 层分界面,周而复始,从而将光线从光纤的一端传输到另一端。当分层无限多时,光线的轨迹应为光滑曲线。渐变型光纤中光线是蛇行传播的。

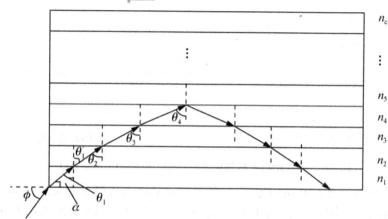

图 2.6 光在渐变型光纤中的传播

【例 2.2】

如果纤芯的折射率 n_1=1.48，包层的折射率 n_2=1.46，在什么条件下光可以保持在纤芯中？

解：$\theta_c = \arcsin \dfrac{n_2}{n_1} = \arcsin \dfrac{1.46}{1.48} = 80.57°$

入射角大于 80.57° 时发生全反射。

2.3.2 光纤的数值孔径

从光源输出的光通过光纤端面送入光纤的条件比较复杂。入射在光纤端面上的光，其中一部分是不能进入光纤的，而能进入光纤端面的光也不一定能在光纤中传输，只有符合某一特定条件的光才能在光纤中发生全反射而传播到远方。光线在阶跃型光纤中的传播如图 2.7 所示。

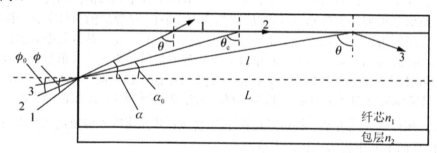

图 2.7 光线在阶跃型光纤中的传播

光线以 ϕ 从空气中入射到光纤的端面，将有一部分光反射回空气，另一部分光射入纤芯，此时 $1 \cdot \sin\varphi = n_1 \sin\alpha$（空气的折射率 n=1）。光线继续以 $\theta = 90 - \alpha$ 入射到纤芯和包层的分界面上，如果 θ 小于纤芯与包层分界面处的全反射临界角 $\theta_c = \arcsin(n_2/n_1)$，则一部分光线折射进包层而损耗掉，另一部分反射回纤芯。如此这条光线经 n 次反射和折射后，很快就损耗掉了。如果 ϕ 减小，则 α 也随之减小，θ 就相应增大。如果 θ 增大到略大于全反射临界

角 θ_c 时，则此光线在纤芯和包层的分界面发生全反射，能量全部反射回纤芯，当光线继续传播再次遇到纤芯和包层的分界面时，再次发生全反射。如此反复，光线从光纤的一端沿着折线传输到另一端。

下面来分析 ϕ 小到什么程度能将光线由光纤的一端传输到另一端。

假设：$\phi = \phi_0$ 时，$\theta = \theta_c$，$\alpha = \alpha_0$，则

$$1 \cdot \sin\varphi_0 = n_1 \sin\alpha_0 = n_1 \sin(90 - \theta_c) = n_1 \cos\theta_c = n_1\sqrt{1-\sin^2\theta_c} = \sqrt{n_1^2 - n_2^2} \approx n_1\sqrt{2\Delta}$$

ϕ_0 称为光纤的数值孔径角，又称临界光锥半角，是从空气中入射到光纤纤芯端面上的光线被光纤捕获成为束缚光线的最大入射角。

$\sin\phi_0$ 称为光纤的数值孔径，记为 NA，是 Numerical Aperture 的英文缩写，可表示为

$$\text{NA} = \sin\phi_0 = \sqrt{n_1^2 - n_2^2} = n_1\sqrt{2\Delta} \tag{2-9}$$

数值孔径表示光纤的集光能力，即凡入射到数值孔径角 ϕ_0 以内的所有光线都可以满足全反射条件，从而将光线束缚在纤芯中沿轴向传播。数值孔径越大，光纤捕捉光线的能力就越强，光纤与光源之间的耦合效率就越高。

【例 2.3】

$n_1=1.48$，$n_2=1.46$ 的硅光纤的数值孔径是多少，数值孔径角是多少？

解：$\text{NA} = \sqrt{n_1^2 - n_2^2} = \sqrt{1.48^2 - 1.46^2} = 0.2425$

$\phi_0 = \arcsin \text{NA} = \arcsin 0.2425 = 14.033°$

【例 2.4】

弱导阶跃光纤纤芯和包层折射率指数分别为 $n_1=1.5$，$n_2=1.45$，试计算：

(1) 纤芯和包层的相对折射差 Δ。
(2) 光纤的数值孔径 NA。

解：(1) $\Delta = \dfrac{n_1 - n_2}{n_1} = \dfrac{1.5 - 1.45}{1.5} = 0.03$

(2) $\text{NA} = n_1\sqrt{2\Delta} = 1.5 \times \sqrt{2 \times 0.03} = 0.37$

2.3.3 波动理论分析法

全面精确地分析光波导，可采用波动理论，从麦克斯韦方程组出发，推导出波动方程，然后对光纤进行分析。光像无线电波、X 射线一样也是电磁波，电磁波在介质中的传输满足电磁波方程即麦克斯韦方程。

$$\nabla^2 E = \left(\frac{1}{v^2}\right)\left(\frac{\partial^2 E}{\partial t^2}\right) \tag{2-10}$$

$$\nabla^2 H = \left(\frac{1}{v^2}\right)\left(\frac{\partial^2 H}{\partial t^2}\right) \tag{2-11}$$

式中，∇^2 为二阶拉普拉斯算子；v 为均匀介质中光波的前进速度。

由麦克斯韦方程组推导出光在均匀介质中的波动方程,经过简化后的波动方程为:

$$\nabla^2 E = \mu_0 \varepsilon \frac{\partial^2 E}{\partial t^2} \tag{2-12}$$

$$\nabla^2 H = \mu_0 \varepsilon \frac{\partial^2 H}{\partial t^2} \tag{2-13}$$

式中,μ_0 为光波导介质(或真空)的导磁率;ε 为光波导介质的介电系数。

如果电磁场做简谐振荡,由波动方程可以推出均匀介质中的矢量亥姆霍兹方程

$$\nabla^2 E + k_0^2 n^2 E = 0 \tag{2-14}$$

$$\nabla^2 H + k_0^2 n^2 H = 0 \tag{2-15}$$

式中,n 为介质的折射率;k_0 为真空中的波数,可表示为

$$k_0 = 2\pi/\lambda \tag{2-16}$$

式中,λ 为真空中的光波波长。

在直角坐标系中,E、H 的 x、y、z 分量均满足标量的亥姆霍兹方程

$$\nabla^2 \varphi + k_0^2 n^2 \varphi = 0 \tag{2-17}$$

式中,φ 为代表 E 或 H 的各个分量。

在光纤的分析中,求上述亥姆霍兹方程满足边界条件的解可得到光纤中场的解。求解的方法主要有标量近似解和矢量解两种。具体求解过程可参见电磁场与电磁波方面的书,由于推导烦琐,这里不作介绍。

从波动光纤理论出发,导出的常用光纤特性参数有纵向传播常数、横向传播常数、纤芯中场的归一化横向传播常数、包层中场的归一化横向传播常数、光纤的归一化频率、群速度及群折射率等,具体见表 2-3。

表 2-3 波动光纤理论导出的常用光纤特性参量

特性参量	物理含义	表达式
纵向传播常数 β	表示导模的相位在 z 轴单位长度上的变化量,是等相位面沿 z 轴方向的空间变化率,是波矢 K 在 z 轴上的投影	$\beta = K \cdot e_z = n k_0 \cos\theta_z$
横向传播常数 χ^2	表示波矢 K 的横向分量 其中 $k_0 = \dfrac{2\pi}{\lambda_0}$	$\chi^2 = \begin{cases} n^2(r)k_0^2 - \beta^2, & r \leqslant a \\ n^2 k_0^2 - \beta^2, & r > a \end{cases}$
纤芯中场的归一化横向传播常数 U	表示导模的本征值,反映了导模在纤芯区中的驻波场的横向振荡频率	$U = a\chi = \sqrt{n^2(r)k_0^2 - \beta^2}$ $r \leqslant a$
包层中场的归一化横向传播常数 W	反映了导模在包层中的消逝场的衰减速度,W 越大衰减越快,导模场的约束越强,对应的导模越远离截止,取值范围是 $0 < W < \infty$	$W = -ia\chi = a\sqrt{\beta^2 - n_2^2 k_0^2}$ $r > a$
光纤的归一化频率 V	反映了光纤中存在的导模数量,是光纤的结构参数。V 越大光纤中允许存在的导模数就越多。V、U、W 之间的约束关系为 $V^2 = U^2 + W^2$	$V = k_0 a \sqrt{n_1^2 - n_2^2} = k_0 a n_1 \sqrt{2\Delta}$

续表

特性参量	物理含义	表 达 式
相速度 V_p	反映了光纤中场的等相位面沿 z 轴方向的传播速度，而光纤中场的等相位面垂直于 z 轴	$V_p = \dfrac{dz}{dt} = \dfrac{\omega}{\beta}$
群速度 V_g	反映了光纤中场的等幅面沿 z 轴方向的传播速度，是光脉冲或波包的中心或光能量沿 z 轴方向的传播速度	$V_g = \dfrac{d\omega}{d\beta} = V_p - \lambda \dfrac{\delta V_p}{\delta \lambda}$
群折射率 n_g	表示相对于群速度的折射率	$n_g = n - \lambda \dfrac{\partial n}{\partial \lambda}$
群时延 τ_g	反映了在光纤中光脉冲行经单位长度距离所需要的时间	$\tau_g = \dfrac{1}{V_g} = \dfrac{d\beta}{d\omega} = \dfrac{d\beta}{cdk_0}$

2.4 光纤模式

2.4.1 波的类型和模的概念

在光纤中存在 TE 波、TM 波、EH 波和 HE 波四种波型。设波的传播方向为 z 方向，如果 E_z 分量为零，即 $E_z=0$，而 $H_z \neq 0$，称这种波为横电波或 TE 波；如果 H_z 分量为零，即 $H_z=0$，而 $E_z \neq 0$，称这种波为横磁波或 TM 波。E_z 或 H_z 分量不为零，如果以电场分量为主，即 $E_z > H_z$，称这种波为 EH 波；如果以磁场分量为主，即 $E_z < H_z$，称这种波为 HE 波。

对于同一类型的波，其场强在圆周方向或径向方向的分布情况又会有所区别，即电磁场的分布会不尽相同。通常把一种电磁场的分布叫做一个模式，这样电磁场就有很多模式，一般用 TE_{mn}、TM_{mn}、EH_{mn} 和 HE_{mn} 表示，下标中 m 表示电场或磁场沿圆周角方向分量的波节数，n 表示电场或磁场沿半径方向分量的波节数。光纤纤芯中的电场和磁场，包层中的电场和磁场均满足波动方程，但其解不是彼此独立的，而是满足在纤芯和包层分界处电场和磁场的边界条件。所谓光纤模，就是满足边界条件的电磁场波动方程的解，即电磁场的稳态分布。这种空间分布在传播过程中只有相位的变化，没有形状的变化，且始终满足边界条件，每一种这样的分布对应一种模式。若光纤中只支持一个传导模式，则称这种光纤为单模光纤；若光纤中支持多个传导模式，则称这种光纤为多模光纤。

2.4.2 多模光纤中的模式数目

在多模光纤中传输的模式数目很多，模式数目与光的波长、光纤的结构(如纤芯的直径)、光纤的纤芯和包层的折射率分布有关。为了表示光纤中存在模式的数目，引入一个参数 V(归一化频率)，其定义为

$$V = \dfrac{2\pi}{\lambda} a \sqrt{n_1^2 - n_2^2} \tag{2-18}$$

式中，λ 为光纤中电磁波的工作波长；a 为光纤的纤芯半径；n_1 为纤芯的折射率；n_2 为包层的折射率。

光纤中传导模的总数为

$$M = \frac{V^2}{2} \cdot \frac{g}{2+g} \tag{2-19}$$

对于阶跃型光纤，$g=\infty$，其模式数目为

$$M \approx \frac{V^2}{2} \tag{2-20}$$

对于渐变型光纤，$g=2$，其模式数目为

$$M \approx \frac{V^2}{4} \tag{2-21}$$

【例 2.5】

如果纤芯直径 $d=62.5\ \mu m$，数值孔径 NA=0.275，工作波长 $\lambda=1\,300\ nm$，计算渐变折射率的模式数量。

解：$V = \dfrac{2\pi}{\lambda} a \sqrt{n_1^2 - n_2^2}$

$\quad\quad = (3.14 \times 62.5 \times 10^{-6} \times 0.275)/1\,300 \times 10^{-9} = 41.5$

模式数目 $M = \dfrac{V^2}{4} = 431$。

2.4.3 单模光纤的传播模

在给定波长上只传播单一基模(HE_{11})，其他高阶模均被截止的光纤称为单模光纤。为保证光纤中只存在一个模式，应满足如下截止条件：

$$V = \frac{2\pi}{\lambda} a \sqrt{n_1^2 - n_2^2} < 2.405 \tag{2-22}$$

【例 2.6】

已知某阶跃型光纤参数 $\Delta=0.003$，$n_1=1.46$，光波长 $\lambda=1.31\ \mu m$，求单模传输时光纤应具有的纤芯半径。

解：因为 $\quad V = \dfrac{2\pi}{\lambda} a \sqrt{n_1^2 - n_2^2} < 2.405$

所以 $\quad a < \dfrac{2.405 \lambda}{2\pi n_1 \sqrt{2\Delta}} = \dfrac{2.405 \times 1.31 \times 10^{-6}}{2\pi \times 1.46 \sqrt{2 \times 0.003}}\ m = 4.44\ \mu m$

2.5 光纤的色散

在物理光学中，色散是表示由于某种物理原因使具有不同波长的光在介质中发生分散。在光纤光学中，借用了这一古老的术语表示了新的内容。色散主要是指能量在时间上相对集中的光脉冲经过光纤传输后其能量在时间上相对弥散。色散将导致传输信号畸变。

光纤色散主要包括模式色散、色度色散和偏振模色散。色度色散分为材料色散和波导

色散。多模光纤具有模式色散、色度色散和偏振模色散，其中主要色散是模式色散，材料色散相对较小，波导色散一般可以忽略。对于单模光纤，由于在光纤中只传输一个模式，所以不存在模式色散，只有色度色散和偏振模色散，而且主要是材料色散，波导色散相对较小。对于制造良好的单模光纤，偏振模色散最小。

2.5.1 模式色散

模式色散是由于在多模光纤中，不同模式的光信号在光纤中传输的群速度不同，引起到达光纤末端的时间延迟不同，经光电探测后各模式混合使输出光生电流脉冲相对于输入脉冲展宽。脉冲展宽越宽，色散就越严重。模式色散取决于光纤的折射率分布，并和材料折射率的波长特性有关。

1. 模间时延差

模间时延主要存在于多模光纤中。在光纤中，光能量首先被分配到光纤中存在的模式上去，然后由不同的模携带能量向前传播。由于不同的模的传输路径不同，因此到达目的地时不同的模之间存在时延差。时延差常用来表示色散程度。

对于多模光纤，波动理论与几何光学分析的结论是一致的。可以将一个模看成是光线在光纤中一种可能的行进路径。由于不同的路径其长度不同，因而对应不同的模式其传输时延也不同。

设有一光脉冲注入长为 L 的阶跃型光纤中，可以用几何光学求出其最大时延差 δ_τ，如图 2.8 所示。设一单色光波注入光纤中，其能量将由不同的模式携带，速度最快的模(路径最短)与中心轴线光线相对应，速度最慢的模(路径最长)与沿全反射路径的光线相对应，可求出最大的时延差：

$$\delta_\tau = \tau_{max} - \tau_{min} = \frac{L/\sin\theta}{c/n_1} - \frac{L}{c/n_1} = \frac{Ln_1^2}{cn_2}\Delta = L\tau \tag{2-23}$$

式(2-18)利用了全反射定理：$\sin\theta = n_2/n_1$，式中，τ 为单位长度的时延；τ_{max} 为沿全反射路径传输的时延；τ_{min} 为沿中心轴线传输的时延。

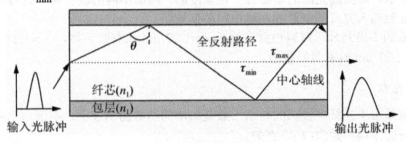

图 2.8 模间时延差

2. 模间色散的减少

由于不同的光线在光纤中传输的时间不同，因而输入一个光脉冲时，其能量在时间上相对集中，经光纤传输后到达输出端，输出一个光脉冲，其能量在时间上相对弥散，这种现象称为模式色散。通过合理设计光纤，模式色散可以减小(如渐变型光纤)，甚至没有(如单模光纤)。

3. 多模光纤的最大比特率

由于模间色散的存在，展宽的光脉冲会达到某种程度，使得前后光脉冲相互重叠，这是人们不希望看到的。一个粗略的判据是，只要光脉冲在时间上的展宽不超过系统比特周期 $1/B$ 的 $1/2$，即 $1/(2B)$（B 为系统的比特率），就可接受，因此模式色散有如下的限制：

对于阶跃型光纤，在光纤长为 L 处，最快光线和最慢光线的时延差为

$$\delta_\tau = L\tau \approx L\frac{n_1}{c}\Delta < \frac{1}{2B} \tag{2-24}$$

因而光纤通信由于模式色散的影响，其带宽距离积为

$$BL < \frac{c}{2n_1\Delta} \tag{2-25}$$

对于折射率成抛物线分布的渐变型光纤，在光纤长为 L 处，最快光线和最慢光线的时延差为

$$\delta_\tau = L\tau = \frac{L}{c}\frac{n_1\Delta^2}{8} \tag{2-26}$$

如假设 $\delta_\tau < \frac{1}{2B}$，则系统的带宽距离积为

$$BL < \frac{4c}{n_1\Delta^2} \tag{2-27}$$

2.5.2 色度色散

色度色散是不同波长(颜色)的光在光纤中传播时，由于速度不同而引起的光脉冲展宽。色度色散分为材料色散和波导色散。

1. 材料色散

材料色散是由于光纤材料本身的折射率随波长变化，使得信号各频率成分的群速度不同而引起的色散。而实际光源的谱是有一定宽度的，因而不同的波长由于速度不同相互之间有延迟，导致输入光纤的窄脉冲在输出时被展宽了。

对于普通的单模光纤，材料色散在波长 $\lambda = 1.27~\mu m$ 左右时为零，$\lambda > 1.27~\mu m$ 时有正的色散，$\lambda < 1.27~\mu m$ 时有负的色散。

2. 波导色散

波导色散是由于光纤中模式的传播常数是频率的函数而引起的。不仅与光源的谱宽有关，还与光纤的结构参数(如 V)等有关。

对于普通的单模光纤，波导色散相对于材料色散较小，与光纤波导参数有关，随 V、光纤的纤芯、光波长的减小而变大。波导色散为负色散。

2.5.3 偏振模色散

偏振模色散(PMD)是输入光脉冲激励的两个正交的偏振模式之间的群速度不同而引起的色散。在标准单模光纤中，基模是由两个相互垂直的偏振模组成的。只有在折射率为理

想圆对称光纤中，两个偏振模的群速度时间延迟才相同，因而简称为单一模式。由于实际光纤的纤芯折射率并不是各向同性，折射率与电场方向有关，给定模式的传输常数就与其偏振(电场方向)有关，当电场分别平行于 x 轴和 y 轴时，电场沿 x 轴和 y 轴的传输常数将具有不同的值，导致 E_x 和 E_y 以不同的群速度在纤芯内传输，在输出端产生不同的时间延迟，即使是单色光源，也会产生色散，使输出光脉冲展宽。

造成单模光纤中偏振模色散的内在原因是纤芯的椭圆度和残余内应力，改变了光纤折射率分布，引起相互垂直的本征偏振以不同的速度传输，进而造成脉冲展宽；外因是成缆和敷设时的各种作用力，即压力、弯曲、扭转及光缆连接等都会引起偏振模色散。

在单模光纤的许多应用中，都要求偏振模色散很小或者输出偏振模色散保持恒定，因此必须减少单模光纤的不完善性，尽量减少其椭圆度、减少其内部残余应力，以尽量减小单模光纤中的双折射现象，从而减小偏振模色散的影响。目前对于单模光纤，群时延差小于等于 0.1ps/km，远远小于材料色散和波导色散，可以忽略不计。

以上几种色散的大小有下列关系：模式色散>材料色散>波导色散>偏振模色散。

2.5.4 色散补偿

光纤色散将导致输入光脉冲在传输过程中展宽，引起光信号畸变和失真，产生码间干扰，增加误码率，这样就限制了通信容量和传输距离。对于多模光纤，通过合理设计光纤，模式色散可以减小(如渐变型光纤)，甚至没有(如单模光纤)。

对于单模光纤，可以采取零色散波长光纤、色散位移光纤、色散补偿光纤(DCF)、光纤光栅色散补偿器、在发射端和接收端采用的色散补偿技术等措施来降低色散或补偿色散造成的影响。

1. 零色散波长光纤

波导色散为负色散，而在 $\lambda > 1.27\,\mu m$ 的波长范围内材料色散为正色散，因而在某一波长上波导色散和材料色散可以相互抵消。对于普通的单模光纤，波长为 $\lambda = 1.30\,\mu m$，选用工作于该波长的光纤的色散最小。

2. 色散位移光纤

由于波导色散与光纤的几何尺寸有关，可以设计不同结构的波导来改变零色散波长。如果减少光纤的纤芯使波导色散增加，可以把零色散波长向长波长方向移动，从而在光纤最低损耗窗口 $\lambda = 1.55\,\mu m$ 附近得到最小色散。将零色散波长移至 $\lambda = 1.55\,\mu m$ 附近，这种光纤称为 DSF。ITU-T 规定这种光纤标准为 G.653 光纤。

将在 $\lambda = 1.30\,\mu m$ 和 $\lambda = 1.55\,\mu m$ 范围内，色散接近于零的光纤称为色散平坦光纤(DFF)。这种光纤折射率剖面结构，如图 2.9 所示。为了能够在宽波段内得到平坦的小色散特性，人们采用改变折射率分布的方法。早期色散平坦光纤折射率剖面结构为双包层型。该结构能使光纤两个零色散点分别在 1 310 nm 和 1 550 nm，且光纤在 1 310～1 550 nm 波长范围内色散呈平坦分布，数值较小。双包层型光纤有内外两个包层，内包层比外包层折射率小，从而形成了一个折射率下凹的深沟限制了色散的扩展，但缺点是弯曲损耗大。三包层型和四包层型是在双包层型基础上发展起来的，其结构特点是在双包层型的内外包层加入一凸起的折射率环,其色散特性和抗弯能力优于双包层型。但是结构复杂、制造困难。

图2.9 色散平坦光纤折射率分布

3. 色散补偿光纤

因为材料色散变化范围小,所以色散补偿光纤的色散特性主要由其波导色散决定。光纤的波导结构由折射率分布及其相应的结构参数决定。设计色散补偿光纤的剖面结构首先要确定适当的折射率剖面和最佳的结构参数,使这种光纤具有大的负色散,色散范围为 $-50 \sim -150$ ps/(nm·km)。

色散补偿光纤的折射率剖面的类型有:分段芯型、三包层型等,如图2.10所示。例如,纤芯折射率呈任意分布的三包层结构,基本结构参数有六个,即三个半径参数和三个折射率差参数,而且纤芯折射率分布选择灵活,完全能满足色散补偿光纤设计的需要。ITU-T规定这种光纤标准为 G.65× 光纤。

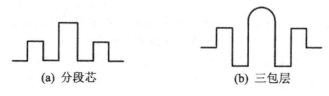

图2.10 色散补偿光纤折射率分布

普通单模光纤的色散典型值为 1ps/(nm·km),在特定波长范围内,DCF 的色散符号与其相反,即为负色散,这样当 DCF 与普通单模光混合使用时,色散得到了补偿。为了得到好的补偿效果,通常 DCF 的色散值很大,典型值为 -103 ps/(nm·km),所以只需很短的 DCF 就能补偿很长的普通单模光纤。 以上介绍的光纤的色散特性如图2.11所示。

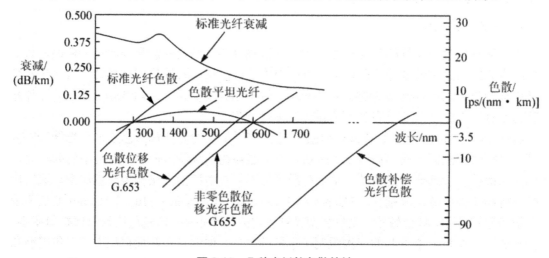

图2.11 几种光纤的色散特性

4. 光纤光栅色散补偿器

光纤光栅色散补偿器是利用线性啁啾光纤光栅实现色散补偿，让原先跑得快的波长经过补偿器时慢下来，减少不同波长由于速度不一样而导致的时延，如图 2.12 所示。光纤光栅色散补偿器采用了光环行器和光纤光栅。光环行器是互易器件，当光信号从某一端口输入，会沿顺时针方向从下一个端口输出。线性啁啾光纤光栅的特点是光栅的周期沿轴向逐渐变化，平均色散与光纤长度的平方成正比，与啁啾量成反比，入射光的各个波长在光栅的不同深度被反射回来。环行器将光脉冲导入光纤光栅处理后再输出，由于光纤色散的影响，经过光纤传输后的光脉冲发生了展宽，脉冲成分中的短波长分量一进入光栅就被反射，而长波长分量则在光栅的末端才被反射，即光栅对短波长产生较短的延迟，对长波长产生较长的延迟，刚好与单模光纤色散引入的延迟相反，也就是说光栅压缩了脉冲，使脉冲变窄，从而对色散起到了补偿作用。

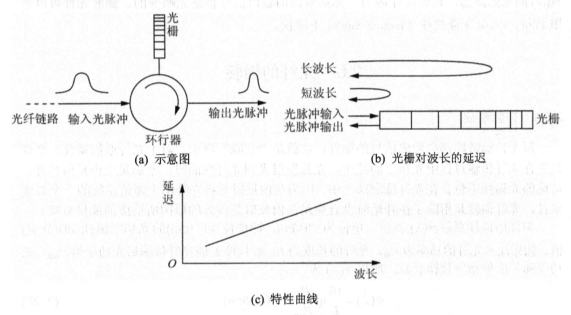

图 2.12　光纤光栅色散补偿器的工作原理

光纤光栅色散补偿器由于体积小、具有插入损耗小和易于与系统连接等优点，在大容量密集波分复用系统中得到了广泛的应用。

5. 在发射端和接收端采用的色散补偿技术

在发射端采用的色散补偿技术称为预补偿技术，主要包括预啁啾[①]和 FSK 调制。所谓啁啾，是指光载波的频率随时间变化。对于有初始啁啾的高斯光脉冲，如果啁啾参数和群速度色散的乘积为负，则可使光脉冲展宽速度大为减缓。所以在发送端采用适当的方法引起初始啁啾有助于降低色散的影响。

在光纤通信系统中首先对光载波进行调频，然后再进行强度调制，可以达到色散补偿

---

① 啁啾(chirping)：光源发射光谱线的快速变化。这在光源脉冲工作中是最常见的。

的目的。也可以只用调频方式达到色散补偿的目的。即在发送端采用 FSK 方式调制，对于"0"码元和"1"码元，光载波频率分别为 ω_0 和 ω_1，载波功率相等。对应的波长为 λ_0 和 λ_1，波长差 $\Delta\lambda = \lambda_0 - \lambda_1$。如果光纤线路长度为 L，光纤色散系数为 D，则两种频率的光载波将产生传播时延差 $\Delta t = DL\Delta\lambda$。如果取此时延差刚好与一个信息比特周期相等，即 $\Delta t = 1/B$，则在接收端将产生一个三电平的光信号，其中高电平是由于色散导致的"0"码元与"1"码元重叠形成的，而最低的接收光功率则是由于色散导致码元交替时整个比特周期内无光到达，中间的光功率则是由持续的"0"码元与"1"码元形成的。经光检测和积分电路输出一个幅度受到调制的电信号，再经判决电路即可恢复出原数据信号。

在接收端采用的色散补偿技术可以称为后补偿技术。即在接收端采用电子技术补偿因色散导致的信号畸变。

对光信号进行均衡滤波是重要的色散补偿技术。在光接收机之前接入传输函数为 $H(\omega)$ 的光滤波器，只要设计适当，光滤波器的输出信号将是无畸变的。滤波元件可以采用 Fabry-Perot 干涉仪或 Mach-Zehnder 干涉仪。

2.6 光纤的损耗

2.6.1 损耗系数

每个传输链路都会造成信号的损耗，这就是"衰减"现象。对于光纤通信系统，衰减是光在光纤传输过程中光功率的减少。光源发射光到光纤端面时，不满足全内反射条件，造成的光损耗不包含在光纤总衰减之中，因为全内反射是将光纤用于通信系统的一个必要条件。光纤损耗是指除了在开始时没有满足全内反射条件外的原因所造成的能量衰减。

损耗用损耗系数 $\alpha(\lambda)$ 表示，单位为 dB/km，即单位长度(km)的光功率损耗 dB(分贝)值。如果注入光纤的功率为 P_{in}，光纤的长度为 L，经长度 L 的光纤传输后光功率为 P_{out}，光功率随长度按指数规律衰减，所以 $\alpha(\lambda)$ 为

$$\alpha(\lambda) = \frac{10}{L} \lg \frac{P_{in}}{P_{out}} \quad \text{(dB/km)} \tag{2-28}$$

光纤的损耗在很大程度上决定了系统的最大无中继传输距离。

2.6.2 产生损耗的原因

光纤的损耗系数与光纤因折射率波动而产生的散射如瑞利散射、光缺陷、杂质吸收(如 OH 离子、红外)等有关，且是波长的函数：

$$\alpha(\lambda) = \frac{c_1}{\lambda^4} + c_2 + A(\lambda) \tag{2-29}$$

式中，c_1 为瑞利散射常数；c_2 为与缺陷有关的常数；$A(\lambda)$ 为杂质引起的波吸收。

光纤损耗主要包括有吸收损耗、散射损耗和弯曲损耗。

1. 光纤的吸收损耗

吸收损耗是由于光纤的材料和其所含杂质对光能的吸收引起的。吸收损耗包括紫外吸

收、红外吸收和杂质吸收等。在光纤材料组成的原子系统中，一些处于低能级的电子会吸收光子能量而跃迁到高能级，这种吸收的中心波长在紫外波长的 0.16 μm 处，吸收峰很强，其吸收尾部将拖到 0.7～1.1 μm 的波长段中。红外吸收是由于光纤中传播的光波与晶格相互作用时，一部分光波能量传递给晶格，使其振动加剧，从而引起的损耗。这种吸收损耗对于红外区中 2 μm 以上的光波表现得特别强烈；对光纤通信波段影响不大，对短波长不引起损耗。

杂质吸收中影响较大的是各种过渡金属和 OH 离子导致的损耗，其中 OH 离子的影响比较大，其吸收峰分别位于 0.95 μm、1.24 μm 和 1.39 μm，对光纤通信系统影响较大。随着光纤制造工业的日趋完善，过渡金属的影响已不显著，最好的工艺已可以使 OH 离子在 1.39 μm 处的损耗降低到 0.04 dB/km，甚至小到可忽略不计的程度。

2. 光纤的散射损耗

散射损耗是由于光纤的材料、形状、折射率分布等的缺陷或不均匀，使光纤中传导的光发生折射而产生的损耗。散射损耗中对光纤通信影响较大的是瑞利散射和结构缺陷散射。光纤在制造过程中，由于结构缺陷(如光纤中的气泡，未发生反应的原材料以及纤芯和包层交界处粗糙等)，产生的散射损耗与光波长无关。瑞利散射是由于光纤材料的折射率随位置改变而不同引起的。在光纤的制造过程中，光纤材料在加热时，材料的分子结构受热骚动，导致材料的密度出现起伏，进而造成了折射率不均匀。如果光在不均匀的介质中传输，遇到这些比光波波长小、带有随机起伏的不均匀物质时，改变了传输方向而产生的散射称为瑞利散射。瑞利散射损耗的大小与光波长的四次方成反比，瑞利散射对短波长比较敏感。

3. 光纤的弯曲损耗

弯曲损耗分为宏弯损耗和微弯损耗。

1) 宏弯损耗

由整个光纤轴线的弯曲造成的损耗称为宏弯损耗。现代光纤最重要的优点之一就是易弯曲性，但弯曲会造成光纤中光功率的损耗。由整个光纤的弯曲造成光在光纤的直或平的部分满足全反射，在弯曲部分不能满足全反射条件，使一部分光从光纤的纤芯中逃离出去，到达目的地的光功率比从光源发出的光功率小。光纤制造商曾经通过设计折射率分布图来研究如何降低光纤的弯曲敏感性。不幸的是对弯曲敏感性的改善只有在降低光纤其他参数性能的前提下才能实现。我们没有直接的办法来消除宏弯曲产生的衰减，只能在弯曲光纤时小心一些。对光纤进行弯曲不仅改变光纤的光特性也改变光纤的机械特性，光纤的弯曲半径太小会损坏光纤，所以安装人员在弯曲光纤的时候要采取一定的预防措施。对于长期应用的光纤，弯曲半径应超过光纤包层直径的 150 倍；对于短期应用的光纤，弯曲半径应超过包层直径的 100 倍。对于硅光纤，其包层直径通常为 125 μm，所以长期使用的光纤的弯曲半径应超过 19 mm，而短期使用的光纤的弯曲半径应超过 13 mm。

2) 微弯损耗

光纤轴微小畸变造成的损耗称为微弯损耗，纤芯包层分界处在几何上的不完善可能造成在相应区域上微观的凸起或凹陷，这种凸起或凹陷通常是由制造工艺产生或因光纤被挤压而造成。光在光纤中传输，光最初以全反射方式传输，当碰到这些不完善的地方会产生反射改变传输方向，使其不再满足全内反射条件，部分光被折射掉，即泄漏出纤芯。

知识扩展

弯曲损耗也有其可用的一面，有时我们需要在光纤通信链路中引入一些可控的衰减。有一类衰减器就是利用弯曲损耗特性制成的，只要将用于传输的光纤转几圈，根本不需要引入外部器件就能产生衰减，通过控制光纤所转的圈数来控制衰减量。此外，利用弯曲的光纤可以制作模过滤器用于减少光纤中模的数量。

2.6.3 损耗谱

光纤的损耗特性曲线称为损耗谱，是表示 $\alpha(\lambda)$ 与波长关系的一条曲线。石英光纤的损耗谱如图 2.13 所示。从图中可看到光纤通信所使用的三个低损耗窗口，其中心波长分别位于 0.85 μm、1.30 μm、1.55 μm 处。光纤的损耗谱形象地描绘了衰减系数与波长的关系，衰减系数随波长的增大呈降低趋势；损耗的峰值主要与 OH⁻ 离子有关。另外，波长大于 1 600 nm 时损耗增大的原因是由于石英玻璃的吸收损耗和弯曲损耗引起的。目前光纤的制造工艺可以消除光纤在 1.385 μm 附近的 OH⁻ 离子的吸收峰，使光纤在整个 1.300～1.6 μm 波段都有很低的损耗。

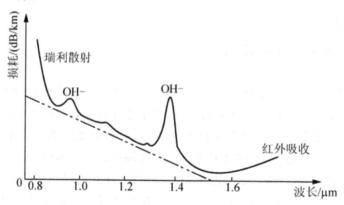

图 2.13 石英光纤的损耗谱

单模光纤的第一个低损耗窗口位于 0.85 μm 附近；第二个低损耗窗口位于 1.30 μm 附近，即 S 波段；第三个低损耗窗口位于 1.55 μm 附近，即 C 波段，位于 1 528～1 565 nm 段。习惯将 1 528～1 545 nm 段称为蓝波段，将 1 350～1 450 nm 段称为红波段；将 1 561～1 620 nm 段定义为 L 波段或第四窗口；将 1 350～1 450 nm 段定义为第五窗口。

2.7 光纤特性的测量技术

2.7.1 光纤损耗特性的测量方法

光纤的损耗也称为衰减,即光在光纤中传输时光功率的衰减。衰减是光纤、光缆的重要传输特性之一,对评价光纤的质量和确定光纤通信系统的最大无中继距离起着重要的作用。测量光纤损耗的方法有截断法、插入法和后向散射法。测量时,只有当光纤结构或材料均匀并在稳态条件下,才能精确地测量出光纤的损耗系数,由各段光纤的损耗线性相加可得串接的光缆链路的光纤总损耗。

1. 截断法

截断法测试光纤损耗系统如图 2.14 所示,将被测光纤经注入器接至光源,测量光纤终端的输出光功率 P_{out},然后在离光源 2~3 m 的位置截断光纤,在不改变注入条件下测得的输出光功率为长度为 L 的光纤的输入光功率,记为 P_{in},这样由式(2-23)就可以计算出光纤的衰减系数。

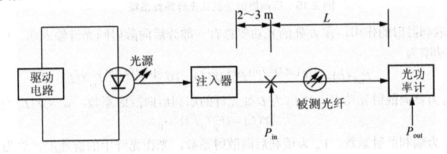

图 2.14 截断法测试光纤损耗系统

系统中光源通常采用谱线足够窄的激光器。注入器的作用是,在测量多模光纤的损耗系数时使多模光纤在短距离内达到稳态模式分布;在测量单模光纤的损耗系数时应保证全长为单模传输。光纤的端面必须平整清洁,否则将影响测量的正确性。

截断法是测量光纤衰减最基本、最直接、最简单的方法,精确性较高,但这种方法是破坏性的,不利于多次重复测量。在实际应用中,可以采用插入法作为替代方法。

2. 插入法

插入法和截断法的不同之处是在被测光纤两端的连接处装上了活动接头。这种方法是利用活动接头的连接精度来保证测量精度的,但由于耦合接头的精确度和重复性直接影响插入损耗的测量精度和重复性,因此这种方法不如截断法的精度高。插入法不具有破坏性,测量简单方便,故适合于现场使用。

3. 后向散射法

瑞利散射光功率与传输光功率成正比。后向散射法就是利用与传输光方向相反的瑞利散射光功率来确定光纤损耗系数的。后向散射法测试光纤损耗系统如图2.15所示。将光功率为 P_{in} 的窄光脉冲注入光纤，由于衰减，在传输距离 L 之后，光功率 $P(L)$ 为

$$P(L) = 10^{-[\alpha(\lambda) \cdot L/10]} P_{in} \qquad (2\text{-}30)$$

式中，$\alpha(\lambda)$ 为衰减系数。

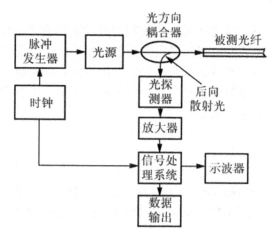

图 2.15　后向散射法测试光纤损耗系统

由于瑞利散射的作用，在 L 处的光功率总有一部分后向散射回光纤输入端。L 处的背向散射光功率为

$$P_{ref}(L) = 10^{-[\alpha(\lambda) \cdot L/10]} P(L) \gamma(L) = 10^{-2[\alpha(\lambda) \cdot L/10]} P_{in} \gamma(L) \qquad (2\text{-}31)$$

式中，P_{ref} 为背向散射光功率；$\gamma(L)$ 为 L 处光纤的瑞利后向散射系数，定义 $\gamma(L)$ 为

$$\gamma(L) = (V_g T_0 / 2) \cdot \alpha_R S \qquad (2\text{-}32)$$

式中，α_R 为瑞利散射系数；V_g 为瑞利后向散射系数，光在光纤中的群速度；S 为后向散射功率与瑞利散射总功率之比，与光纤结构参数有关。

设 $L=0$ 处的后向散射光功率为

$$P_{ref}(0) = P_{in} \gamma(0) \qquad (2\text{-}33)$$

由式(2-26)和式(2-28)，可得 $0 \sim L$ 之间的平均衰减系数为

$$\alpha(\lambda) = \frac{5}{L} [\lg \frac{P_{ref}(0)}{P_{ref}(L)} - \lg \frac{\gamma(0)}{\gamma(L)}] \qquad (2\text{-}34)$$

如果光纤轴向不均匀，$\alpha(\lambda)$ 不是常数，则式(2-29)表示的损耗系数包含了一项与结构参数有关的待定项，这样直接从后向散射光功率上求得的 $\alpha(\lambda)$ 并不能代表实际的损耗系数，这就是该方法的不足之处。

假定光纤结构参数沿轴向均匀时，$\gamma(0) = \gamma(L)$，则 $0 \sim L$ 间的平均损耗系数为

$$\alpha(\lambda) = \frac{5}{L} \lg \frac{P_{ref}(0)}{P_{ref}(L)} \qquad (2\text{-}35)$$

这时就可以从后项散射曲线求得实际的平均衰减系数了。

背向散射法属于非破坏性测量,具有直观、简单的特点,在光纤通信工程的施工和维修中得到了广泛的应用。

知识扩展

后向散射法不仅可以测量损耗系数,还可利用光在光纤中传输的时间来确定光纤的长度,显然

$$L = \frac{ct}{2n} \tag{2-36}$$

式中,c 为光速;n 为光纤纤芯的折射率;t 为光脉冲在光纤中传输的往返时间。

利用后向散射原理设计的测量仪器叫做光时域反射仪(OTDR),这种仪器采用单端输入和输出,不破坏光纤,使用非常方便。OTDR 不仅可以测量光纤损耗系数和光纤长度,而且还可以测量连接器和熔接点的损耗,观测光纤沿轴线的均匀性和确定光纤故障点的位置,在工程上获得了广泛的应用。

2.7.2 带宽的测量方法

高斯色散限制的 3dB 光带宽(半峰值全带宽,FWHM)为

$$f = \frac{0.440}{\Delta\tau_{1/2}}(\text{GHz}) \tag{2-37}$$

式中,$\Delta\tau_{1/2}$ 的单位是 ps,所以只要测量出光纤引起的脉冲展宽 $\Delta\tau_{1/2}$ 即可。$\Delta\tau_{1/2}$ 由光纤输入端的脉冲宽度 $\Delta\tau_{1/2\,\text{in}}$ 和输出端的脉冲宽度 $\Delta\tau_{1/2\,\text{out}}$ 决定,即

$$\Delta\tau_{1/2} = \sqrt{\left(\Delta\tau_{1/2\,\text{out}}\right)^2 - \left(\Delta\tau_{1/2\,\text{in}}\right)^2} \tag{2-38}$$

用时域法对光纤带宽进行测量,测试系统如图 2.16 所示。先用一个脉冲发生器去调制光源,使光源发出极窄的光脉冲信号,并使其波形尽量接近高斯分布。注入装置采用满注入方式。首先用一段短光纤将 1 点和 2 点相连,这时从示波器上观测到的波形相当于输入到被测光纤的输入光功率,测量其脉冲半宽 $\Delta\tau_{1/2\,\text{in}}$。然后将被测光纤接入到 1 点和 2 点,并测量此时示波器上显示的脉冲半宽,该带宽相当于 $\Delta\tau_{1/2\,\text{out}}$。然后,利用式(2-37)和式(2-38)就可以得到高斯色散限制的 3dB 光纤带宽。

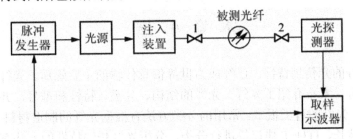

图 2.16 时域法测量光纤带宽

2.7.3 光纤色散特性的测量方法

色散也是光纤、光缆的重要传输特性之一，是限制通信容量和传输距离的主要因素之一。光纤色散测量的基本方法有相移法和脉冲时延法。这里仅介绍相移法，这种方法是测量单模光纤色散的基准方法，测量原理如图 2.17 所示。采用这种方法时需要一个可调谐的单色光源，要求光源具有稳定的光功率强度和波长，并用正弦信号调制此光源。在接收端测量调制光信号的相位，并观察相位随光源波长变化的移动情况，从而计算光纤的频率色散。

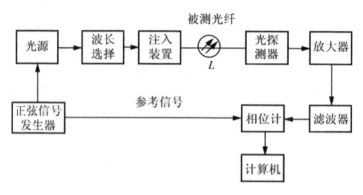

图 2.17 相移法测量原理

用角频率为 ω 的正弦信号调制波长为 λ 的光波，经长度 L 的单模光纤传输后，其时间延迟 τ 取决于波长 λ。不同的时间延迟产生不同的相位 ϕ。用波长为 λ_1 和 λ_2 的已调光波分别通过被测光纤，由 $\Delta\lambda = \lambda_1 - \lambda_2$ 产生的时间延迟差为 $\Delta\tau$，相位移为 $\Delta\phi$。根据色散定义，长度为 L 的光纤总色散为

$$D(\lambda)L = \frac{\Delta\tau}{\Delta\lambda} \tag{2-39}$$

用 $\Delta\tau = \Delta\phi/\omega$ 代入上式，得到光纤的色散系数是

$$D(\lambda) = \frac{\Delta\phi}{L\omega\Delta\lambda} \tag{2-40}$$

相位计用来测量参考信号与被测信号间的相移差。为避免测量误差，一般要测量一组 λ_i 和 ϕ_i，再计算出 $D(\lambda)$。

本 章 小 结

光纤具有良好的光传播特性，已经成为世界信息传输的主要媒质。光纤是光纤通信系统的重要组成部分。本章介绍了光纤、光缆的结构、分类、特性和型号，并讨论光纤传输原理和传输特性。光纤的种类很多，常用的分类方法有根据光纤的制造材料、折射率分布、传播模式、工作波长、ITU-T 建议等进行分类。分析光纤传输特性的方法有几何光学分析法和波动理论分析法。对于多模光纤可以用几何光学分析法直观地解释光线在纤芯中的传输，得到数值孔径的概念。对于单模光纤可以用波动理论分析法精确地分析光波导。本章

重点介绍了光纤中传播模式的概念、对于多模光纤如何求模式的数目、单模传输条件。对光纤的传输特性作了详细介绍。光纤色散主要包括模式色散、色度色散和偏振模色散。色度色散分为材料色散和波导色散。对于多模光纤,存在的色散主要是模式色散。对于单模光纤,存在的色散主要是材料色散。光纤色散将导致输入光脉冲在传输过程中展宽,引起光信号畸变和失真,产生码间干扰,增加误码率,限制通信容量和传输距离。对于多模光纤,通过合理设计光纤,模式色散可以减小,甚至没有。对于单模光纤,可以采用零色散波长光纤、色散位移光纤、色散补偿光纤、光纤光栅色散补偿器、色散补偿技术等措施来降低色散或补偿色散造成的影响。本章还介绍了损耗系数的定义、产生损耗的原因及损耗谱,最后介绍了光纤损耗、带宽和色散的测试方法。

习　题

2.1 填空题

(1) 单模光纤中不存在_____色散,仅存在_____色散,具体来讲,可分为_____和_____。

(2) 光纤色散参数的单位为_____,代表两个波长间隔为_____的光波传输_____后到达时间的延迟。

(3) 单模传输条件是_____。

(4) 光缆大体上是由_____、_____和_____三部分组成。

(5) 常用的光缆敷设方式有_____、_____、_____和_____等几种。

(6) 散射损耗与_____及_____有关。

(7) 允许单模传输的最小波长称_____。

2.2 光纤由哪几部分构成?各起什么作用?

2.3 什么叫做光纤的色散?光纤的色散分为哪几种?在单模光纤中有哪些色散?

2.4 光缆的基本结构是什么?

2.5 光缆按照成缆结构方式不同可分为哪几种?

2.6 光纤按照制作材料、折射率分布形式以及光波模式的不同来划分,各分为哪些类型?

2.7 何谓数值孔径?写出数值孔径的计算公式。

2.8 何谓光纤损耗系数?其物理意义是什么?

2.9 光波从空气中以角度 $\theta_1 = 33°$ 投射到平板玻璃表面上,这里的 θ_1 是入射光线与玻璃表面之间的夹角。根据投射到玻璃表面的角度,光束一部分被反射,另一部分发生折射。如果折射光束和反射光束之间的夹角正好为 90°,请问玻璃的折射率等于多少?这种玻璃的临界角又为多少?

2.10 假设阶跃型光纤折射率分布为 $n_1 = 1.48$ 及 $n_2 = 1.478$,工作波长为 1 550 nm,求单模传输时光纤的纤芯半径,此光纤的数值孔径为多大?数值孔径角是多大?

2.11 一段 30 km 长的光纤线路，其损耗为 0.5 dB/km。
(1) 如果在接收端保持 0.3 μW 的接收光功率，则发送端的功率至少为多少？
(2) 如果光纤的损耗变为 0.25 dB/km，则所需的输入光功率又为多少？

2.12 均匀光纤芯与包层的折射率分别为 $n_1=1.50$，$n_2=1.45$，试计算在 1m 长的光纤上，由子午线的光程差所引起的最大时延差 δ_τ。

2.13 均匀光纤，若 $n_1=1.5$，$\lambda_0=1.3\ \mu m$，试计算:
(1) 若 $\Delta=0.25$，为了保证单模传输，其纤芯半径应取多大？
(2) 若取 $a=5\ \mu m$，为了保证单模传输，Δ 应取多大？

2.14 阶跃型光纤的折射率 $n_1=1.52$，$n_2=1.49$。
(1) 光纤浸在水中($n_0=1.33$)，求光从水中入射到光纤端面的数值孔径角。
(2) 光纤放置在空气中，求数值孔径。

2.15 一阶跃型光纤，纤芯半径 $a=25\ \mu m$，折射率 $n_1=1.5$，相对折射率差 $\Delta=1\%$，长度 $L=1$ km。求光纤的数值孔径及最大时延差。

2.16 阶跃型光纤的相对折射率差 $\Delta=0.005$，$n_1=1.50$，当波长分别为 0.85 μm、1.3 μm 和 1.55 μm 时，要实现单模传输，a 应小于多少？

2.17 某阶跃型光纤纤芯折射率 $n_1=1.425\ 8$，包层折射率 $n_2=1.420\ 5$，该光纤工作在 1.3 μm 和 1.55 μm 两个波段上。求该光纤为单模时的最大纤芯直径。

第 3 章

无源光器件

本章知识结构

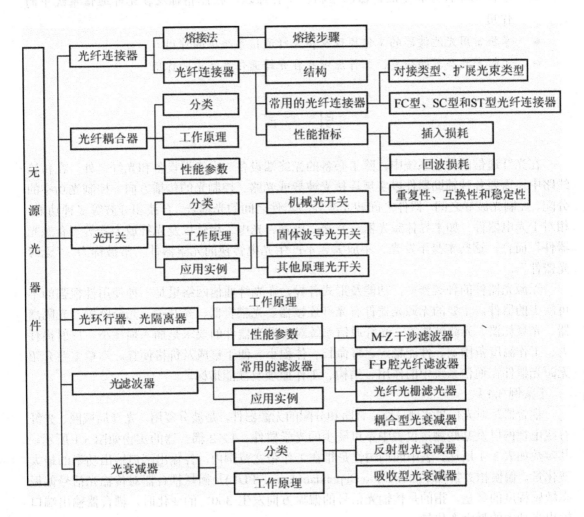

光纤通信

本章教学目的与要求

- 了解无源光器件在光纤通信系统中的重要作用
- 了解通信系统对无源光器件的要求
- 了解光纤连接的方法、影响光纤连接损耗的主要因素
- 掌握几种常用光纤连接器的结构、性能及应用场合
- 掌握光耦合器的分类、工作原理及性能参数
- 掌握光开关的分类、工作原理、性能指标及在光纤通信系统中的作用
- 掌握光环行器和光隔离器的结构、工作原理、性能指标及在光纤通信系统中的作用
- 掌握常用光滤波器的工作原理及在光纤通信系统中的作用
- 了解光衰减器的分类、工作原理及在光纤通信系统中的作用

引　言

在光纤通信的传输系统中，除了必备的光终端设备、电终端设备和光纤之外，在传输线路中还需要各种辅助器件以实现连接光波导或光路、控制光的传播方向、控制光功率的分配、控制光波导之间、器件之间和光波导与器件之间的光耦合、合波和分波等多种功能。相对于光电器件，如半导体激光器、发光二极管、光电二极管以及光纤放大器等"有源光器件"而言，这些本身不发光、不放大、不产生光电转换的光学器件，常被称为"无源光器件"。

无源光器件的种类繁多，功能及形式各异，在光纤通信网络里是一种使用性很强的不可缺少的器件。主要的无源光器件有光纤连接器、光耦合器、光开关、光分路器、光隔离器、光衰耗器、光滤波器等。光纤通信系统对无源光器件的要求是插入损耗小、反射损耗大、工作温度范围宽、性能稳定、寿命长、体积小、便于集成及价格便宜。本章主要介绍无源光器件在通信系统中的作用、结构、工作原理及性能指标。

【案例3.1】

耦合器是对光信号实现分路、合路和分配的无源器件，是波分复用、光纤局域网、光纤有线电视网以及某些测量仪表中不可缺少的光学器件。1×2耦合器的实物如图3.1所示，其参数如表3-1所述，表中的均匀性是指在工作带宽范围内，各输出端口输出功率的最大变化量。偏振相关损耗(Polarization Dependant Loss，PDL)是衡量耦合器对传输光信号偏振态敏感程度的参量，指的是传输光信号的偏振方向发生360°的变化时，耦合器输出端口输出光功率的最大变化量。

图 3.1　1×2 耦合器实物图

表 3-1　1×2 耦合器的参数(浙江南方通信集团有限公司提供)

参　数	单窗口	
规格(Grade)	P	A
工作波长(Operating Wavelength)/nm	1 310　或	1 550
工作带宽(Operating Bandwidth)/nm	±40	
附加损耗(Excess Loss)(max)/dB	0.1	0.2
插入损耗(Insertion Loss)(max)/dB	3.4	3.6
偏振相关损耗(PDL)(max)/dB	0.1	0.13
均匀性(Uniformity)(max)/dB	0.5	0.8
方向性(Directivity)(min)/dB	55	
工作温度(Operating Temperature)/℃	−20～+27	
储存温度(Storage Temperature)/℃	−40～+85	
封装尺寸(Package Dimension)/mm	ϕ3.0×48	
分光比	插入损耗(最大值)/dB	
	P	A
50/50	3.4/3.4	3.6/3.6
40/60	4.4/2.5	4.6/2.8
30/70	5.6/5.8	6.0/2.0

3.1　光纤连接器

在任何光纤系统的铺设过程中，必须考虑的一个重要问题是光纤之间的低损耗连接。这些连接存在于光源与光纤，光纤与光纤以及光纤与光检测器之间。光纤连接需要采用何种技术，取决于光纤是永久连接，还是可拆卸的连接。一个永久性的连接通常采用熔接法；可拆卸的连接则采用连接器。永久性的连接一般在线路中常见于两根光缆中的光纤之间的连接；连接器常位于光缆终端处，用于将光源或光检测器与光缆中的光纤连接起来。

3.1.1　光纤熔接法

光纤熔接法通常采用专用的自动熔接机进行高温熔接，熔接的具体步骤是首先要制备光纤,即将要熔接的光纤去除涂覆层、清洁,再用切割机切割端面,使端面平整光滑,并且与轴线垂直;然后用自动熔接机对已制备好的光纤做高温熔接。其熔接工艺流程如图3.2所示。打开熔接机防尘罩,装入光纤,使光纤在屏幕上可见,轻轻关上防尘罩。按"自动"键,熔接机自动判断光纤端面是否可用。若不能用,则需打开熔接机防尘罩,取出光纤并重新制备光纤端面。若判断光纤端面可用,则熔接机自动完成光纤的清洁、间隙调整、对芯、熔接、估计损耗,并将估算结果显示在显示屏上。熔接机实物如图3.3所示。间隙调整和对芯时熔接机上的显示屏将显示光纤预置图像。最后,对光纤熔接部分进行增强保护。将热缩管放在裸纤中心,然后将热缩管放在加热器中。接着,按下"HEAT"键,开始加热程序,加热结束后,从加热器中取出光纤。操作时,由于温度很高,不要用手触摸热缩管和加热器部分,以防烫伤。

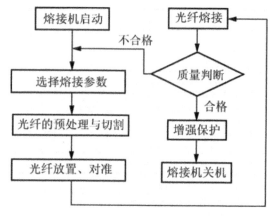

图3.2 光纤熔接工艺流程

图3.3 AV6491型熔接机实物图

影响光纤连接的插入损耗主要有两方面因素,一方面是被连接的两根光纤是否匹配,即两根单模光纤的模场分布是否匹配、两根多模光纤的纤芯直径或折射率分布是否相同,被连接的两根光纤性能参数的离散性必然会导致插入损耗的增加;另一方面的因素是安装的精度,即两根光纤横向的错位、纵向的分离(两根光纤中间有间隙)、光纤的倾斜和截面不平整都会增加插入损耗。

3.1.2 光纤连接器简介

1. 光纤连接器结构

光纤连接器常采用螺丝卡口、卡销固定、推拉式三种结构。这三种结构都包括单通道连接器和既可应用于光缆对光缆,也可用于光缆对线路卡连接的多通道器。这些连接器利用的基本耦合机理既可以是对接类型,也可以是扩展光束类型。

对接类型的连接器采用金属、陶瓷或模制塑料的套圈,这些套圈可以很好地适配每根光纤和精密套管。将光纤涂上环氧树脂后插入套圈内的精密孔中。套圈连接器对机械结构的要求包括小孔直径尺寸以及小孔相对于套圈外表面的位置。

在单模光纤和多模光纤通信系统中,对接类型连接器的对准设计常采用直套筒和锥形

(双锥形)套筒两种结构,其结构如图 3.4 所示。在直套筒连接器中,套筒中的套管和引导环的长度决定了光纤的端面间距。而双锥形的连接器使用了锥形套筒以便接纳和引导锥形套管,套筒中的套管和引导环的长度同样决定了光纤的端面间距。

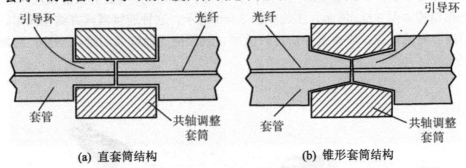

(a) 直套筒结构　　　　　　　　　(b) 锥形套筒结构

图 3.4　对接类型光纤连接器

扩展光束类型的连接器在光纤的端面之间加进透镜,如图 3.5 所示。这些透镜既可以准直从传输光纤射出的光,也可以将扩展光束聚焦到接收光纤的纤芯处,光纤到透镜的距离等于透镜的焦距。这种结构的优点是由于光束被准直,因此在连接器的光纤端面间就可以保持一定的距离,从而连接器的精度受横向对准误差的影响程度较小。而且,一些光处理元件,诸如分束器和光开关等,也能很容易地插入到光纤端面间的扩展光束中。

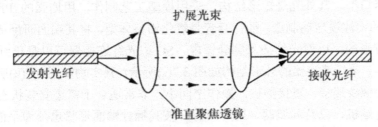

图 3.5　扩展光束类型光纤连接器

2. 常用的光纤连接器

光纤连接器的规格种类很多,根据国际电工委员会 IEC 874 系列标准已公布的类型就有 F-SMA 型、CF03 型、CF04 型、BAM 型、LSA 型、FC 型、D 型、OF 型、ST 型、SC 型、OCCA-PC 型、OCCA-BU 型、CF08 型、DS 型和 MT 型。随着数据及多媒体光纤通信技术的发展,又有 FSD 型、FSD-MC 型、RSD 型、Mini-BNC 型、DNP 型以及 LP 型等。在数字通信领域中应用最广泛的光纤连接器是 FC、SC 和 ST 型系列光纤光缆连接器。

(1) FC 型(平面对接型)光纤连接器,是一种采用卡口螺纹锁紧式连接。这种连接器插入损耗小,重复性、互换性和环境可靠性都能满足光纤通信系统的要求,是目前国内广泛应用的类型。

FC 型光纤连接器结构采用插头—转接器—插头的螺旋耦合方式。两插针套管互相对接,对接套管端面抛磨成平面,外套一个弹性对中套筒,使其压紧并且精确对中定位。FC 型光连接器制造中的主要工艺是高精度插针套管和对中套筒的加工。高精度插针套管有毛细管型、陶瓷整体型和模塑型三种典型结构。对中套筒是保证插针套管精确对准的定位机构。根据其插针端面形状的不同,分为固定光纤端面的平面接触 FC、球面接触的 FC/PC 和斜球面接触的 FC/APC 结构,后两种有利于减少插针端面的反射损耗。FC 型连接器的外形结构如图 3.6(a)所示,实物如图 3.6(b)所示。这种连接器具有结构简单、操作方便、制造容易的优点;缺点是对沾污较敏感,应保持插针端面的绝对干净,否则影响连接损耗。

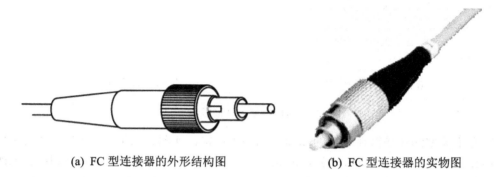

(a) FC 型连接器的外形结构图　　　　(b) FC 型连接器的实物图

图 3.6　FC 型光纤连接器

(2) SC 型(矩形)光纤连接器,是一种直接插拔耦合式连接器,不用旋转,可自锁和开启,为非螺旋卡口型。其外壳是矩形结构,采用模塑工艺制作,用增强的 PBT(聚对苯二甲酸丁二醇酯)的内注模玻璃制造。插针套管是氧化锆整体型,将其端面研磨成凸球面。插针体尾入口是锥形的,以便光纤插入到套管内。SC 型光纤连接器可以是单纤连接器也可以是多纤连接器,单纤连接器的外形结构如图 3.7(a)所示,其实物如图 3.7(b)所示。该器件的特点是不需要螺纹连接,直接插拔,操作空间小,非常适合于密集安装状态下使用,如光纤配线架,光端机,以及局域网、用户网等。按其插针端面形状也分为平面接触 SC、球面接触的 SC/PC 和斜球面接触的 SC/APC 三种结构。

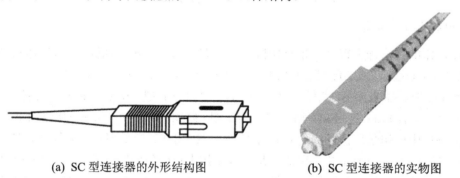

(a) SC 型连接器的外形结构图　　　　(b) SC 型连接器的实物图

图 3.7　SC 型光纤连接器

(3) ST 型(卡口旋转锁紧式)光纤连接器。如图 3.8 所示,ST 型光纤连接器外壳呈圆形,所采用的插针与耦合套管的结构尺寸与 FC 型完全相同,紧固方式为卡口旋转扣。这种连接器适用于各种光纤网络,操作简便,且具有良好的互换性。

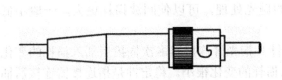 

(a) ST 连接器的外形结构图　　　　　(b) ST 连接器的实物图

图 3.8　ST 型光纤连接器

上述 FC 型、ST 型、SC 型三种连接器的连接插头不同，如果连接不同型号的插头，需使用转换器进行连接。ST/FC 转换器能将 ST 型插头变换成 FC 型插头；FC/SC 转换器能将 FC 型插头变换成 SC 型插头；FC/ST 转换器能将 FC 型插头变换成 ST 型插头；SC/ST 转换器能将 SC 型插头变换成 ST 型插头；ST/SC 转换器能将 ST 型插头变换成 SC 型插头。

随着用户通信网规模的扩大、WDM 的普及、电信网/数据网的光纤化乃至多媒体大容量信息处理设施的发展均推动着光缆向多芯、高密度方向深入发展，带状多芯光缆需要用多芯光纤连接器进行连接，多芯带状光纤 MT 型连接器应运而生。

MT 型连接器是采用塑料套管的一种光纤连接器，具有优良的高密度安装能力和较低的成本。MT 型连接器的基本机理是用两根导向销在套管内确定好光纤位置，再用夹箍施压挟持住对接部分从而保持接续状态稳定。MT 型连接器关键技术包括塑料成型套管、金属导向销、套管端面研磨抛光技术和检查技术等，对精度的要求极高。

MT 套管大致分为四种：小型 MT 套管，最多容纳 4 根光纤，其中光纤间隔 0.75mm 的小型双芯套管已实际应用于 MT-RJ 型连接器及 Mini-MPO 型连接器中；4 芯、8 芯类普通 MT 套管，最大容纳 12 根光纤；16MT 套管，可按 0.25 mm 间隔集中接续 16 根光纤；二维 MT 套管，在 MT 套管内沿水平及垂直方向大致以 0.25 mm 等间隔排列光纤槽，这样利用普通 MT 套管最多可容纳 60 根光纤，MT 型连接器的安装密度极高，其中 16 芯二维 MT 套管是普通 16 芯 MT 套管安装密度的 1.3 倍，60 芯、80 芯二维 MT 型连接器则是普通 12 芯 MT 型连接器安装密度的 5 倍。

3. 光纤连接器性能指标

评价光纤连接器的主要性能指标有插入损耗、回波损耗、互换性、重复性和稳定性等。

(1) 插入损耗(Insertion Loss)。插入损耗即连接损耗，是指光纤中的光信号通过光纤连接器时，其输入光功率 P_{in} 与输出光功率 P_{out} 之比的分贝数(dB)，其表示为

$$IL = 10\lg \frac{P_{in}}{P_{out}} (dB) \tag{3-1}$$

插入损耗越小越好，一般要求应不大于 0.5dB。

(2) 回波损耗(Reflection Loss)。回波损耗又称后向反射损耗，是指光纤连接器的输入光功率 P_{in} 与从输入端口返回的光功率 P_r 之比的分贝数(dB)，其表达式为

$$RL = 10\lg\frac{P_{in}}{P_r}(\text{dB}) \tag{3-2}$$

回波损耗越大越好,这样可减少反射光对光源和系统的影响。其典型值应不小于25dB。实际应用的连接器,插针表面经过专门的抛光处理,可以使回波损耗更大,一般不低于45 dB。

(3) 重复性、互换性和稳定性。重复性是指光纤连接器多次插拔后插入损耗的变化很小。互换性是指连接器各部件互换时插入损耗的变化很小。稳定性是指连接器连接后插入损耗随时间、环境温度的变化很小。插入损耗的变化越小越好。资料表明,连接器在多次插拔之后其插入损耗将增加,通常5 000次插拔之后增加量应小于0.2 dB。

3.2 光纤耦合器

在光纤通信系统或光纤测试中,经常遇到需要从光纤的主传输信道中取出一部分光,作为监测、控制等使用;也有时需要把从两个不同方向来的光信号合起来送入一根光纤中传输,这都需要用光耦合器来完成。

3.2.1 光耦合器的分类

光耦合器根据端口形式不同可分为 X 形(2×2)耦合器、Y 形(1×2)耦合器、星形($N\times N$)耦合器和树形($1\times N$, $N>2$)耦合器等,其结构分别如图3.9所示。

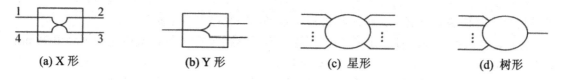

(a) X 形　　　　(b) Y 形　　　　(c) 星形　　　　(d) 树形

图3.9　光耦合器的基本结构示意图

光耦合器根据制作方法不同分为微镜片耦合器、波导耦合器和光纤耦合器等。其中光纤耦合器由于制作时只需要光纤,不需要其他光学元件,具有与传输光纤容易连接且损耗较低、耦合过程无须离开光纤、不存在任何反射端面引起的回波损耗等优点,因而更适合光纤通信,有时又称全光纤元件。

3.2.2 光纤耦合器的工作原理

X 形(2×2)光纤耦合器是最简单的器件,下面以其为例来说明光纤耦合器的工作原理,熔锥型光纤耦合器的结构如图3.10所示。

将两根单模光纤扭绞在一起,然后加热并拉伸,使其在长为 L 的距离内均匀熔融以形成耦合器。在耦合区,纤芯直径变小,归一化频率 V 下降。模场直径计算公式为

$$2w = 2a + \frac{a}{V} \tag{3-3}$$

式中,w 为模场半径;a 为纤芯半径;V 为归一化频率。

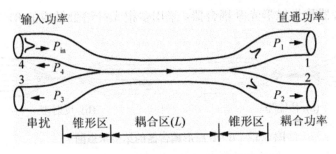

图 3.10 熔锥型光纤耦合器的结构示意图

由模场直径计算公式可知，V 值越小模场直径越大，即模场超过光纤直径的部分越多。这样，一个光模式的更多部分在耦合区的包层部分传播，然后被耦合到另一根光纤的纤芯中。

从一根光纤耦合到另一根光纤的光功率取决于耦合区内两根光纤的纤芯之间的距离、纤芯直径和工作波长，并与耦合区的长度有关。

图 3.10 中，P_{in} 为输入功率，P_1 称为直通功率，P_2 是耦合到第二根光纤中的功率，P_3、P_4 是由于耦合器弯曲和封装而产生的反射和散射功率。假设耦合器是无损耗的，因为 P_3、P_4 的比例很小，可将其忽略不计，则耦合功率和直通功率分别表示为

$$P_2 = P_{in} \sin^2(cz) \tag{3-4}$$

$$P_1 = P_{in} - P_2 = P_{in} \cos^2(cz) \tag{3-5}$$

式中，c 为光纤耦合系数，其定义为

$$c = \frac{\lambda}{2\pi n_1} \cdot \frac{U^2}{a^2 V^2} \cdot \frac{K_0\left(\frac{Wd}{a}\right)}{K_1^2(W)} \tag{3-6}$$

式中，d 为光纤耦合区中的两纤芯距离；K_0 为第二类零阶的贝塞尔函数；K_1 为第二类一阶的贝塞尔函数。

归一化功率与耦合区长度及波长的关系如图 3.11 所示，当波长固定时，可以通过改变 L 等参数来制作不同性能的耦合区。

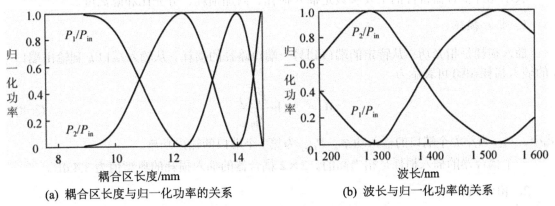

(a) 耦合区长度与归一化功率的关系　　(b) 波长与归一化功率的关系

图 3.11 归一化功率与耦合区长度、波长的关系曲线

$N×N$ 光纤耦合器称为星形光纤耦合器。采用多根光纤熔融做成的 $8×8$ 星形耦合器的结构如图 3.12 所示。

(a) 传输型　　　　　　　　　(b) 反射型

图 3.12　$8×8$ 星形耦合器的结构示意图

$N×N$ 的光纤耦合器也可由 $2×2$ 的光纤耦合器级联构成。一个 $N×N$ 的耦合器所需 $2×2$ 的耦合器的数目为

$$M = \frac{N}{2}\log_2 N \tag{3-7}$$

【例 3.1】

用 $2×2$ 的光纤耦合器构成一个 $8×8$ 的光纤耦合器。

解：一个 $8×8$ 的耦合器所需 $2×2$ 的耦合器的数目为

$$M = \frac{N}{2}\log_2 N = \frac{8}{2}\log_2 8 = 12$$

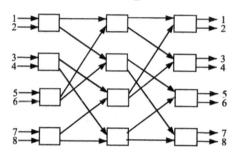

3.2.3　性能参数

表示光纤耦合器特性的主要参数是插入损耗、附加损耗、分光比和隔离度。

1. 插入损耗

插入损耗是指光功率从特定的端口到另一端口路径的损耗。从输入端口 k 到输出端口 j 的插入损耗(dB)可表示为

$$IL = -10\lg \frac{P_{\text{out},j}}{P_{\text{in},k}} \tag{3-8}$$

式中，$P_{\text{in},k}$ 为第 k 个端口的输入功率；$P_{\text{out},j}$ 为第 j 个端口的输出功率。

一个耦合器的插入损耗是相当高的。$2×2$ 耦合器的插入损耗的典型值为 3.4 dB。

2. 附加损耗

附加损耗(Excess Loss)是输入功率与总输出功率的比值，用分贝(dB)表示为

$$EL = -10\lg \frac{\sum_j P_{\text{out},j}}{P_{\text{in}}} \qquad (3\text{-}9)$$

对于图 3.10 所示的 2×2 耦合器有

$$EL = -10\lg \frac{P_1 + P_2}{P_{\text{in}}} \quad (\text{dB})$$

在理想状态下,输出功率之和应该等于输入功率。附加损耗定量给出了实际情况和理想状态的差别,因此附加损耗应尽可能小。对于正在讨论的耦合器,依赖于其类型,典型附加损耗在 0.06~0.15dB 之间变化。

3. 分光比

分光比是耦合器各输出端口输出功率与总输出功率的比值,即输出端口间光功率分配的百分比,表示为

$$\alpha = \frac{P_{\text{out},k}}{\sum_j P_{\text{out},j}} \times 100\% \qquad (3\text{-}10)$$

对于图 3.10 所示的 2×2 耦合器,第二个输出端口的分光比为

$$\alpha = \frac{P_2}{P_1 + P_2} \times 100\%$$

4. 隔离度

隔离度是指光耦合器的某一光路对其他光路中的光信号的隔离能力。定义为某一光路输出端所检测到的其他光路的光信号的功率值(P_t)与光信号输入功率(P_{in})的比,用分贝(dB)表示为

$$I = -10\lg \frac{P_t}{P_{\text{in}}} \qquad (3\text{-}11)$$

对于图 3.10 所示的 2×2 耦合器有

$$I = -10\lg \frac{P_3}{P_{\text{in}}} \quad (\text{dB})$$

隔离度越高越好,隔离度高意味着线路之间的串扰小。

【例 3.2】

2×2 双锥形光纤耦合器的输入功率为 $P_{\text{in}}=200\ \mu W$,另外三个端口的输出功率分别为 $P_1=90\ \mu W$,$P_2=85\ \mu W$,$P_3=6.3\ nW$,试计算光纤耦合器的主要性能参数。

解:利用式(3-10)可得分光比为

端口 1:$\alpha_1 = \left(\dfrac{90}{90+85}\right) \times 100\% = 51.43\%$;

端口 2:$\alpha_2 = \left(\dfrac{85}{90+85}\right) \times 100\% = 48.6\%$。

从式(3-9)可得附加损耗为

$$EL = -10\lg\left(\frac{90+85}{200}\right) \text{dB} = 0.58 \text{ dB}$$

从式(3-8)可得插入损耗为

输入端口到端口 1 的插入损耗：$IL = -10\lg\left(\frac{90}{200}\right)\text{dB} = 3.47 \text{ dB}$；

输入端口到端口 2 的插入损耗：$IL = -10\lg\left(\frac{85}{200}\right)\text{dB} = 3.72 \text{ dB}$。

由式(3-11)可得隔离度为

$$I = -10\lg\left(\frac{200}{6.3\times 10^{-3}}\right)\text{dB} = -45 \text{ dB}$$

3.3 光 开 关

光开关是使在光纤或光波导中传播光信号实现通、断或者进行路由转换的一种光器件。光开关在系统保护、系统测量、系统检测及全光交换技术中具有重要的应用价值。对光开关的要求是插入损耗小、串扰低、重复性高、开关速度快、回波损耗小、消光比大、寿命长、结构小型化和操作方便。

3.3.1 光开关的分类

根据输入和输出端口数不同，光开关可分为 1×1、1×2、1×N、2×2、$M×N$ 等多种，其在不同场合有不同用途。

1×1 光开关：在光纤测试中，控制光源的接通和断开。

1×2 光开关：当光纤断裂或传输发生故障时，可通过光开光改变业务的传输路径，实现光网络自动保护倒换。

1×N 光开关：可用于光网络监控，在远端光纤测试点通过此种开关把多根光纤接到一个光时域反射仪(OTDR)，通过光开关倒换，实现对所有光纤监测，或者插入网络分析仪实现网络在线分析；也可用于光纤通信器件测试，能同时对多个光器件(如光源、探测器、光纤光缆)进行测试；在光传感系统中，可实现空分复用和时分复用。

2×2 光开关：利用此开关可以组成 $M×N$ 光开关矩阵，$M×N$ 光开关矩阵是光交叉连接(OXC)的核心部件。OXC 可实现动态的光路径管理、光网络的故障保护并可灵活增加新业务。

根据工作原理不同，光开关可分为机械光开关、固体波导光开关和其他原理光开关(如液晶光开关)。

3.3.2 工作原理

1. 机械光开关

机械光开关是依靠移动光纤或光学元件实现光信号的通或断。早期的机械光开关由于采用了机械传动机构和反射镜，因而体积大，开关速度慢。随着微电机械系统(MEMS)的出现，使得机械光开关备受人们的重视。微电机械光开关是在硅衬底上集成微反射镜阵列，在驱动力的作用下，移动或旋转微反射镜，将输入光信号切换到不同的输出光纤，从而改变光的方向。其工作原理如图3.13所示。

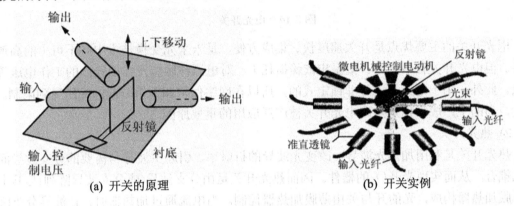

图3.13 微电机械光开关

这种光开关体积小、消光比大(60 dB 左右)、对偏振不敏感、成本低，其开关速度适中(约 5 ms)，插入损耗小于 1 dB。现在，微电机械光开关可以实现 1 000×1 000 的交叉矩阵。由于这些光学微反射镜与传输速率和传输波长无关，光束中的信道数可以达到 1 000 个。在一个交叉结点上集成带宽可以达到 1 Pb/s(1 000 个光束，每个光束 1 Tb/s)。

2. 固体波导光开关

1) 电光开关

电光开关是利用波导材料的电光效应改变材料的折射率，从而改变光的路径实现光的通或断。采用铌酸锂($LiNbO_3$)或镓砷等半导体材料为衬底，并且在两条彼此靠近的波导附近安装了电极，利用电光效应对波导内的光进行调制，如图3.14所示。其工作过程是：给两条波导上面的电极施加调制电压 V 后，两个波导内将分别产生大小相等、方向相反的电场分量，使一个波导的传播常数增大，另一个减少，出现相位失配，导致波导间传播的光功率在水平面内发生转换，实际上就是通过调制加在波导上的表面电极的电压，控制两个输出臂间的光功率通或断，从而实现光开关的功能。

由于电光开关没有机械可动部分，可把相同的若干光开关集成在同一块 $LiNbO_3$ 衬底上达到高密集安装。由于电极的分布参数很小，开关速度可达到几十千赫兹。目前 $LiNbO_3$ 光开关的结构已达十余种，有 2×2、4×4、8×8、16×16、32×32 等系列样品，研制水平可达 64×64。

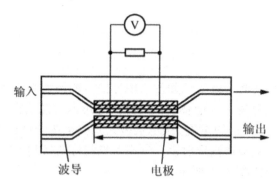

图 3.14 电光开关

电光开关的主要优点是开关速度快、集成方便，是未来光交换技术中必不可少的高速器件。但电光开关有串扰大、偏振相依赖损耗大、对电漂移敏感及需要较高的工作电压等缺点。此外，由于电光开关是非锁定式的，所以在网络保护和重组方面的应用受到限制。当然，高的生产成本也是妨碍电光开关被广泛应用的重要原因之一。

2) 热光开关

热光开关是利用加热光波导，改变光波导的折射率，引起主波导与需要的分支波导间的光耦合，从而实现光开/关的器件。因而热光开关是由分支波导(或分支波导阵列)与其上的薄膜加热器构成，光的开与关由薄膜加热器控制。当电流通过加热器时，在波导分支区产生横向热梯度，改变波导的折射率，使两臂上光信号之间的相差有所改变，经主波导与需要的分支波导间的光耦合，实现光信号在输入/输出端之间通或断，其结构如图 3.15 所示。

这类光开关目前主要是利用硅片上的 SiO_2 或有机聚合物制成。这种开关具有体积小成本低、可获得毫秒级的开关速度等优点，其缺点是串扰大、消光比低、功耗大，并需适当的散热。

3) SOA 光开关

SOA 光开关利用半导体光放大器(SOA)制成，如图 3.16 所示，通过改变 SOA 的偏置电压就可实现开关功能。当偏置减少时，没有粒子数反转，因而吸收光信号；当偏置增加时，放大输入信号，因而当 SOA 处于吸收和放大状态时，实现光信号的开关。半导体光开关处在断开状态时，SOA 对入射光信号不透明，即光信号在通过 SOA 时被吸收；半导体光开关处在闭合状态时，允许入射光信号通过 SOA 且同时得到放大。

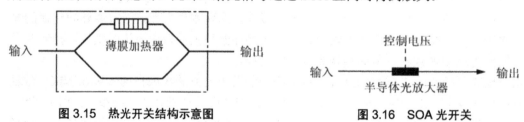

图 3.15 热光开关结构示意图　　　　图 3.16 SOA 光开关

SOA 光开关是有源光器件，这类光开关通断消光比很大(大于 50dB)，开关速度快(小于 1ns)，易于集成为大规模的开关矩阵，2×2 的 SOA 光开关阵列如图 3.17 所示。SOA 光开关作为一种光交换技术,在未来的高速分组光网络中会得到广泛使用,这种方法的主要缺点是 SOA 自发辐射噪声的积累会引起波分复用信道之间的串扰。

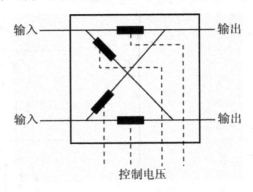

图 3.17　2×2 的 SOA 光开关阵列

3. 其他原理光开关

液晶光开关是通过对液晶施加一个电场,以改变液晶偏振态(透明度)来控制光通路的开或关。液晶材料的电光系数比铌酸锂(LiNbO$_3$)高百万倍,故其作为一种较好的电光材料被广泛应用于显示器中。液晶光开关是由液晶片、偏振光束分离器或者光束调相器组成。液晶光开关的工作原理如图 3.18 所示。首先利用偏振光束分离器将输入的光信号分成两路偏振光,其次将两路偏振光输入液晶内,然后通过调整施加在液晶上的电场强度,变换光的偏振态(透明度),以达到控制光通路开或关的目的。

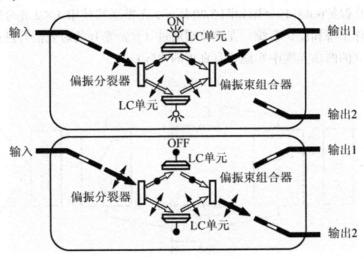

图 3.18　液晶光开关工作原理示意图

液晶光开关的两个状态如图 3.19 所示,在两个平板之间均匀排列着向列相液晶,当没有外加电场作用时,向列相液晶的指向与平板表面平行,液晶分子与相互垂直偏振片的夹角为 45°,这时入射光信号的透过率最大,即光直通;当向液晶施加一个外加电场时,液晶分子长轴与外加电场平行,这时入射光信号的透过率为零,即光被阻断;当撤销外电场时,由于表面作用和液晶分子的弹性作用,液晶分子又恢复到原始状态。由此可见,液晶光开关就是利用外加电场引起液晶分子排列变化来实现光通路的开或关。

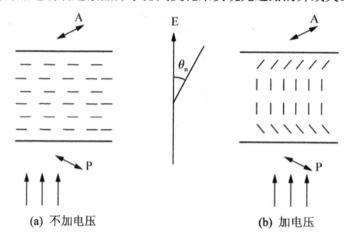

图 3.19 液晶光开关的两个状态

利用成熟的液晶器件制造光开关能够大大降低成本。研究证明,液晶光开关具有并行交换能力,以及可以实现光信号的交叉连接、无机械结构、可靠性能较好等特点;但因其只有两个偏振态,所以其所能支持的输出端口数较少。因此,液晶光开关适合用作中等规模的波长选择器及光衰减器。

**应用实例**:光分路器和光开关在光复用段共享保护中的应用。

光复用段共享保护(OMSP)框图如图 3.20 所示,在发送端使用 1×2 光分路器将合路的光信号分送到工作系统和保护系统,在接收端通过 1×2 光开关对光信号进行选路。但这种保护只有在独立的两条光缆中实施才有真正的实际意义。

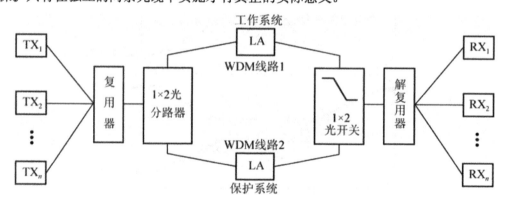

图 3.20 光复用段共享保护

背景知识

点到点线路保护主要有两种保护方式,一种是基于单个波长,即在通道层实施的 1+1 或 1:N 的保护。通道层的 1+1 保护对所有的系统设备都需要有备份,单波长信号在发送端被永久桥接在工作系统和保护系统上,在接收端监视从这两个 WDM 系统收到的信号状态,择优接收。这种方式的可靠性比较高,但是成本也较高。通道层的 1∶N 保护可以使 N 条链路中的某个波长通道由保护链路中的同一波长通道来保护,从而提高了保护通道的利用率。考虑到一条 WDM 线路可以承载多个波长通道,因而也可以使用同一 WDM 系统内的空闲波长作为保护通道。

另一种是基于光复用段上保护,即在光路上,同时对多波长信号进行保护,这种保护称为光复用段共享保护(OMSP)。这种保护只在光路上对多波长信号进行 1+1 保护,而不对终端设备进行保护。

3.4 光隔离器与光环行器

光隔离器和光环行器都是非互易器件,即当输入和输出端口对换时器件的工作特性不一样。

3.4.1 光隔离器

光隔离器为双端口器件,即一个输入端口和一个输出端口。光隔离器具有单向性,即正向传输的光信号通过,反向传输的光信号被隔离掉,其工作原理如图 3.21 所示。

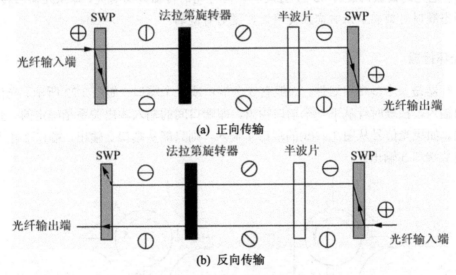

图 3.21 光隔离器的原理图

正向传输过程:具有任意偏振态(SOP)的入射光首先通过空间分离偏振器(SWP),SWP 将入射光分解为水平和垂直的两个正交偏振分量,且让垂直分量直通,而水平分量偏折通过。两个分量都要通过法拉第旋转器和半波($\lambda/2$)片,其偏振态都要顺时针旋转两个 45°,使垂直偏振光变为水平偏振光,水平偏振光变为垂直偏振光,最后由 SWP 把两个分量的光合在一起输出,即完成正向无损传输。

反向传输过程：具有任意偏振态的入射光首先通过空间分离偏振器，SWP将入射光分解为水平和垂直的两个正交偏振分量，且让垂直分量直通，而水平分量偏折通过。由于半波片的作用，两个分量的偏振态都逆时针旋转45°，然后通过法拉第旋转器时，其偏振态又都要顺时针旋转45°，法拉第旋转器和半波片的偏振方向相反，刚好相互抵消，即两分量的光通过半波片和法拉第旋转器后，其偏振态维持不变，在输出端不能被SWP再组合在一起，于是实现了反射的隔离。

背景知识

组成光隔离器的各光学器件的作用如下：
1) 空间分离偏振器
特点：让垂直分量直线通过，而水平分量偏折通过，且偏折方向与光传输方向无关。
作用：将入射的任意偏振态的光分解为水平和垂直的两个正交偏振分量，或把水平和垂直的两个正交偏振分量合成为一个偏振光。
2) 法拉第旋转器
作用：使通过其的光的偏振方向顺时针旋转45°，且旋转方向与光的传播方向无关。
3) 半波片
作用：把光的偏振态旋转45°，且旋转方向与光的传播方向有关，即从左向右传播时，光的偏振态顺时针旋转，从右向左传播时，逆时针旋转。

3.4.2 光环行器

光环行器是一个多端口器件，一般有3个端口或4个端口，如图3.22所示。光信号从任一端口输入，按顺时针从下一个端口输出，即端口间的输入输出关系是确定的，且只能正向传输。如果光信号从图3.22(a)的端口1输入，则只能从端口2输出，端口2输入的光信号只能从端口3输出。

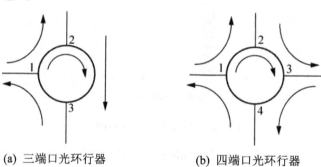

(a) 三端口光环行器　　　　(b) 四端口光环行器

图 3.22　光环行器

光环行器主要用于光分插复用，在双向传输系统中的应用如图3.23所示。

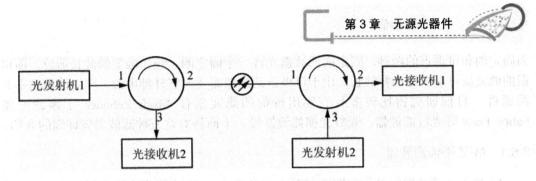

图 3.23 光环行器用于双向传输系统

【例 3.3】

图 3.24 为光纤光栅合波分波示意图,如果一组波长为 λ_1、λ_2、λ_3 的复合光信号从输入端口 1 输入,从输入端口 2 插入波长为 λ_4 的光波,并将第一个可调谐光纤光栅调谐到 λ_2 波长,第二个可调谐光纤光栅调谐到 λ_4 波长,则输出端口 1 输出的光波长为 λ_2,输出端口 2 输出的波长为 λ_1、λ_3、λ_4。

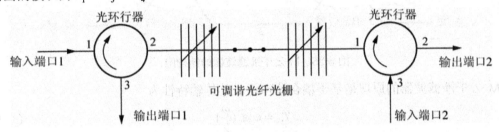

图 3.24 光纤光栅合波分波示意图

背景知识

可调谐光纤光栅在未调谐时对所有波长透明,即所有波长的光信号都可以通过光栅,当光栅调谐到某个波长时,这个波长的光信号遇到该光栅将被逆向反射回去。

3.4.3 主要性能

光隔离器和光环行器都是单向传输的无源光器件,主要性能参数有插入损耗和隔离度。

(1) 插入损耗:是指当光从输入端输入、从输出端输出时光能的损耗,这是由器件插入(使用)引起的损耗,应越小越好。典型的插入损耗为 1 dB。

(2) 隔离度:是指当光从输入端输入、从不希望的输出端口输出时的插入损耗,应越大越好。隔离度为 40~50 dB。

3.5 光滤波器

光滤波器是一种波长选择器件,在光纤通信系统和光传感系统中有着重要的应用,这些应用包括半导体激光器和光纤激光器的反射腔镜和窄带滤波,光波长复用/解复用器,光放大器中的噪声抑制,波长选择器,波长转换器,色散补偿器及延时器等。光滤波器可分为固定的和可调谐的两种。固定的滤波器允许一个固定的、预先确定的波长通过，而可调谐的滤波器可动态地选择波长。由于可调谐滤波器需要一些外部电源，严格地说它不是无源器件。目前研究得比较多且有实用价值的滤波器有 Mach-Zehnder 干涉滤波器、Fabry-Perot 腔光纤滤波器、光纤光栅滤波器等。下面将对这三种滤波器做详细的介绍。

3.5.1 M-Z 干涉滤波器

M-Z 干涉滤波器的结构如图 3.25 所示。由两个 3 dB 光纤耦合器串联，构成一个有两个输入端、两个输出端的光纤 Mach-Zehnder 干涉仪，干涉仪的两臂长度不等，相差 ΔL，其中一个光纤臂用热敏膜或压电陶瓷(PZT)来调整，以改变 ΔL。

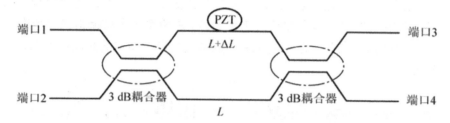

图 3.25 M-Z 干涉滤波器的结构图

M-Z 干涉滤波器的原理是基于耦合波理论，其传输特性为

$$T_{13} = \cos^2(\frac{\varphi}{2}) \tag{3-12}$$

$$T_{14} = \sin^2(\frac{\varphi}{2}) \tag{3-13}$$

式中，φ 可表示为

$$\varphi = 2\pi\Delta L n f \frac{1}{c} \tag{3-14}$$

式中，f 为光波频率；n 为光纤的折射率；c 为真空中光速。

由此可见，从干涉仪 3、4 两端口输出的光强随光波频率和 ΔL 呈正弦和余弦变化。对于光频其变化周期 f_s 可写成：

$$f_s = \frac{c}{2n\Delta L} \tag{3-15}$$

因此，若有两个频率分别为 f_1 和 f_2 的光波从 1 端输入，而且 f_1 和 f_2 分别满足

$$\begin{cases} \varphi_1 = 2\pi n\Delta L f_1 \frac{1}{c} = 2\pi m \\ \varphi_2 = 2\pi n\Delta L f_2 \frac{1}{c} = 2\pi(m+\frac{1}{2}) \end{cases} \quad (m=1,2,3,\cdots) \tag{3-16}$$

则有

$$T_{13} = 1, \quad T_{14} = 0 \quad f = f_1$$
$$T_{13} = 0, \quad T_{14} = 1 \quad f = f_2$$

这说明，在满足式(3-12)和(3-13)的条件下，从 1 端输入的频率不同的光波将被分开，其频率间隔 f_c 为

$$f_c = f_s = \frac{c}{2n\Delta L} \tag{3-17}$$

波长差为

$$\Delta\lambda = \frac{\lambda_1\lambda_2}{2n\Delta L} \tag{3-18}$$

这种滤波器的频率间隔必须非常精确地控制在 f_c 上，且所有信道的频率间隔都必须是 f_c 的倍数，因此在使用时随信道数的增加，所需的 M-Z 干涉滤波器为 2^n-1 (2^n 为光频数) 个。图 3.26 所示为 8 个光频的滤波器，需三级共 7 个 M-Z 干涉滤波器，而且要使第一级的频率间隔为 Δf，第二级的频率间隔为 $2\Delta f$，第三级的频率间隔为 $4\Delta f$，才能将其分开。

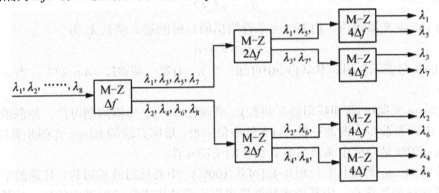

图 3.26 级联 M-Z 干涉滤波器

3.5.2 F-P 腔光纤滤波器

F-P 腔光纤滤波器是根据法布里-珀罗(Fabry-Perot)干涉原理而制作的滤波器，其结构如图 3.27 所示。输入光纤和输出光纤的两个端面被抛光、镀银，形成两个透镜，分别安装在两个活动支架上。两个端面相对放置，中间有一缝隙，调节缝隙大小便可调节滤光器的通频带。一般采用压电陶瓷对活动支架进行微调。在电信号的驱动下，PZT 可进行伸缩，造成空气间隙变化，引起腔长的改变，从而实现波长的调谐。改变光纤的长度同样可以实现调节腔长的目的。这种滤波器的输出光谱呈梳状，即具有周期分布的多谱线，其中心波长由公式 $\lambda=2nL/N$ 决定，其中 N 为正整数。通过改变腔长 L 或腔内的折射率 n，就能调谐滤波波长。

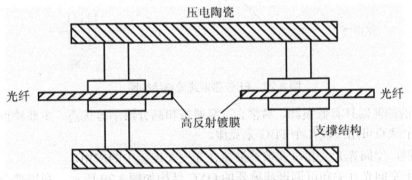

图 3.27 F-P 腔光纤滤波器的结构

3.5.3 光纤光栅滤波器

光纤光栅(FG)以其特有的高波长选择性能，易与光纤耦合，插入损耗低，结构简单，体积小等优点，广泛应用在光纤光栅滤波器、光纤激光器、WDM 合波/分波器、超高速系统中的色散补偿器、EDFA 增益均衡器等光纤通信领域。光纤光栅滤波器是通过施加拉力或加热光栅来改变光栅周期，从而调谐滤波器的波长。光纤光栅滤波器具有宽的调谐范围。

Bragg 光栅是一组平行排列的半反射板，光栅间隔为 Λ。Bragg 光栅条件是 Bragg 光栅间隔等于半波长的整数倍，即

$$\Lambda = -n\lambda_B/2 \tag{3-19}$$

式中，n 为 Bragg 光栅级数。由 Bragg 条件给出的反射的最大波长 λ_B 为

$$\lambda_B = 2\Lambda/n \tag{3-20}$$

式(3-19)中的负号表示反射。从式(3-20)可知，当 $n=1$(第一级)时，$\Lambda=\lambda/2$；当 $n=2$(第二级)时，$\Lambda=\lambda$。

为使 Bragg 光栅可调(即反射波长可控)，必须使 Bragg 光栅周期可控。控制的方法有机械调谐、电磁调谐和热调谐三种。对光纤通信来说，最感兴趣的 Bragg 光栅是光纤 Bragg 光栅(FBG)。FBG 是完成全光网络波长选择的关键元件之一。

由于光纤 Bragg 光栅具有反射率高(可达 100%)、中心反射波长可控、任选的窄带反射和与光纤连接简便等优点，用其做成滤波器可以窄带滤出光纤透射谱中的任一波长。器件性能由光纤 Bragg 光栅的光谱特性决定，故可构成各种滤波器，如窄带阻、宽带阻和带通滤波器。窄带阻滤波器常使用多个不同波长的 FG 串联，可应用于波分复用器、光插/分复用器。宽带阻滤波器可应用于光纤放大器的泵浦光反射镜(以提高泵浦效率)和降低泵浦光对信号光的干扰。带通滤波器可由光纤偏振分光器(FPS)和 Bragg 光栅相结合而构成，如图 3.28 所示。当输入光被耦合进入臂 1 时，经偏振控制器 PC1 控制后进入 FPS，FPS 把进入的入射光分裂成偏振方向互为垂直的两束偏振光，这两束偏振光分别耦合入臂 2 和臂 4，经臂 2、4 上的光纤光栅反射，最后耦合入臂 3 实现带通滤波。

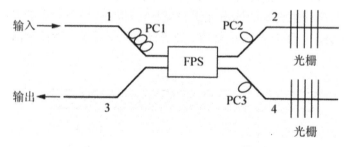

图 3.28　FBG 带通滤波器结构图

FBG 调谐滤波器具有低损耗、易耦合、窄通带和高分辨率等优点，主要缺点是动态范围窄，但这个缺点可用级联几个 FBG 来克服。

应用实例：空间光开关和可调谐滤波器在光交叉连接中的应用。

两种基于空间光开关和可调谐滤波器的 OXC 结构如图 3.29 所示，利用耦合器和可调谐滤波器完成将输入的 WDM 信号在空间上分开的功能，经过空间光开关矩阵(和波长转

换器)后,再由耦合器将各个波长复用起来。

图 3.29(a)所示结构中无波长转换器,只能支持波长通道,具有波长模块性,但不具有链路模块性。由于该结构使用可调谐滤波器来选出某一波长的信号,只要将一条链路对应的多个可调谐滤波器调谐到同一波长上,即可将这一信号广播发送到多条输出链路中,因此具有广播/组播发送能力。

图 3.29(b)所示结构仅比图(a)所示结构增加了 MN_f 个波长转换器,从而可支持虚波长通道,其他性能与图(a)完全相同。

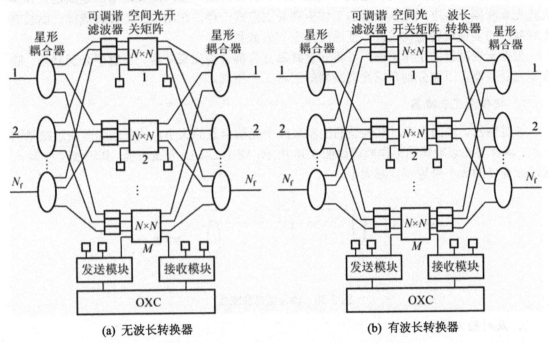

图 3.29 空间光开关和可调谐滤波器的 OXC 结构

背景知识

OXC 是光网络最重要的网元设备,OXC 的主要功能是光通道的交叉连接功能、本地上下路功能、连接和带宽管理功能。除了实现这些主要功能外,端口指配、组播、广播和波长变换等也是经常需要的功能。性能优良的 OXC 应不仅能够满足光网络现有的需求,而且也能够使光网络方便、高效地进行升级和扩展。

3.6 光衰减器

光衰减器是一种用来降低光功率的无源光器件。光衰减器的作用是当光通过该器件时,使光强衰减到一定程度,主要用于调整光中继段的线路损耗、评价光系统的灵敏度和校正光功率等场合。

光衰减器按光衰减量的变化方式不同可分为固定式光衰减器和可变式光衰减器。固定式衰减器引入的是一个预定损耗，具体规格有 3 dB、5 dB、10 dB、15 dB、20 dB、30 dB、40 dB 等标准衰减量，衰减误差小于 10%。在工作波长 λ=0.80～0.90 μm 的范围内，固定式光衰减器的规格有(3±0.5) dB、(5±0.5) dB、(10±0.5) dB、(20±0.5) dB 及(30±0.5) dB，方向性小于 0.5 dB。上述的衰减量，已包含衰减器两端光纤活动连接器的损耗。其优点是尺寸小和价格低，适用于接线板和配线盒。可变式衰减器允许网络安装人员和操作人员依据要求改变衰减量，通过调整衰减片的角度，改变反射光与透射光比例来改变光衰减的大小，可变式衰减器有步进式和连续可调式两种。目前，国产投入商业运用的是固定式和步进式光衰减器。步进式光衰减器的工作原理与固定式一样，在结构上，其衰减部分由装有光衰减片的多窗口转盘构成，以便随时改变其衰减量。

根据光衰减器的工作原理，可将光衰减器分为耦合型光衰减器、反射型光衰减器、吸收型光衰减器。下面分别介绍光衰减器的三种工作原理。

1. 耦合型光衰减器

通过输入、输出光束对准偏差的控制来改变光耦合量的大小，从而达到改变衰减量的目的。耦合型光衰减器的工作原理如图 3.30 所示，图中 L_1、L_2 为微透镜，其轴线位移为 d，通过改变 d 的大小来控制衰减大小。

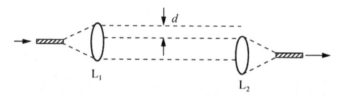

图 3.30　耦合型光衰减器

2. 反射型光衰减器

反射型光衰减器是在玻璃基片上镀反射膜作为衰减片。光通过衰减片时主要是发生反射和透射。由膜层厚度的不同来改变反射量的大小，从而达到改变衰减量的目的。为了避免反射光的入射影响衰减器性能的稳定，光线不能垂直入射到衰减片，需将两块衰减片按一定倾斜角对称地排列为八字形，如图 3.31 所示。图中 RL 为对 $\lambda/4$ 自聚焦透镜，可以把处于输入端面的点光源发出的光线在输出端面变换成平行光，反之可把平行光线变换成点光源。M 为镀了部分透射膜的平面镜。

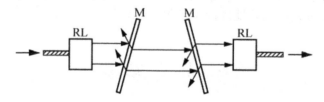

图 3.31　反射型光衰减器

3. 吸收型光衰减器

吸收型光衰减器的结构如图 3.32 所示。其中的衰减片由光学吸收材料制成，故又称吸收式光衰减器。衰减片的作用是对光吸收和透射，对光的反射量很小，衰减片采用不同成分的光学玻璃，经冷加工后制成厚度不等的圆形薄片。由于光的吸收具有随玻璃成分和厚度不同而异的特性，所以可以得到衰减量不等的光衰减器。

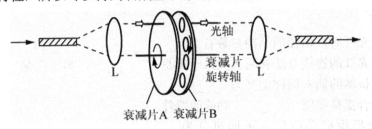

图 3.32 吸收型光衰减器

在光纤通信系统中，对光衰减器的主要要求是体积小、质量轻、衰减量精度高、稳定可靠和使用方便等。使用光衰减器时，要保持环境清洁干燥，不用时要盖好保护帽，连接器应轻上轻下，严禁碰撞。

本 章 小 结

在光纤通信的传输系统中，除了必备的光终端设备、电终端设备和光纤之外，在传输线路中还需要各种无源光器件以实现连接光波导或光路、控制光的传播方向、控制光功率的分配、控制光波导之间、器件之间和光波导与器件之间的光耦合、合波和分波等多种功能。本章介绍了无源光器件在光纤通信系统中的重要作用，及通信系统对无源光器件的要求。应用在光纤通信中的无源器件有光纤连接器、光耦合器、光开关、光分路器、光隔离器、光衰减器、光滤波器等。

本章对这些无源光器件在通信系统的作用、结构、工作原理及性能指标分别作了介绍。首先介绍了光纤连接的方法、影响光纤连接损耗的主要因素，以及几种常用光纤连接器的结构、性能和应用场合。光纤连接可采用熔接法和连接器。影响光纤连接的插入损耗主要有两方面因素，一方面是被连接的两根光纤是否匹配，即两根单模光纤的模场分布是否匹配、两根多模光纤的纤芯直径或折射率分布是否相同，被连接的两根光纤性能参数的离散性必然会导致插入损耗的增加；另一方面的因素是安装的精度，即两根光纤横向的错位、纵向的分离(两根光纤中间有间隙)、光纤的倾斜和截面不平整都会增加插入损耗。光纤连接器的规格种类很多，在数字通信领域中应用最广泛的光纤连接器是 FC 型、SC 型和 ST 型系列光纤光缆连接器。然后介绍了光耦合器的分类、工作原理和性能参数，光开关的分类、工作原理及性能要求。光开关是使在光纤或光波导中传播光信号实现通、断或者进行路由转换的一种光器件。光开关在系统保护、系统测量、系统检测及全光交换技术中具有重要的应用价值。对光开关的要求是插入损耗小、串扰低、重复性高、开关速度快、回波损耗小、消光比大、寿命长、结构小型化和操作方便。最后介绍了光环行器和光隔离器的结构、工作原理、性能指标，光衰减器和光滤波器的分类和工作原理。

习 题

3.1 填空题

(1) 影响两光纤对接损耗的结构参数有_____、_____和_____。

(2) 光纤与光纤的连接方法有两大类，一类是_____，另一类是_____。

(3) 光纤连接器的插入损耗定义为_____。

(4) 光纤耦合器是实现_____功能的器件。

(5) 光耦合器根据端口形式不同可分为_____、_____、_____和_____等。

(6) 光耦合器根据制作方法不同分为_____、_____和_____等。

(7) 光纤耦合器的插入损耗是指_____。

(8) 影响光纤耦合器性能的主要因素有_____、_____、_____和_____。

(9) F-P腔光纤滤波器的输出光谱是具有周期分布的多谱线,其中心波长由公式_____决定。

(10) F-P腔光纤滤波器通过改变_____或_____调谐滤波波长。

(11) 控制Bragg光栅周期的三种方法是_____、_____和_____。

(12) 对光纤通信来说，光纤Bragg光栅(FBG)是完成全光网络_____选择的关键元件之一。

(13) 光衰减器根据工作原理不同可分为_____、_____和_____。

(14) 光衰减器根据光衰减量的变化方式不同可分为_____和_____。

(15) 在光纤通信系统中，对光衰减器的主要要求是_____、_____、_____、_____和_____等。

3.2 光纤通信系统对无源光器件有什么要求？

3.3 影响光纤连接损耗的主要因素是什么？

3.4 衡量光纤连接器质量好坏的性能指标有哪些？

3.5 光开关根据输入输出端口数不同可分为哪几种？并说明每一种光开关主要应用在哪些场合，有何用途。

3.6 表征光纤耦合器性能的主要参数有哪些？并说明其含义。

3.7 试用 2×2 耦合器构成一个 4×4 的星形耦合器，画出连接图和输入、输出端口信号间的流向，计算所需开关数。

3.8 在光纤通信中，光开关应具有哪些优点？

3.9 简述F-P腔光纤滤波器的工作原理。

3.10 讨论光纤光栅在光纤通信中的应用。

3.11 如果滤波器的中心频率为 $\lambda = 1\,300$ nm，$\Delta n = 0.07$，则光栅周期 Λ 为多少？

3.12 简述光衰减器的作用。

第4章

光放大器

 本章知识结构

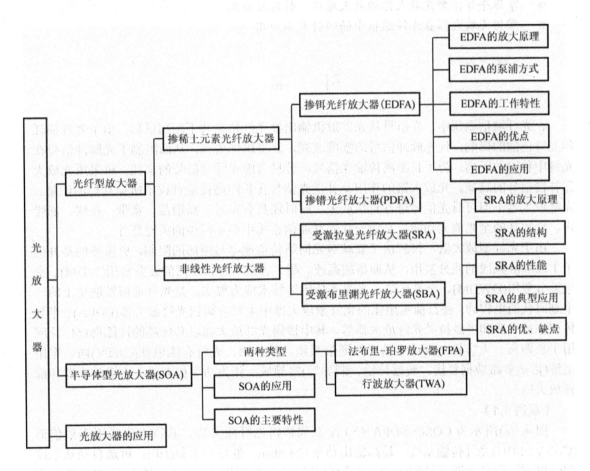

光纤通信

本章教学目的与要求

- 了解光放大器的基本类型
- 掌握掺铒光纤放大器的放大原理、结构及泵浦方式
- 了解掺铒光纤放大器工作特性、优点、缺点及应用
- 掌握受激拉曼光纤放大器的放大原理
- 了解受激拉曼光纤放大器的性能及应用
- 了解受激布里渊光纤放大器的放大原理
- 了解受激拉曼光纤放大器与受激布里渊光纤放大器的区别
- 掌握半导体型光放大器的放大原理、性能及应用
- 掌握光放大器在光纤通信中的四种基本应用

引 言

在光纤通信系统中，光信号从光发射机输出经光纤传输若干距离以后，由于光纤损耗和光纤色散的影响，使光脉冲信号的幅度衰减，波形出现失真，从而限制了光脉冲信号在光纤中传输的距离。为了长距离传输光信号，若只考虑光纤对信号的损耗，可采用光放大器补偿信号的衰减。光放大器的作用是补偿光信号在长距离传输过程中所损耗掉的能量。光纤放大器不但可对光信号进行直接放大，同时还具有实时、高增益、宽带、在线、低噪声、低损耗的全光放大功能，是新一代光纤通信系统中必不可少的关键器件。

由于光纤型放大器不仅解决了衰减对光网络传输速率与距离的限制，更重要的是开创了1 550nm频段的波分复用，从而将超高速、超大容量、超长距离的波分复用(WDM)、密集波分复用(DWDM)、全光传输、光弧子传输等技术成为现实，是光纤通信发展史上的一个划时代的里程碑。在目前实用化的光纤型放大器中主要有掺铒光纤放大器(EDFA)、半导体型光放大器和受激拉曼光纤放大器等，其中掺铒光纤放大器以其优越的性能现已广泛应用于长距离、大容量、高速率的光纤通信系统、接入网、光纤有线电视(CATV)网、军用系统(雷达多路数据复接、数据传输、制导等)等领域，作为功率放大器、中继放大器和前置放大器。

【案例4.1】

图4.1(a)所示为COSC-EDFA-C-LA系列掺铒光纤放大器，其特点为适用于单信道(CATV&SDH)光纤传输系统；最高输出功率+24 dBm；低噪声系数(NF)；可选自动功率控制(APC)模式/自动增益控制(AGC)模式/自动恒流源控制模式(ACC)；输入/输出光功率监测；自动关泵保护(ALS)功能；支持模块二次应用开发；丰富的硬件与软件保护功能；内嵌单片机控制电路与驱动电路；上位机监控与软件配置模块工作模式。产品可应用在接入网、点对点数据传输、CATV传输系统、SDH数字信号传输系统及单信道光传输系统。

(a) COSC-EDFA-C-LA 系列掺铒光纤放大器　　(b) XU-RACK 系列机架式掺铒光纤放大器

图 4.1　掺铒光纤放大器

图 4.1(b)为 XU-RACK 系列机架式掺铒光纤放大器,其特点为产品内部集成 COSC 全系列光电模块,可用于超长距离光传输系统、城域网、接入网、单波长、多波长光传输系统和点对点传输。目前广泛用于模拟有线电视光纤传输系统、单频道数字光传输网络以及密集型波分复用(DWDM)光传输系统。XU-RACK 系列可定制多光纤端口输出;控制面板实时显示设备工作状态与报警、监控信息。内置 RS-232 与 RS-485 标准通信接口,可实现远程监控与上位机通信。

4.1　光放大器的分类

光放大器可分为半导体型光放大器(SOA)和光纤型放大器两类。光纤型放大器包括掺稀土元素光纤放大器和非线性光纤放大器。掺稀土元素光纤放大器是一种新型放大器,主要有工作在 1 550 nm 的掺铒光纤放大器(EDFA)和工作在 1 310 nm 的掺镨光纤放大器(PDFA)。半导体型光放大器和掺稀土元素光纤放大器都是利用受激辐射机制实现光的直接放大;而非线性光纤放大器是利用石英光纤所固有的受激拉曼散射(SRS)或受激布里渊散射(SBS)现象,通过分子振动或声学声子实现光信号的放大。非线性光纤放大器主要有受激拉曼光纤放大器(SRA)和受激布里渊光纤放大器(SBA)。

4.2　掺铒光纤放大器

目前光纤通信系统中广泛使用的光放大器是掺铒光纤放大器。掺铒光纤放大器的核心是掺铒光纤,掺铒光纤之所以能放大光信号,是利用掺铒光纤中铒离子的受激辐射原理实现光信号的放大。

4.2.1　光与物质相互作用的三个过程

根据量子力学的基本理论可知,电子在原子中的微观运动状态(量子态)的一个最根本的特点是：量子态的能量只能取某些确定的值，而不是随意的，需要满足电子轨道的量子化条件。当电子在每一个这样的轨道上运动时，原子具有确定的能量，称为原子的一个能级。当原子中的电子与外界有能量交换时，电子就在不同的能级之间跃迁，并伴随有能量如光能、热能等的吸收与释放。能级图是用一系列的水平横线来表示原子内部的能量关系的。假设一个具有二能级的原子系统，在频率为 f，且能量满足 $hf=E_2-E_1$(h 为普朗克常数，$h=6.626\times10^{-34}$ J·s，$E_2>E_1$)的光波作用下，其原子在两个能级 E_1 和 E_2 之间的跃迁，$E_1\rightarrow E_2$ 和 $E_2\rightarrow E_1$ 之间的跃迁是同时发生的。光与物质的相互作用包括自发辐射、受激吸收和受激辐射三个过程，如图 4.2 所示。

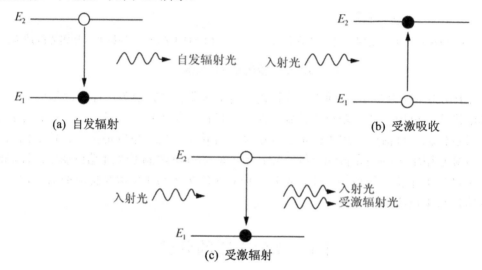

图 4.2　光与物质相互作用的三个过程

处于高能态 E_2 的一个原子自发地向低能态 E_1 跃迁，并辐射一个能量为 hf 的光子，这种过程称为自发辐射。处于低能态 E_1 的一个原子，在频率为 f 的辐射场作用下，受激地向高能态 E_2 跃迁并吸收一个能量为 hf 的光子，这种过程称为受激吸收。处于高能级 E_2 的一个原子，在频率为 f 的辐射场作用下，受激地向低能态 E_1 跃迁并辐射一个能量与入射光子一样的光子，这种过程称为受激辐射。受激辐射是激光器产生激光的物理基础。

受激吸收过程和受激辐射过程都是受激跃迁，自发辐射过程是自发跃迁。受激跃迁和自发跃迁是本质不同的物理过程，自发跃迁只与原子本身性质有关，而受激跃迁不仅与原子本身性质有关，还与辐射场有关。受激辐射与自发辐射的重要区别在于所辐射的光子是否具有相干性。自发辐射是原子在不受外界辐射场控制情况下的自发过程，大量原子的自发辐射场的相位、传播方向和偏振方向是无规则分布的，因此自发辐射产生的光子是不相干的。自发辐射对光放大是不利的，入射光放大的同时，自发辐射产生的光信号也得到了放大，形成放大自发辐射(ASE)噪声。ASE 对光纤通信系统的传输质量影响很严重。而受激辐射是在外界辐射场的控制下，处于高能态 E_2 的电子跃迁到低能态 E_1 上，并且释放出一个能量为 hf 的光子，该光子与辐射场的光子完全一样。由于所有受激辐射光子是在同一辐射场激发下产生的，受激辐射场与入射辐射场完全一样，因而是相干的。

如果受激辐射超过受激吸收而占主导地位，即入射的光信号引起 $E_2\rightarrow E_1$ 之间的跃迁多

于 $E_1 \to E_2$ 之间的跃迁,将会导致能量为 hf 的光子数的净增加,因此入射的光信号得到了放大;否则,光信号将被衰减。

若要使受激辐射多于受激吸收就必须将粒子数反转。粒子数反转是相对在热平衡状态(没有与外部交换能量的状态)下粒子数的分布而言的,因为在热平衡状态下,低能级 E_1 上的粒子数 N_1 是大于高能级 E_2 上的粒子数 N_2 的,入射的光信号总是被吸收。而粒子数反转分布是高能级 E_2 上的粒子数 N_2 大于低能级 E_1 上的粒子数 N_1。要实现粒子数反转,可采用外部泵浦源对其进行激励,并吸收泵浦能量。EDFA 采用的是光泵浦源,SOA 采用的是电泵浦源。

4.2.2 EDFA 的放大原理

掺铒光纤放大器是利用掺铒光纤作为增益介质、使用激光二极管发出的泵浦光对信号光进行放大的器件。掺铒光纤是 EDFA 的核心部分。掺铒光纤是在纤芯中掺入许多铒离子。因为放大作用实际是由铒离子完成的,所以使硅光纤中铒离子的浓度尽可能高是至关重要的。为了增加铒离子的浓度,即在单位硅光纤体积中增加铒离子的数目,制造商减小了掺铒硅光纤的纤芯直径。减小了纤芯直径就会减小模场直径(MFD),掺铒光纤模场直径为 $3\sim6~\mu m$;常规光纤 MFD 的典型直径大小为 $9\sim11~\mu m$。MFD 较小的掺杂光纤,其纤芯直径也较小,铒离子和信号光之间的碰撞机会就增加,因此纤芯直径小能提高放大效率。

为了获得更有效的放大,不仅要减小纤芯直径,还要把大多数的铒离子集中在小纤芯的中心区域,在中心区域铒离子的浓度变化范围从 $1\times10^{-4}\sim2\times10^{-3}$。目前,市场上已有铒离子浓度高达 5×10^{-3} 的激励光纤。

EDFA 是利用铒离子的受激辐射现象实现光信号的放大功能。铒离子的能级图如图 4.3 所示,其放大原理可用三能级系统来解释。三个能级分别为处于较低能级的基态、中间能级的亚稳态和较高能级的高能态。要实现光放大,就要让粒子数反转。为了实现粒子数反转,就要把铒离子泵激到亚稳态能级上。实现这一过程有两种方法:一种是直接方法,用 1 480 nm 波长的泵浦光直接泵激铒离子;另一种是间接方法,用 980 nm 波长的泵浦光间接泵激铒离子。

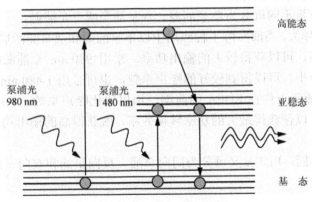

图 4.3 铒离子的能级图

1. 间接方法

在 980 nm 波长的泵浦光作用下，处在较低能级上的铒离子不断地跃迁到高能级上，再从高能级无辐射地衰变到中间能级上，然后落到较低的能级上，并辐射出所需要波长 (1 500~1 600 nm) 的光子，这就是三能级机制。使用这个三能级机制的关键是两个较高能级的生存期，生存期或自发辐射的时间是原子自发转移到下一个能级前停留在某一个特定能级上的平均持续时间。铒离子在较高能级上的生存期仅约为 1 μm，而铒离子在中间能级上的生存期大于 10 ms。由于铒离子处于亚稳态的生存期长，被激发跃迁到较高能级的铒离子会很快地落到中间能级，并在中间能级上停留较长的时间。这样，铒离子将在这个中间能级上积累，实现粒子数反转。

2. 直接方法

在 1 480 nm 波长泵浦光的作用下，处在较低能级上的铒离子不断地跃迁到中间能级上，由于铒离子在亚稳态上的生存期较长，因此铒离子在这个能级上堆积，产生粒子数反转。

这两种方法都能使亚稳态上的粒子数比基态上的粒子数多，当光信号通过这个粒子数反转的掺铒光纤时，将激发铒离子从亚稳态跃迁到基态，并伴随产生与输入光子具有相同波长、方向和相位的受激辐射光子，这样就实现了输入光信号的放大。

4.2.3 EDFA 的泵浦方式

EDFA 泵浦光源的作用是为光信号放大提供足够的能量。由于泵浦光源直接决定着 EDFA 的性能，所以泵浦光源必须稳定可靠、寿命长。EDFA 的泵浦光源主要采用半导体激光二极管，其泵浦波长为 820 nm、980 nm 和 1 480 nm。鉴于 980 nm 和 1 480 nm 波长的激光二极管具有噪声低、泵浦效率高、驱动电流小、增益平坦等优点，EDFA 中广泛使用的是这两种波长的激光二极管。EDFA 中泵浦源的波长为 980 nm 或 1 480 nm，信号光波长在 1 550 nm 附近，信号光和泵激的光束由耦合器送入同一光纤，这两种光束沿着光纤的掺杂区传播，信号光在掺杂区得到放大，而泵激光失去其功率。这样，在某种意义上泵激光把自身的能量转移给了信号光。

根据泵浦光源数量不同可分为单泵浦源、双泵浦源或三泵浦源。一般来说，泵浦源数量越多，EDFA 增益越大。当前实际工程应用中以单泵浦源和双泵浦源居多。选用 1 480 nm 泵浦源时泵浦效率高，可以获得较大的输出功率。采用 980 nm 泵浦源时，虽然泵浦效率较低，但引入的噪声小，可以得到较好的噪声系数。也可采用 1 480 nm 和 980 nm 的双泵浦源，980 nm 的泵浦源工作在 EDFA 的前端，用以优化噪声系数，1 480 nm 的泵浦源工作在 EDFA 的后端，以便获得最大的功率转换效率，既获得高的输出功率，又能得到较好的噪声系数。

根据泵浦方式不同，EDFA 又可分为同向泵浦、反向泵浦和双向泵浦三种结构类型。

1. 同向泵浦

同向泵浦是一种信号光与泵激光从掺铒光纤的同一端注入，且信号光与泵激光经光纤耦合器或 WDM 复合器后合在一起，在掺铒光纤中与信号光共同向前传输，这种泵浦方式具有良好的减噪性能。同向泵浦的基本结构如图 4.4 所示，主要由掺铒光纤、泵浦源、耦合器、光隔离器及滤波器组成。各部分的作用如下：

(1) 掺铒光纤是一段大约为 10～100 m 的石英光纤，纤芯中注入 25 mg/kg 的稀土元素铒离子 Er^{3+}。掺铒光纤承载经耦合器连接的光信号并利用铒离子的受激辐射实现光信号放大。

(2) 泵浦源能提供转移给信号光的能量。

(3) 耦合器将泵浦光与信号光复合后一起通过掺铒光纤。

(4) 光隔离器阻止回射光或自发辐射噪声进入光纤影响放大器的工作稳定性，保证光信号正向传输。光纤放大器通常是单向装置，然而放大器产生的自发辐射噪声将沿光纤向两个方向传播，这种特性说明在光纤放大器的输入端安置隔离器是必要的。光纤放大器输出端的隔离器能阻止反射光进入放大器，否则这个光也会被放大，产生危害，因为这种放大能将放大器变成激光器，会使噪声水平增加到难以接受的程度。

(5) 滤波器的作用是把遗留的泵浦光从信号光中分离出来，滤除光放大器的噪声，降低噪声对系统的影响，提高系统的信噪比。

图 4.4　同向泵浦的结构

2. 反向泵浦

反向泵浦是一种信号光与泵激光从掺铒光纤的两端注入，且信号光与泵激光在掺铒光纤中的传输方向相反。反向泵浦结构如图 4.5 所示。这种泵浦方式具有输出信号功率高的特点。

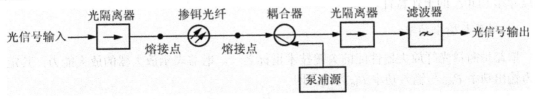

图 4.5　反向泵浦的结构

3. 双向泵浦

双向泵浦是一种同向泵浦与反向泵浦相结合的方式，两个泵浦源从掺铒光纤的两端注入光纤，如图 4.6 所示。由于使用双泵浦源，所以输出的光功率高，且放大特性与信号光传输方向无关。

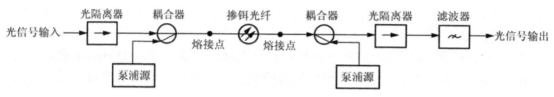

图 4.6 双向泵浦的结构

同向泵浦、反向泵浦和双向泵浦的能量转换效率分别为 61%、76% 和 77%。在同样泵浦条件下,双向泵浦的 EDFA 输出最高。三种泵浦方式的噪声特性比较如图 4.7 所示,同向泵浦和双向泵浦方式具有较好的噪声性能,反向泵浦的噪声较大。图 4.7(a)所示为噪声系数 F_n 与放大器输出功率的关系,随着输出光功率的增加,粒子反转数下降,噪声系数增大。图 4.7(b)所示为噪声系数与掺铒光纤长度的关系。由图可见,不管掺铒光纤的长度如何,同向泵浦方式的 EDFA 噪声总是最小的。

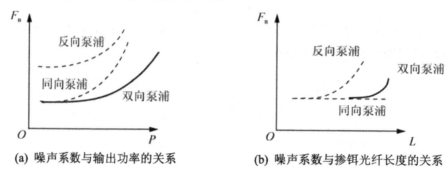

(a) 噪声系数与输出功率的关系　　(b) 噪声系数与掺铒光纤长度的关系

图 4.7 三种泵浦方式的噪声特性比较

4.2.4 EDFA 的工作特性

为了能够正确选用光放大器,有必要深入了解光放大器的增益、工作波长、增益均衡、噪声系数和放大器间距等主要性能。由于目前光纤通信系统中广泛采用 EDFA,所以本节重点介绍 EDFA 的工作特性。

1. 增益与输出功率

增益是衡量光纤放大器性能的关键技术指标之一。增益表示放大器的放大能力,其定义为输出功率 P_{out} 与输入功率 P_{in} 之比,即

$$G = \frac{P_{out}}{P_{in}} \tag{4-1}$$

其中功率的单位为 W,通常增益的单位用分贝(dB)表示,则

$$G(\text{dB}) = 10 \lg \frac{P_{out}(\text{mW})}{P_{in}(\text{mW})} \tag{4-2}$$

输出功率包括信号功率和噪声功率,当考虑噪声功率时,增益应表示为

$$G- = \frac{P_{out} - P_{ASK}}{P_{in}} \tag{4-3}$$

增益的单位用分贝(dB)表示时，

$$G(\text{dB}) = 10\lg\frac{P_{\text{out}} - P_{\text{ASK}}}{P_{\text{in}}} \tag{4-4}$$

当输入功率比较高时，增益会出现饱和，即增益随着输入功率的增加而降低。一个典型的光纤放大器的小信号增益大约为 30 dB，但是在高的功率下，小信号增益就减小到约为 10 dB。影响增益大小的因素还有掺铒浓度、泵浦光功率、光纤长度、泵浦光的波长等。随着铒离子质量分数的增加，增益连续增加，但由于存在增益饱和效应，当铒离子的质量分数超过一定值时，增益反而降低。泵浦功率小时输出光功率快速增加，随着泵浦功率增加，放大器增益出现饱和，即泵浦功率增加很大，而增益基本保持不变，此时放大器的增益效率将随着泵浦功率的增大而下降。增益随掺铒光纤长度的增加而上升，但当光纤超过了一定长度后，增益反而逐渐下降。

输出功率是光纤放大器输出的总功率，以 mW 和 dBm 来度量。如果以 dBm 或 dB 计量功率，那么输出功率等于输入功率加增益。泵浦功率和放大器会限制最大功率。EDFA 的典型最大饱和输出功率是 10~20 dBm，对于一个单波长系统，其是一个光信道上传输的功率；对于一个 WDM 系统，其是被放大的所有光信道上的功率之和。这就意味着，随着信道数的增加，每个光信道的功率将会相应减少。如果最大输出功率是 100 mW，在一个光信道上放大器可以传输 100 mW。在 8 个光信道的每个光信道上放大器可以传输 12.5 mW，在 40 个光信道的每个光信道上放大器可以传输 2.5 mW。

【例 4.1】

一个 EDFA 功率放大器，波长为 1 542nm 的输入信号功率为 2 dBm，得到的输出功率为 P_{out}=27 dBm，求放大器的增益。

解： $P(\text{mW}) = 10^{\frac{P(\text{dB})}{10}}$

$G = 10\lg\frac{P_{\text{out}}(\text{mW})}{P_{\text{in}}(\text{mW})} = 27 - 2\text{dB} = 25\,\text{dB}$

背景知识

光功率的单位为毫瓦(mW)，但实际工程应用中常用分贝(dB)来表示。分贝和毫瓦的换算公式为

$$P(\text{dB}) = 10\lg\frac{P(\text{mW})}{1\text{mW}} \tag{4-5}$$

2. 工作波长

EDFA 能放大的波长范围为 1 500~1 600 nm。实用增益窗有一个对所放大波长更多的限制范围称为增益带宽。EDFA 的增益带宽有两个波段，一个称为 C 波段，范围为 1 530~1 560 nm，大多数实用 EDFA 工作在这个波段；另一个称为 L 波段，光谱范围从 1 560~1 610 nm，L 波段不仅增大了增益带宽，也有助于解决光纤中的四波混频问题。C 波段和 L 波段被一个狭窄的低增益区隔开。

3. 增益均衡

EDFA 在其整个工作波长范围的增益是不均衡(平坦)的。换言之，EDFA 在 C 波带的增益平坦范围只为十几个纳米，而 L 波带仅为 20 nm。例如，在一个没有采用增益均衡技术的 DWDM 传输系统中，光信号传输了 30 级 EDFA 后，不同波长的信号功率相差可以达到 30 dB。为了使 EDFA 能够得到宽范围的增益平坦，需要采用增益均衡技术。现在，用来解决EDFA增益不均衡问题的具体方法是：以增加光滤波器来减少最强光谱线的功率；利用不同类型的光放大器，如用拉曼光纤放大器来均衡 EDFA 的增益。拉曼光纤放大器增益强的位置恰好对应于 EDFA 增益弱的位置，因此，可以利用两种放大器共同放大的混合放大技术，使掺铒光纤放大器增益光谱得到均衡，即增益光谱变得更宽且更均匀。这两种增益均衡方法可以同时使用，也可以单独使用。

4. 噪声系数

光放大器在放大光信号的同时，也放大了一些噪声。EDFA 的噪声主要有信号光的散粒噪声、放大的自发辐射噪声、自发辐射光与信号光之间的差拍噪声和自发辐射光谱间的差拍噪声。

EDFA 的噪声主要来源于放大的自发辐射。自发辐射的光子落在与信号光相同的频率范围内，但在相位和方向上是随机的；那些与信号同方向的自发辐射光子被激活介质放大，这些由自发辐射产生并经过放大的光子组成放大的自发辐射，因为在相位上是随机的，所以对于信号光不仅没有贡献，还产生了信号带宽内的噪声。

5. 放大器间距

噪声和增益是确定长途传输系统无中继器距离的关键因素。无中继器距离越长，用以补偿衰减所需要的增益就越大。增益越大，与信号一起被放大的噪声就越大。综合考虑放大器成本和系统性能时，一定要充分考虑系统的长度。非常长的系统，例如一条从美国至欧洲(约 5 000 km)跨越大西洋的光缆线路，因为非常长的光缆线路上容许的噪声积累极小，所以一般允许光纤放大器之间的距离是 50 km，光纤放大器的增益略大于 10 dB；而 600 km 长的陆地系统允许光纤放大器之间的距离是 100 km、光纤放大器增益不小于 20 dB，其原因是噪声累计的距离比较短。

4.2.5　EDFA 的优点

EDFA 具有以下优点。

(1) 工作波长在 1.52～1.56 μm 范围内，与光纤最小损耗窗口一致，在光纤通信中获得广泛应用。

(2) 耦合效率高。因为是光纤型放大器，易于与光纤耦合连接，也可以用熔接技术与传输光纤熔接在一起，损耗可降低 0.1 dB，反射损耗也很小，不易自激。

(3) 能量转换效率高。激光工作物质集中在光纤纤芯的近轴部分，而信号光和泵浦光在近轴部分最强，这使得光与物质充分作用。能量转换效率一般大于 50%。

(4) 增益高、噪声低。输出功率大，增益可达 40 dB，输出功率在单向泵浦时可达 14 dBm，双向泵浦时可达 17 dBm，甚至可达 20 dBm，噪声系数一般为 4~5 dB，充分泵浦时，噪声系数可低至 3~4 dB。

(5) 增益特性不敏感。EDFA 的增益对温度不敏感，在 100℃内增益特性保持稳定，另外，增益也与偏振无关。

(6) 可实现信号的透明传输，即在波分复用系统中可同时传输模拟信号和数字信号，高速率信号和低速率信号，系统扩容时，可只改动端机而不改动线路。

当然，EDFA 也存在放大的自发辐射(ASE)噪声、串扰、增益饱和等问题。

 知识扩展

利用掺铒光纤可制造掺铒光纤激光器和光纤光栅激光器。

环形掺铒光纤激光器结构如图 4.8 所示。图的上半部分是一个双向泵浦方式的掺铒光纤放大器，两束泵浦激光通过 WDM 耦合器对掺铒光纤泵浦，掺铒光纤提供光放大。激光器的谐振腔是环形的，有选择性地为输出波长的激光提供反馈增益来克服腔内的光损耗。光隔离器和滤波器保证光的单向传输。偏振控制器用来控制光的偏振态，可将任意偏振态的输入偏振光转变为输出端指定的偏振状态。

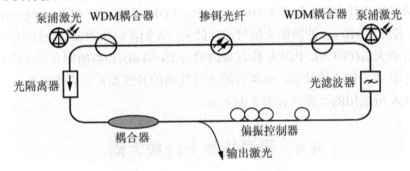

图 4.8　环形掺铒光纤激光器结构

光纤光栅激光器结构如图 4.9 所示。光纤光栅是由一段折射率沿其长度周期性变化的光纤构成，光纤光栅具有波长选择性。如果光注入 Bragg 光纤光栅，与折射率变化周期相对应的特定波长的光将被逆向反射回去。波长选择性相同的一对光纤光栅构成了激光器的谐振腔，这对光纤光栅来说相当于一对平行反射镜。图 4.9(a)所示为单波长光纤光栅激光器。级联单波长光纤光栅激光器可构成多波长光纤光栅激光器。图 4.9(b)所示的激光器具有两个输出波长。

光纤激光器由于其价格低廉、制作灵活、容易把能量耦合到光纤中等特点，日益成为各国研究的热点。目前，光通信网络及相关领域技术飞速发展，以光纤光栅、滤波器、光纤技术等为基础的新型光纤器件陆续面市，为光纤激光器的设计提供了新的对策和思路。随着密集波分复用系统的发展，可变波长的多波长光纤激光器越来越受到人们的重视。相信随着技术的日益成熟，光纤激光器在不久的将来有可能代替半导体激光器成为光纤通信系统中的主要光源。尽管目前多数类型的光纤激光器仍处于实验室研制阶段，但已经在实验室中充分显示了其优越性。光纤激光器的开发研制正向多功能化、实用化方向发展。

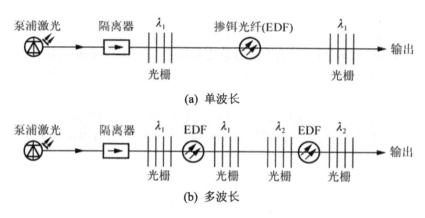

(a) 单波长

(b) 多波长

图4.9 光纤光栅激光器结构

4.3 掺镨光纤放大器

目前已铺设的光纤大都工作在1 310 nm窗口，EDFA只能对1 550 nm波段的光信号进行放大，为了能对1 310 nm波段的光信号进行放大，人们在氟化物玻璃光纤中掺入镨离子，制成掺镨光纤放大器(PDFA)。PDFA具有高的增益(约30 dB)和高的饱和功率(20 dBm)，适用于EDFA不能放大的光波波段，对现有的光纤线路的升级和扩容有重要的意义。目前已研制出的PDFA所采用的泵浦波长为1 017 nm。

4.4 受激拉曼光纤放大器

随着计算机网络及其他新的数据业务的飞速发展，各种通信业务如宽带业务综合数据网、ATM传输、压缩编码高清晰度电视、远程互动教学医疗等技术发展迅速，使得实际通信业务成倍增长，要求现有的光纤通信网陆续增加通信容量，EDFA仅40nm的放大带宽显然是不能满足通信发展的要求，这样就对光纤通信中的放大器提出了新的要求。受激拉曼光纤放大器(Seamless Rate.Adaptation，SRA)就是在这个背景下产生的，由于其自身固有的全波段可放大特性和利用传输光纤在线放大以及优良的噪声特性等优点，得到了迅速发展和应用。

4.4.1 SRA的放大原理

SRA是利用受激拉曼散射效应实现光信号的放大功能。受激拉曼散射(SRS)是指入射泵浦光子通过光纤的非线性散射转移部分能量，产生低频斯托克斯光子，而剩余的能量被介质以分子振动(光学声子)的形式吸收，完成振动态之间的跃迁。物质内部的分子无时无刻不在振动着，但只能在某几个固定的频率上振动，这些频率称为拉曼频率。

受激拉曼散射过程可以看成是物质分子对光子的散射过程，或者说光(光子)与物质(分子)的相互谐振作用过程。如图 4.10(a)所示，SRS 的基本过程是激光束进入介质以后，光子被介质吸收，使介质分子由基能级 E_1 激发到高能级 E_3($E_3 = E_1 + hf_p$，其中 h 是普朗克常量，$f_p = \omega_p/2\pi$，ω_p 是入射光角频率)，但高能级是一个不稳定状态，将很快跃迁到一个较低的亚稳态能级 E_2 并发射一个散射光子，这个散射光称为斯托克斯光，其角频率为 ω_s，且 $\omega_s < \omega_p$，然后驰豫回到基态，并产生一个能量为 $h\Omega/2\pi$ 的光学声子。光学声子的角频率 Ω 由分子的谐振频率决定。这个散射过程前后总的能量是守恒的，即

$$\frac{h\omega_p}{2\pi} = \frac{h\omega_s}{2\pi} + \frac{h\Omega}{2\pi}$$

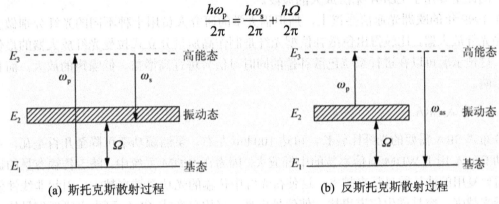

(a) 斯托克斯散射过程　　(b) 反斯托克斯散射过程

图 4.10　SRA 的原理性结构示意图

斯托克斯频率 $\Omega = \omega_p - \omega_s$，在 SRS 过程中起着重要作用。$\Omega$ 由分子振动能级确定，其值决定了产生 SRS 的频率范围。这个过程是一个基本的斯托克斯散射过程。

实际上还可能存在另一个散射过程，如果少数分子在吸收光子能量以前已处于亚稳态能级 E_2，则吸收光子能量以后将被激发到一个更高的能级 E_3 上，这个分子从 E_3 跃迁直接回到基能级 E_1，将发射一个所谓反斯托克斯光子，则反斯托克斯光的角频率 ω_{as} 为

$$\omega_{as} = \omega_p + \Omega$$

当泵浦光照射时，泵浦光子与振动分子发生能量交换，这时产生不同于入射光的频率的谱线。在入射光光谱线(又称母线)两边出现一些强度很弱的新谱线。这些新出现的谱线称为伴线，其中比母线波长长的称为斯托克斯线，比母线波长短的称为反斯托克斯线。伴线与母线波长的间隔相等，相对应的频移 Ω 也是相等的，其值等于相应的分子振动频率。

泵浦光和信号光通过耦合器输入至光纤，当这两束光在光纤中一起传输时，泵浦光的能量通过 SRS 效应转移给信号光，使信号光得到放大。泵浦光和信号光也可分别在光纤的两端输入，在反向传输过程中同样能实现弱信号的放大。

乍看 SRA 的工作原理与其他光放大器没有多大差别，都是靠转移泵浦能量实现放大的，实际上区别很大。SOA 用电泵浦，需要粒子数反转。SRA 是靠非谐振、非线性散射实现放大功能的，不需要能级间粒子数反转。SRA 是靠非线性介质的受激散射，一个入射泵浦光子通过非弹性散射转移其部分能量，产生另一个低能和低频光子，称为斯托克斯光，而剩余的能量被介质以分子振动的形式吸收，完成振动态之间的跃迁。

4.4.2 SRA 的结构

SRA 按结构不同,可分为分立式和分布式两类。

1. 分立式 SRA

分立式 SRA 所用的光纤增益介质比较短,一般在 10 km 以内。泵浦功率要求很高,一般在几瓦到几十瓦,可产生 40 dB 以上的高增益,像 EDFA 一样用来对信号光进行集中放大,因此主要用于 EDFA 无法放大的波段。

在 1999 年的欧洲光通信会议上,斯坦福大学的研究人员用十种不同的光纤分别做受激拉曼光纤放大器,比较得出色散补偿型光纤是制作高质量分立式拉曼光纤放大器的最佳选择。这预示着可以在进行系统色散补偿的同时对信号进行高增益、低噪声的放大,而且互不影响。

2. 分布式 SRA

分布式 SRA 需要的光纤比较长,可达 100 km 左右,泵浦源功率可降至几百毫瓦,主要辅助 EDFA 用于 WDM 通信系统的中继放大。因为在 WDM 系统中,随着传输容量的提高,需要复用的波长数目越来越多,这使得光纤中传输的光功率越来越大,引起非线性效应也越来越强,容易产生信道串扰,使信号失真。采用分布式 SRA 可大大降低信号的入射功率,同时保持适当的光信号信噪比。这种分布式拉曼放大器由于系统传输容量的提升而得到快速发展。

后向泵浦分布式拉曼光纤放大器结构如图 4.11 所示。分布式拉曼放大器由两个正向偏振的后向泵浦激光二极管、偏振复用器、增益平坦滤波器和波分复用器组成。泵浦方式采用前向泵浦,也可采用后向泵浦,因后向泵浦可减少泵浦光和信号光相互作用的长度,从而减少泵浦噪声对信号的影响,所以通常采用后向泵浦。

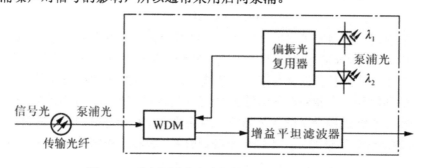

图 4.11 后向泵浦分布式拉曼光纤放大器结构图

4.4.3 SRA 的性能

受激拉曼光纤放大器的性能参数主要有增益、带宽及噪声等。

1. 增益

在连续波的小信号放大工作条件下,忽略泵浦光消耗,SRA 的增益可以从耦合方程得

出，SRA 的增益为

$$G_A = \exp(\frac{g_R P_p L_{eff}}{A_{eff}}) \tag{4-6}$$

式中，g_R 为拉曼增益系数；A_{eff} 为光纤在泵浦波长处的有效面积；P_p 为泵浦光功率；L_{eff} 为放大器有效长度。

L_{eff} 定义为

$$L_{eff} = \frac{1 - \exp(-\alpha_p L)}{\alpha_p} \tag{4-7}$$

式中，L 为放大器实际长度；α_p 为泵浦光在光纤中的衰减系数。

光信号的拉曼增益与信号光和泵浦光的频率差密切相关，当信号光与泵浦光频率差为 13.27 Hz 时，拉曼增益达到最大，该频率差对应的信号光比泵浦光波长长 60～100 nm。此外，光信号的拉曼增益还与泵浦光的功率有关。泵浦功率分别为 200 mW 和 100 mW 的增益曲线如图 4.12 所示。

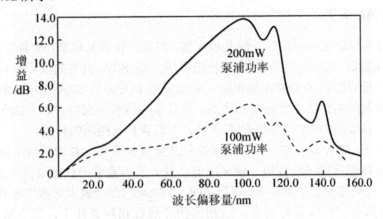

图 4.12 拉曼增益曲线

2．带宽

SRA 的增益带宽由泵浦波长决定，选择适当的泵浦光波长，就可得到任意波长的信号放大，分布式 SRA 的增益频谱是每个波长的泵浦光单独产生的增益频谱叠加的结果，所以由泵浦波长的数量和种类决定。EDFA 由于受能级跃迁机制所限，增益带宽最大只有 80 nm，拉曼光纤放大器与 EDFA 不同，使用多个泵浦源，可以得到比 EDFA 宽得多的增益带宽，目前已经可达到 132 nm，这样通过选择泵浦光波长，就可实现任意波长的光放大。拉曼放大器是目前唯一能实现 1 290～1 660 nm 光谱放大的器件，SRA 可以放大 EDFA 所不能放大的波段。

3．噪声

由于拉曼放大是分布式获得增益的过程，其等效噪声比分立式放大器要小。为了比较分布式 SRA 与分立式 SRA 的性能，定义分布式 SRA 的等效集中噪声系数 F_R 为

$$F_R = \frac{\left[\dfrac{\rho_{ASE}(v)}{hv} + 1\right]}{G_R} \tag{4-8}$$

式中，ρ_{ASE} 为光纤末端放大自发辐射(ASE)密度；G_R 为分布式 SRA 的拉曼增益。

分布式拉曼放大器经常与 EDFA 混合使用，当作为前置放大器的分布式 SRA 与作为功率放大器的常规 EDFA 混合使用时，其等效噪声系数为

$$F = F_R + F_E / G_R \tag{4-9}$$

式中，G_R 为分布式 SRA 的拉曼增益；F_R 为噪声系数；F_E 为 EDFA 的噪声系数。

因为 F_R 通常要比作为功率放大器的 EDFA 的噪声系数 F_E 要小，所以由上式可知，只要增加拉曼增益 G_R，就可以减少总的噪声系数。

分布式 SRA 与常规 EDFA 混合使用，在一定增益范围内能有效地降低系统的噪声系数，增加传输距离。据贝尔实验室研究表明，40×40 Gb/s 的 WDM 信号在 100 km 上的真波光纤(消水峰光纤)上传输，采用分布式 SRA 可使噪声系数降低 5.9 dB。

4.4.4 SRA 的典型应用

EDFA 是目前线路上使用最广泛的光放大器，但是工作带宽较窄，增益带宽不够平坦，难以适应今后高容量、宽带宽和长距离的传输要求，而 SRA 具有的低噪声和增益带宽灵活可变等优点，恰好弥补了 EDFA 的不足。如果采用 EDFA 与 SRA 相结合的混合放大方案，就能够充分发挥两种放大器各自的优点，使传输系统获得低噪声、小的非线性损耗和宽的增益带宽，以实现 DWDM 系统的高容量、宽带宽和长距离的传输。

利用 EDFA 与 SRA 混合放大形式所带来的增益互补叠加，总增益水平提高、放大频带拓宽和增加链路配置的灵活性等，使采用混合放大的传输系统获得最佳增益。A.Carrna 等人研究发现，在最佳配置的条件下，采用 EDFA+SRA 的混合放大方案比单独采用 EDFA 或 SRA 所获得的系统性能要好得多。在相同的非线性损耗条件下，混合放大可以传输更长的距离或使光纤跨距更长。例如，单独使用 EDFA 的最长跨距是 80 km，而采用最佳配置的 EDFA+SRA 的混合放大，光纤跨距可以延长到 140 km。下面介绍 SRA 的两种典型应用。

1. 分立式 SRA 放大系统

分立式 SRA 所用的光纤增益介质比较短，故要求具有很高的泵浦功率，一般在几瓦到几十瓦范围内，可产生 40 dB 以上的高增益，像 EDFA 一样可用来对光信号进行集中放大，因此主要用于 EDFA 所无法放大的波段。允许使用靠近光纤的零色散点窗口，即扩大了光纤的可用窗口。分立式 SRA 不但能工作在 EDFA 常使用的 C 波段，而且因为能工作在与 C 波段相比较短的 S 波段(1 350～1 450 nm)和较长的 L 波段(1 564～1 620 nm)，故能满足全波段光纤对工作窗口的要求。实验表明，色散补偿型光纤(DCF)是高质量分立式拉曼放大器的最佳选择。分立式 SRA 放大系统结构如图 4.13 所示。色散补偿光纤与普通光纤以 1:7 的比例进行配置，可实现在进行系统色散补偿的同时对信号进行高增益、低噪声的放大，而互不影响。

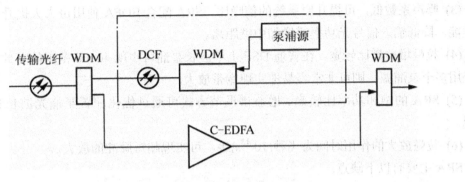

图 4.13 分立式 SRA 放大系统结构图

2. 分布式 SRA 传输系统的典型结构

采用分布式 SRA 技术的传输系统典型结构如图 4.14 所示,在 WDM 系统的每个传输单元内,都要在 EDFA 的输入端注入反向的拉曼泵浦,信号才会沿光纤实现分布式拉曼放大,由于分布式 SRA 具有噪声低、增益带宽与泵浦波长和功率密切相关的特点,且 EDFA 具有高增益、低成本的特点,所以这种混合放大结构可以同时发挥两种光纤放大器的优势。使用反向泵浦光,可以降低噪声,还有利于避免拉曼放大引起的光纤非线性效应。从目前的技术看来只有拉曼放大技术才能实现光传输过程中的分布式放大,因而分布式 SRA 将在系统中起着越来越重要的作用。

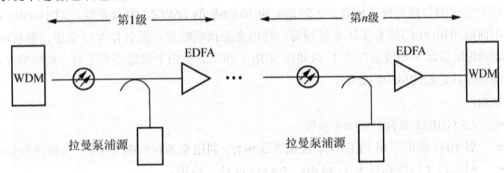

图 4.14 分布式 SRA 传输系统典型结构

4.4.5 SRA 的优点和缺点

SRA 具有以下优点。

(1) 增益波长由泵浦光波长决定,只要泵浦源的波长适当,理论上可以得到任意波长的信号放大,这样的 SRA 就可扩展到 EDFA 所不能使用的波段,为波分复用系统进一步增加容量拓宽了空间。

(2) 分布式 SRA 的增益介质是传输光纤本身,即使泵浦源失效,也不会增加额外的损耗。而 EDFA 只能放大其所能放大的波段,对于 EDFA 不能放大的波段,由于光纤掺杂的作用会大大增加信号光的损耗,如果将来发展到全波段,只能利用波分复用器将信号分开,让其放大所能放大的波段,其他波段则需要其他的光放大器来放大。

(3) 噪声系数低，可提升原系统的信噪比。SRA 配合 EDFA 使用可大大提升传输系统的性能。降低输入信号光功率或增加中继距离。

(4) 拉曼增益谱比较宽，在普通 DSF 上单波长泵浦可实现 40 nm 范围的有效增益；如果采用多个泵浦源，则可非常容易地实现宽带放大。

(5) SRA 的饱和功率比较高，增益谱调节方式可通过优化配置泵浦光波长和强度来实现。

(6) 拉曼放大的作用时间为飞秒(10^{-15}s)级，可实现超短脉冲的放大。

SRA 主要有以下缺点：

(1) SRA 所需要的泵浦光功率高，分立式需要几瓦到几十瓦，分布式需要几百毫瓦，正是因为这个因素限制了 SRA 的发展，不过目前已经有功率达几十瓦的高功率半导体激光器，但价格还比较昂贵。

(2) 作用距离太长，增益系数偏低。分立式作用距离为几千米，放大增益可达 40 dB，分布式作用距离为几十到上百千米，增益只有几个分贝到十几个分贝，只适合于长途干线网的低噪声放大。

(3) 对偏振敏感，泵浦光与信号光方向平行时增益最大，垂直时增益最小为零。

应用实例：SRA 与 EDFA 在云南省移动 DWDM 系统中的应用。

SRA 与 EDFA 在云南省移动 DWDM 系统传输网中的典型工程应用实例如图 4.15 所示。这个工程的特点具体体现在：2.5 Gb/s 和 10 Gb/s 的 DWDM 混合系统，对 10 Gb/s 信道采用前向纠错(FEC)技术优化系统预算，利用光源预啁啾和色散补偿光纤克服色散影响，云南昭通地区线路平均段损耗大于 34 dB，采用了 SRA。但由于线路质量不好，要特别注意考虑偏振模式色散(PMD)的影响。

特点：

- 2.5 G/10 G 混合 DWDM 系统
- 对 10 G 波道采用 FEC 技术优化系统预算，利用光源预啁啾和 DCF 克服色散影响
- 昭通段平均段损耗大于 34 dB，RAMAN 放大应用
- 线路质量不好，PMD 影响须特别考虑
- 数据业务支持，路由器直接接入 DWDM 系统
- 采用光通道保护对数据业务进行保护

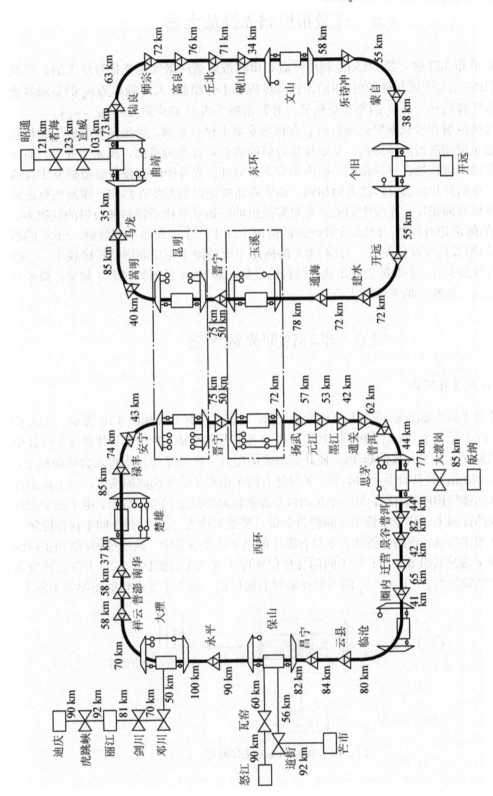

图 4.15 SRA 与 EDFA 在 DWDM 系统中的典型工程应用实例

4.5 受激布里渊光纤放大器

受激布里渊光纤放大器(SBA)是利用受激布里渊散射效应来实现光信号放大的。受激布里渊散射(SBS)与受激拉曼散射(SRS)在物理过程上十分相似，入射频率为 ω_p 的泵浦波将一部分能量转移给频率为 ω_s 的斯托克斯波，并发出频率为 Ω 的声波($\Omega = \omega_p - \omega_s$)。

受激拉曼散射和受激布里渊散射两者在物理本质上稍有差别。受激拉曼散射的频移量远大于受激布里渊散射的频移量。受激拉曼散射的频移量在光频范围，属光学分支，而受激布里渊散射的频移量在声频范围，属声学分支。另外，光纤中的受激拉曼散射发生在前向，即斯托克斯波和泵浦波传播方向相同；而受激布里渊散射发生在后向，即斯托克斯波和泵浦波传播方向相反。光纤中的受激布里渊散射的阈值功率比受激拉曼散射的低很多。由于 SBS 的阈值相对较低，SBA 在连续波的情况下易于产生受激布里渊散射。SBA 的增益比 SRA 的增益高 300 倍左右。目前 SBA 的应用主要受限于布里渊频移量比较小，一般只有十几吉赫兹左右，但是随着复用波长数目的增加，对 SBA 的研究又多了起来，将来有望成为高增益、低噪声的光纤放大器。

4.6 半导体型光放大器

4.6.1 SOA 的工作原理

半导体型光放大器(SOA)也是重要的光放大器，其基本工作原理如图 4.16 所示，SOA 的增益介质实际上是一个 PN 结。PN 结由 P 型和 N 型半导体组成。P 型半导体是在半导体中掺入合适的原子，如 VA 族的磷(P)，使其有多余的空穴；N 型半导体中掺入合适的原子，如ⅢA 族的铟(In)，使其有多余的电子。半导体有两个由电子能级构成的能带，一个是由许多能量较低的能级构成的价带，另一个是由许多能量较高的能级构成的导带。电子或空穴可以处在不同的能级上。导带与价带之间称为禁带，禁带宽度为 E_g，禁带中间不存在能级。对于一个 P 型半导体，在热平衡状态下只有很少的电子位于导带中，通过对 PN 结加正向偏压来实现粒子数反转分布。PN 结中间的耗尽层实际上充当了有源区，在粒子数反转分布的情况下，当频率为 f_c，且 $hf_c > E_g$ 的入射光通过有源区时，光由于受激辐射而得到了放大。

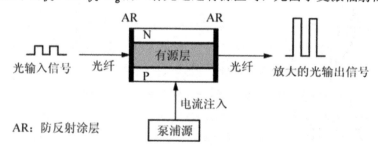

图 4.16 SOA 的基本工作原理

4.6.2 SOA 分类

根据光放大器端面反射率和工作偏置条件不同，半导体型光放大器可分为法布里-珀罗放大器(FPA)和行波放大器(TWA)两类。FPA 与 TWA 的主要区别在于端面的反射率大小。FPA 具有较高的端面反射率，这种高反射为激射提供必要条件。这种放大器的增益在理论上可达 25～30 dB，由于具有较低的噪声输出，可用作光接收机的前置放大器。而 TWA 具有极低的端面反射率，通常在 0.1%以下，反射率达到零的放大器称为"真行波放大器"。

行波型的半导体型光放大器(SOA)是采用通信用激光器相类似的工艺制作而成，当偏置电流低于振荡阈值时，激光二极管就能对输入相干光实现光放大作用。目前应变量子阱材料的半导体光放大器的研制成功，已引起人们对 SOA 研究的广泛兴趣。国内武汉邮电科学研究院与华中科技大学合作，成功地研制开发了在光网络中的关键器件——半导体型光放大器，并很快实现了产品化，成为继 Alcatel 公司之后能够批量供应国际市场应用于光开关的半导体型光放大器的供货商，这标志着我国自行研制的应变量子阱器件迈出了商品化生产的关键一步。

4.6.3 SOA 的应用

半导体型光放大器与掺铒光纤放大器相比存在着噪声大、功率较小、对串扰和偏振敏感、与光纤耦合时损耗大，工作稳定性较差等缺点，迄今为止，其性能与掺铒光纤放大器仍有较大的差距，但半导体型光放大器除了具有光信号放大的功能外，还具有开关功能，并且由于 SOA 易于同其他光器件或电路集成，目前已在全光波长变换、光交换、谱反转、时钟提取、解复用中得到广泛的应用。

1. 光信号放大器

半导体型光放大器覆盖了 1 300～1 600 nm 波段，既可用于 1 300 nm 窗口的光放大器，也可以用于 1 550 nm 窗口的光放大器，且在 DWDM 多波长光纤通信系统中，无须增益锁定。

2. 光开关

半导体型光放大器除了能提供增益外，通过改变 SOA 的偏置电压可实现开关功能，在光交换系统中可以作为高速开关元件使用。

3. 光电集成器件

由于半导体型光放大器具有体积小、结构较为简单、功耗低、寿命长等优点，所以易于同其他光器件和电路集成，如激光器和检测器。

4. 全光波长变换器

全光波长变换(AOWC)可以将光信号从一个波长变换到另一个波长而不经过光/电/光的转换。利用半导体型光放大器(SOA)实现全光波长变换的主要技术包括：基于 SOA 中交叉增益调制(XGM)效应的波长变换；基于 SOA 中交叉相位调制(XPM)效应的波长变换；以及基于SOA中四波混频(FWM)效应的全光波长变换等。其中，基于SOA中FWM效应的AOWC是唯一可对调制方式和码速率完全透明的波长变换，不仅可以实现全光波分复用分组网络中的波长路由功能，而且其变换输出光为输入光信号的共轭光，可有效地进行传输系统的色散补偿，将成为未来全光波长变换的主流。目前SOA-FWM型波长变换的最大缺点是变换效率低。据报道，北京邮电大学齐江等人利用双泵浦获得了-18.56 dB的变换波。北方交通大学童治等人利用SOA获得了30 dB的变换效率。

AOWC是未来基于波分复用(WDM)技术的全光网络的一个关键技术。可以有效地解决WDM网络中的波长竞争问题，实现动态波长路由和波长的再利用，因此全光波长变换成为近年来光通信领域的重点研究方向。

4.6.4 SOA的主要特性

SOA的主要特性是：
(1) 与偏振有关，因此需要保偏光纤。
(2) 具有可靠的高增益(20 dB)。
(3) 输出饱和功率范围是5～10 dBm。
(4) 带宽较大。
(5) 工作波长为0.85 μm、1.30 μm和1.55 μm。
(6) 是小型化的半导体器件，易于和其他器件集成。
(7) 几个SOA可以集成为一个阵列。

但是，由于非线性现象(四波混频)，SOA的噪声系数高，串扰电平高。

4.7 光放大器的应用

光放大器在不同的光纤通信系统中均有应用。根据光放大器在光纤链路中所处的位置不同，可将其应用分为四种基本类型，即作为在线放大器、后置放大器、前置放大器及功率补偿放大器应用，如图4.17所示。

1. 在线放大器

在线放大器如图4.17(a)所示，是将光放大器直接插入到光纤传输线路中对信号进行中继放大，即在长距离通信系统中用光放大器取代光电混合中继器。这种应用要求光放大器具有中等的增益、噪声和饱和输出特性，良好的增益平坦性。增益平坦性是在线放大器的主要要求。因为通常有很多光放大器(甚至几百个)沿着远程链路级联。如果在线放大器在不同波长上增益变化很大，复用信道(波长)的功率变化就会很大。

这种放大器非常适合在海底光缆、长途通信中应用，但更具诱惑力的是在多波长波分复用系统中应用。由于一个EDFA可以不必像使用混合中继器那样，需先对信号进行解复用，再分别对每一信道进行光/电转换、电放大和电/光转换处理，最后又需将多路信号复合起来，而是直接将各波长的信道分别放大，这就大大地简化了系统，降低了投资成本。WDM+EDFA是当前光纤通信系统最重要的发展方向之一。

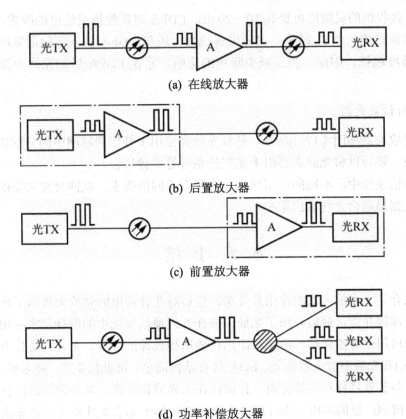

图 4.17 光放大器的四种基本应用情形

2. 后置放大器

后置放大器如图 4.17(b)所示,是将放大器接在光发送机后,以提高光发送机发送功率、增加传输距离。这种放大器又称功率放大器。光放大器提升输出功率,由于发射功率的提高,可将通信距离延长 10~20 km,延长的通信距离由放大器的增益及光纤损耗决定。后置放大器除了要求低噪声外,还要求高的饱和输出功率。EDFA 在这种应用中的饱和输出功率为 16 dB 或甚至达到 19 dB。技术规范表里规定,在线放大器的饱和输出功率是 14~18 dB,而前置放大器的数据表单没有给出任何饱和功率。后置放大器的主要功能是沿着传输光纤输送最大的光功率。

应当注意的是:输入到光纤中的功率太高将出现非线性。非线性引起的效应会消耗有用功率、散射光进入光源影响激光器的正常工作及出现一些新的频率,所以在应用时一定要注意光纤中各种非线性效应的阈值。

3. 前置放大器

前置放大器如图 4.17(c)所示,是将光放大器接在光接收机前,光信号进入接收机前就被放大了,以抑制接收机内的噪声。这种放大器是小信号放大,要求低噪声,但对饱和输出功率的要求不是很高。由于 EDFA 的低噪声特性,使其很适合作接收机的前置放大器。应用 EDFA 后，接收机的灵敏度可提高 10～20 dB。EDFA 对接收机灵敏度的改善，与 EDFA 本身的噪声系数有关。当 F_n 越小，灵敏度就越高。还与 EDFA 自发辐射谱宽度有关，谱线越宽，灵敏度越低。因而，为了减少噪声的影响，常在 EDFA 后加光滤波器，以滤除噪声。

4. 功率补偿放大器

功率补偿放大器如图 4.17(d)所示，是将光放大器用于补偿局域网中的分配损耗，以增大网络结点数，还可以将光放大器用于光交换系统等多种场合。

在光纤通信系统中，不同的应用对光放大器有不同的要求。从四种放大器的性能看，掺铒光纤放大器最适合光纤通信系统。

本 章 小 结

本章首先介绍了光放大器的作用及分类，然后对几种常用的光放大器的工作原理、结构、性能作了详细介绍，最后介绍了光放大器在光纤通信系统中的四种基本应用情况。

光放大器可用来补偿光信号由于长距离传输所损耗掉的能量。光放大器分为半导体型光放大器(SOA)和光纤型放大器两类。SOA 具有结构简单、可批量生产、成本低、寿命长、功耗小及易于与其他器件集成等优点，目前已在全光波长变换、光交换、谱反转、时钟提取、解复用中得到广泛的应用。光纤型放大器包括掺稀土元素光纤放大器和非线性光纤放大器。掺稀土元素光纤放大器是一种新型放大器，主要有掺铒光纤放大器(EDFA)和掺镨光纤放大器(PDFA)。EDFA 能对 1 550 nm 波段的光信号进行放大，PDFA 可以对 1 310 nm 波段的光信号进行放大。EDFA 是利用掺铒光纤作为增益介质、使用激光二极管发出的泵浦光对信号光进行放大的器件。根据泵浦方式不同，EDFA 按结构可分为同向泵浦、反向泵浦和双向泵浦三种类型。非线性光纤放大器主要有受激拉曼光纤放大器(SRA)和受激布里渊光纤放大器(SBA)。SRA 是利用受激拉曼散射效应实现光信号放大的，可分为分立式和分布式两类。SBA 是利用受激布里渊散射效应实现光信号放大的。光放大器在不同的光纤通信系统中均有应用。根据在光纤链路中所处的位置不同，光放大器可作为在线放大器、后置放大器、前置放大器及功率补偿放大器等。

习 题

4.1 填空题

(1) 光放大器的基本类型主要有两类：半导体型光放大器和_____。

(2) 光放大器是基于_____或_____原理，实现入射光信号放大的一种器件，其机制与激光器完全相同。

(3) EDFA 的泵浦方式有_____、_____和_____。

(4) EDFA 在光纤通信系统中的四种基本应用形式是_____、_____、_____、_____。

(5) 半导体型光放大器 SOA 有两种主要结构是_____和_____。

(6) SOA 的应用主要集中在_____、光电集成器件、_____和_____等方面。

(7) 掺铒光纤放大器具有增益_____、噪声_____、频带_____、输出功率_____等优点。

(8) 掺铒光纤放大器的基本结构主要由_____、_____、_____、_____和_____等组成。

(9) 掺铒光纤放大器采用_____作为增益介质,在泵浦光激发下产生_____,在信号光诱导下实现_____。

(10) 光放大器的主要作用是补偿光信号在光纤通信系统中长距离传输所损耗掉的_____。

(11) 光放大器的噪声主要来自_____,充分_____有利于减少噪声。

(12) 在 1.3 μm 波段通常用掺_____光纤放大器,1.55 μm 的波段通常掺_____光纤放_____大器。

4.2 列表说明自发辐射、受激辐射、受激吸收的条件、电子跃迁和光子辐射的特点。

4.3 阐述光放大器的作用。

4.4 光放大器包括哪些种类?EDFA 有哪些优点?

4.5 画出铒离子能级图,并叙述掺铒光纤放大器的工作原理。

4.6 EDFA 的泵浦方式有哪些?比较其特性?

4.7 哪些因素影响 EDFA 增益大小?

4.8 阐述受激拉曼光纤放大器的工作原理。

4.9 阐述 SBA 与 SRA 间的区别。

4.10 解释长距离传输系统采用掺铒光纤放大器和受激拉曼光纤放大器混合放大的理由。

4.11 (1) 假定掺铒光纤放大器输入光功率是 300 μW,且输出光功率是 60 mW,计算掺铒光纤放大器的增益。(2) 假定 P_{ASK}=30 μW,计算上面给出的这个 EDFA 的增益。

第 5 章

光源与光发送机

本章知识结构

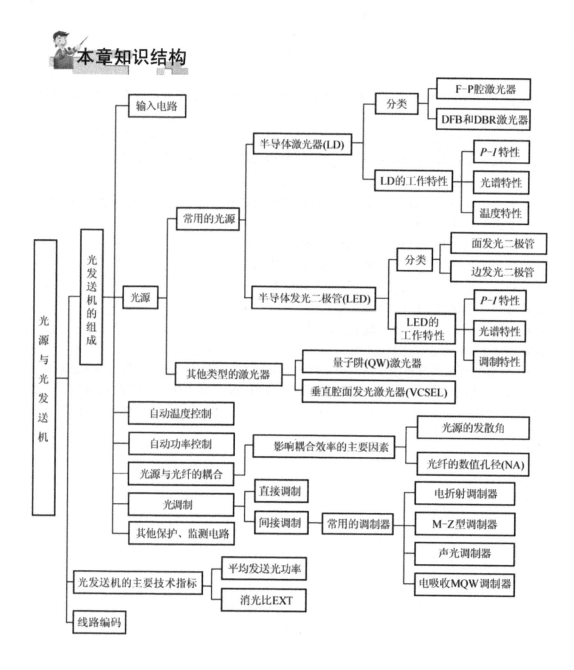

第 5 章 光源与光发送机

本章教学目的与要求

- 掌握光发送机的组成及各个主要部分的作用
- 了解光发送机的主要技术指标
- 掌握产生激光效应的必要条件
- 了解光纤通信系统对光源的主要要求
- 掌握光纤通信中常用光源的工作原理及工作特性
- 掌握光源的调制技术
- 了解几种常用的外调制器的工作原理
- 掌握 LD 的温度特性及自动温度控制原理
- 掌握 LD 的自动功率控制的功能及工作原理

引　言

在光纤通信系统中，光发送机的作用是将来自电发射机的电信号转换为相应的光信号，并将载有信息的光信号注入光纤中。光发射机由模拟或数字电接口、电压—电流驱动、光源和光源与光纤之间的耦合接口等组成。光源是核心部件，在光发射机中，光源可由数字信号或模拟信号调试。对于模拟调制，输入接口要求阻抗匹配并限制输入信号的振幅；对于数字调制，信号源已经是数字形式了，若信号为模拟信号，则应先转变成数字脉冲流，此时输入接口应包含模/数转换器。电压—电流驱动是输入电路与光源间的电接口。

【案例 5.1】

SDI 数字视音频光发送机如图 5.1 所示，其特点如下：

(1) 标准 4∶2∶2 SMPTE 259M/ITU-601(270 Mb/s)数字视频输入。

(2) 4 路模拟广播音频、2 路数字音频 AES/EBU 和 2 路 RS-232 控制数据可选择组合输入，并遵循 SMPTE 272M 标准及国家标准 GY/T 164—2000《演播室串行数字光纤传输系统》嵌入 SDI 输出。

(3) 能嵌入多达 16 路模拟广播音频或 8 路数字音频，嵌入位置可选择设置，能实现多语音广播。

(4) 2 个已嵌入音频的 SDI 电输出口，可电缆传输 250 m(BELDEN8281 电缆)。

(5) 2 个经减小抖动电路处理的 SDI 环出口，可电缆传输 250 m(BELDEN8281 电缆)。

(6) 带 8bit Oversampling Encoder 模拟视频监视口，可直观数字视频内容。

(7) SDI 输入具有自动电缆均衡，可补偿电缆传输的损耗。

(8) CBE2+CBU(或 CBMR 系列)无中继传输距离可达 120 km。

(9) 系统拓扑可点对点、点对多点。

(10) 光发送机、光接收机无须配对使用，符合 SMPTE 297M 及 GY/T 164 和 SMPTE 272M 及 GY/T 161—2000《数字电视附属数据空间内数字音频和辅助数的传输规范》嵌入标准均可联机使用。

(11) 工作状态指示清楚，面板上装有输入 SDI 数字视频信号、视频制式、输入数字或模拟广播音频信号及电源的 LED 指示。

(12) 可选 1 310 nm、1 550 nm、CWDM 或 DWDM 光传输方式，通过光复接实现多路信号传输。

图 5.1　SDI 数字视音频光发送机

SDI 数字视音频光发送机的典型应用如图 5.2 所示。

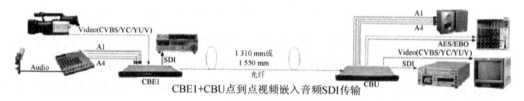

图 5.2　SDI 数字视音频光发送机典型应用

5.1　光发送机

在光纤通信系统中，光发送机是实现电光转换的光端机。其功能是用来自电端机的电信号对光源发出的光波进行调制，成为已调光波信号，然后再将已调光波信号耦合到光纤或光缆中传输。

5.1.1　光发送机的组成

光发送机有直接调制光发送机和外调制光发送机两种结构。直接调制的光发送机较为简单，目前使用的光发射机大多采用直接调制方式，其基本组成如图 5.3 所示。

外调制的光发送机不是将调制的电信号直接施加在光源上，而是施加在光调制器上。尽管对光纤链路来说增加了插入损耗，但却解决了直接调制存在的啁啾现象。通过光调制器不仅可以改变光波的强度，而且还可以调制光波的相位和偏振态。外调制在超高速光纤系统更具有优越性，有较好的发展前景，其基本组成如图 5.4 所示。

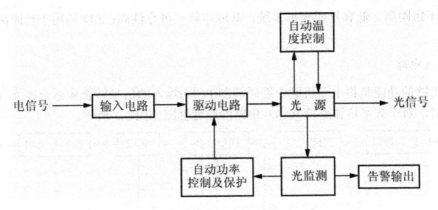

图 5.3 直接调制的光发送机组成框图

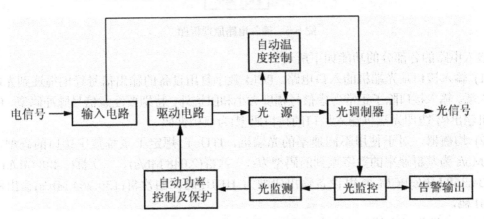

图 5.4 外调制的光发送机组成框图

光发送机的组成主要包括光源输入电路、驱动电路和调制电路、自动温度控制电路、自动功率控制电路及其他保护、监测电路等。各部分的功能如下所述。

1. 光源

光源是光发送机中的核心器件,其作用是产生作为光载波的光信号,并作为信号传输的载体携带信号在光纤通信系统中传送。由于光纤通信系统的传输媒介是光纤,因此作为光源的发光器件,应满足以下要求:

(1) 发射的光波波长应位于光纤的三个低损耗窗口,即 $0.85~\mu m$、$1.31~\mu m$、$1.55~\mu m$ 波段。

(2) 体积小,与光纤之间有较高的耦合效率。

(3) 可以进行光强度调制。

(4) 可靠性高,寿命长,工作稳定性好,具有较高的功率稳定性、波长稳定性和光谱稳定性。

(5) 发射的光功率足够高,以便传输较远的距离。

(6) 温度稳定性好,即温度变化时,输出光功率及波长变化应在允许的范围内。

在光纤通信系统中最常用的光源是半导体发光二极管(LED)和半导体激光器(LD)。

LED 可用于短距离、低容量或模拟系统，其成本低、可靠性高；LD 适用于长距离、高速率的系统。

2. 输入电路

输入电路的功能是将电端机脉中编码调制(PCM)输入的信号转换成适合在光纤线路中传输的信号，对于数字传输系统其输入电路的原理框图如图 5.5 所示。

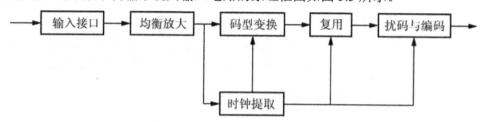

图 5.5　输入电路原理框图

输入电路的各部分的功能如下所述：

(1) 输入接口是光端机的入口电路。PCM 数字复用设备的输出信号经电缆连到光端机的输入端。输入接口除了正常考虑信号幅度大小和阻抗外，特别要注意信号脉冲码型。PCM 电端机输出码型(即光端机输入接口的接口码型)为双极性码。

(2) 均衡器。对于使用不同速率的光端机，ITU-T 规定了系统数字接口的码型，以 2.048 Mb/s 为基群速率的数字系列的码型为：一次群(2.048 Mb/s)、二次群(8.488 Mb/s)、三次群(34.368 Mb/s)PCM 复用设备输出码型为 HDB_3 码；四次群(139.264 Mb/s)输出码型为 CMI 码。

由 PCM 端机送来的 HDB_3 或 CMI 码流，首先要进行均衡，用以补偿由电缆传输所产生的衰减和畸变。保证电、光端机间信号的幅度、阻抗适配，以便正确译码。

(3) 码型变换。由均衡器输出的 HDB_3 码(又称三阶高密度双极性码)或 CMI 码(又称传号反转码)，前者是三值双极性码(即+1，0，-1)，后者是归零码，在数字电路中为了处理方便，需通过码型电路进行适当的码型变换，将其变换为不归零码(NRZ 码)，以适合光发送机的要求。

(4) 时钟提取。由于码型变换和扰码过程都需要以时钟信号作为依据，因此，在均衡电路之后，由时钟提取电路提取出时钟信号，供给码型变换和扰码电路使用。

(5) 复用是指利用大容量传输信道来同时传送多个低容量的用户信息及开销信息的过程。

(6) 扰码与编码。若信道码流中出现长连"0"或长连"1"的情况，将会给时钟信号的提取带来困难，为了避免这种情况，需加一扰码电路，使输出的码流中"0"、"1"均衡。扰码后的信号再进行线路编码。在光纤通信系统中，由于光源不可能有负光能，只能采用"0"、"1"二电平码。但是简单的电平码具有随信息随机起伏的直流和低频分量，对接收端判决不利；另外从实用角度来看，为了便于不间断业务的误码监测、区间通信联络、监控，在实际的光纤通信系统中，都要对经过扰码以后的信道码流进行线路编码，以满足上述要求。经过编码以后，则已变为适合在光纤线路中传送的线路码型。

3. 驱动电路和调制电路

直接调制的光发送机中，对于模拟传输系统，光源驱动电路将输入信号的电压转换为电流以驱动光源。对于数字传输系统，驱动电路用经过编码后的数字信号直接调制光源的发光强度，完成电光变换任务。

外调制的光发送机中，将调制器置于光源的前方，在调制器上加调制电压，使调制器的某些物理特性发生相应的变化，当激光通过调制器时，光波得到调制。

4. 自动功率控制

光源稳定的输出功率对光发送机来说非常重要，所以要通过自动功率控制(APC)使 LD 有一个恒定的光输出功率。APC 的主要功能有：

(1) 自动补偿光源由于环境温度变化和老化效应而引起的输出光功率的变化，保持其输出光功率不变，或保持其变化幅度不超过数字光纤通信工程设计要求的指标范围。

(2) 自动控制光发送机的输入信号码流中长连"0"序列或无信号输入时使光源不发光。

5. 自动温度控制

光源对环境温度的变化很灵敏，在高温环境下工作不仅会影响光源的寿命，而且光源的发射波长也会产生变化，以至影响光纤通信系统的正常工作，所以在光发送机电路中需要对激光器的温度进行控制。目前在光纤通信中，通常采取半导体制冷器对激光器进行自动温度控制(ATC)，使激光器工作在恒定温度下。

6. 其他保护、监测电路

光发送机除了上述各部分电路外，还有如下一些辅助电路：

(1) 光源过流保护电路。为了使光源不致因通过大电流而损坏，一般需采用光源过流保护电路的措施，可在光源二极管上反向并联一只肖特基二极管，以防止反向冲击电流过大。

(2) 无光告警电路。当光发送机电路出现故障，或输入信号中断，或激光器失效时，都将使激光器"较长时间"不发光，这时延迟告警电路将发出告警指示。

(3) LD 偏流(寿命)告警。光发送机中的 LD 管，随着使用时间的增长，其阈值电流也将逐渐加大。因此，LD 管的工作偏置电流也将通过 APC 电路的调整而增加，一般认为，当偏置电流大于原始值的 3~4 倍时，激光器寿命完结，由于这是一个缓慢过程，所以发出的是延迟维修告警信号。

5.1.2 光发送机的主要技术指标

光纤通信要求光发送机有合适的输出光功率、良好的消光比、调制特性要好。衡量光发送机的主要指标有平均发送光功率和消光比。

1. 平均发送光功率

光发送机的平均发送光功率是在正常工作条件下，光发送机输出的平均光功率。平均发送光功率指标应是根据整个系统的经济性、稳定性、可维护性及光纤线路的长短等因素全面考虑，并不是越大越好。在环境温度变化或器件老化过程中，输出光功率要保持恒定。

2. 消光比

消光比(EXT)定义为全"1"码平均发送光功率与全"0"码平均发送光功率之比，即

$$\text{EXT} = 10\lg\frac{P_{11}}{P_{00}} \quad (\text{dB}) \tag{5-1}$$

式中，P_{11}为全"1"码时的平均光功率；P_{00}为全"0"码时的平均光功率。

消光比的大小反映光发射机的调制状态，并影响光接收机的接收灵敏度。消光比太大，表明光发射机调制不完善，电光转换效率低。性能较好的数字光发射机的消光比值应小于10%。

5.2 线路编码

5.2.1 编码原则

由 HDB$_3$ 码译码后，二进制不归零码经扰码电路加扰以增加信号的随机性，有利于接收端定时提取，减小由噪声引起的系统抖动。

经输入接口电路译码产生的 NRZ 码不直接送到光发送电路进行光驱动，而是进行线路码型变换，变成适合在光纤线路中传送的线路码型。

普通的二进制不归零码在传输时会存在下列问题：

(1) 如码流中连"0"、连"1"数太大，将减少信号中的离散定时分量，使接收机的时钟提取比较困难。

(2) 如码流中"0"、"1"分布不均匀，会导致直流分量被动起伏，即基线漂移，影响判决电路对信号的再生。

(3) 因数字序列没有预定规律，不可能在运行时进行不中断通信的误码检测。

为了解决上述问题，光纤线路码型要特别设计。解决线路码型的方法是提高信号传输速率。由于线路码的码率有些提高，即有些多余度。这些多余的信息量，可以用来实现运行误码监测，平衡码流，使码流密度均匀化，不发生长连"0"、长连"1"，使直流不发生起伏，系统性能可得到改善。

光纤线路码有许多种，究竟何种码型最好，需根据具体情况进行选择。其原则是：

(1) 传输码型有足够的定时信息，减少连"0"和连"1"的个数，便于时钟提取。

(2) 传输码型应有不中断业务进行误码检测的能力。

(3) 传输码型应力求降低线路传输的码率，或线路传输码率的提高应尽可能的少。

(4) 抗干扰性好，能使可检测的光功率减至最小。

(5) 传输码型的实施，应力求简单和经济。

(6) 传输中发生误码时，误码扩散范围或误码增值低。

数字光纤通信系统常用的线路码型有扰码、字变换码及插入码。下面对这三种码型分别予以介绍。

5.2.2 扰码

扰码是一个比特流与另一个比特流的一到一的映射,即将一个待发送的数据比特流在发送之前一对一地映射为另一比特流。在系统发送机的调制器前,需要附加一个扰码器,将输入的二进制不归零码的比特流与另一个比特流进行异或运算,使其输出的序列近似于随机序列。相应地,在光接收机的判决器之后,附加一个解扰器,以恢复原始序列。扰码与解扰可由线性反馈移位寄存器实现。扰码可以改变码流中的"1"码和"0"码的分布,能改善码流的特性。这种码的缺点是:

(1) 不能完全控制长连"1"和长连"0"序列的出现;
(2) 没有加入冗余度,难以实现不中断业务的误码检测,此外传送辅助信号也困难。
(3) 信号频谱中接近于直流的分量较大,不能解决基线漂移。

因为扰码不能完全满足光纤通信对线路码型的要求,所以许多光纤通信设备除采用扰码外,还采用其他类型的线路编码。

5.2.3 字变换码

字变换码是将输入的二进制码分成一个个"码字",输出用对应的另一种"码字"来代替。常用的是分组码的一种形式 $mBnB$ 码,将输入码每 mb 为一组,然后变换成另一种 nb 为一组的传输码。在接收端再进行变换,从而恢复出原来的信号。n、m 均为正整数,且 $n>m$。于是引进了一定的冗余度,以满足线路码的基本要求。

在光纤通信中,常用的 $mBnB$ 码有 1B2B 码,3B4B 码,5B6B 码,6B8B 码等。

$mBnB$ 码是一种分组码,可以根据传输技术的要求确定某种码表。$mBnB$ 码的特点是:
(1) 码流中"0"和"1"的概率相等,连"0"和连"1"的数目较少,定时信息丰富。
(2) 高低频分量较少,信号频谱特性好,基线漂移小。
(3) 在码流中引入一定的冗余度,便于在线误码检测。

$mBnB$ 码的缺点是传输辅助信号比较困难。因此,在要求传输辅助信号或需要开通区间通信的系统中不宜应用。

在 $mBnB$ 字变换码中,由于按字位进行编码、译码,则随着字长的增加使码型变换电路的结构变得复杂,而有可能增加系统的误码率,降低传输质量。如果使用短字长的 $mBnB$ 码,例如 1B2B 码,码型变换电路的结构虽然简单,但线路码速提高到原来的 2 倍。这在带宽限制的光纤通信系统中,将较大的降低接收机的灵敏度,缩短中继距离。因此,采用 $mBnB$ 码能很好地处理电路结构的复杂性和线路码速提高之间的矛盾。

【案例 5.2】

下面以 3B4B 码为例来介绍 $mBnB$ 码的基本原理。

3B4B 码,是将输入信号码流分成 3B 一组,3B 码共有 $2^3=8$ 种状态,然后编写为 4B 码,有 $2^4=16$ 种状态。从 16 种状态中选出若干种代表 3B 码的 8 种状态,见表 5-1。

表 5-1　3B 和 4B 的码字

3B	4B		3B	4B	
000	0000	1000	100	0100	1100
001	0001	1001	101	0101	1101
010	0010	1010	110	0110	1110
011	0011	1011	111	0111	1111

为了说明分组编码原理，先介绍一个名词的意义。

"码字数字和"(WDS)。上述的每一组 4B 码称为"码组"或"码字"。

如果用"-1"表示字中的"0"，用"+1"表示字中的"1"，则将每个数字的代数和"字数字和"记为"WDS"。例如："1000"可写成(+1)+(-1)+(-1)+(-1)=-2，即字"1000"的 WDS=-2。若其代数和为 0 时，称为均等，其代数和为正或为负时，称为不均等。mBnB 码的基本原理就是通过采取交替使用不同模式的编码，使码字的 WDS 得到平衡，以限制整个传输码流的累计不均。

在 4B 码的 16 种状态中，如以 WDS 值分类，可分为 5 类，见表 5-2。

表 5-2　WDS 值分类

类　别	WDS=0	WDS=+2	WDS=-2	WDS=+4	WDS=-4
状态	0011 0101 0110 1001 1010 1100	0111 1011 1101 1110	0001 0010 0100 1000	1111	0000

使用的 mBnB 码的基本原理是通过限制 WDS 来满足传输要求的。尽可能选择|WDS|最小的码字，禁止使用|WDS|最大的码字。从这个意义出发，在选用 4B 码代替 3B 码时最好的是 WDS=0 的码字，最差的是表 5-2 中的 1111、0000，这种码字称为禁字。

3B4B 码方案很多，下面仅列举一种方案。由表 5-3 可知，一组 3B 码有两组模式的 4B 码与之对应。模式 1，标识为"+"组，WDS=+2 和 WDS=0；模式 2，标识为"-"组，WDS=-2 和 WDS=0。模式 1 和模式 2 交替使用，标识"+"表示当前面码组的 WDS 为"-"时选用，标识"-"表示当前面码组的 WDS 为"+"时选用，当前面码组的 WDS 为"0"时，则选用与前一码组相同的模式。

表 5-3　一种 3B4B 码表

3B 码	4B			
	模式 1 "+" 组		模式 2 "-" 组	
	码组	WDS	码组	WDS
000	1011	+2	0100	-2
001	1110	+2	0001	-2
010	0101	0	0101	0

续表

3B 码	4B			
	模式 1 "+" 组		模式 2 "-" 组	
	码组	WDS	码组	WDS
011	0110	0	0110	0
100	1001	0	1001	0
101	1010	0	1010	0
110	0111	+2	1000	-2
111	1101	+2	0010	-2

应用 mBnB 码后，在光纤线路上传输的线路码速将比原来的信号码速提高 n/m 倍。以 PDH 四次群为例，信号码速为 139 264 kb/s。若应用 3B4B 码，则其线路码速为 139 264 kb/s × 4/3=185 685 kb/s。

实现 mBnB 码的编码，有两种编译码电路：一种是组合逻辑电路，就是把整个编译码器都集中在一小块芯片上，组成一个大规模专用集成块，国外设备大多采用这种方法；另一种是把设计好的码表全部存储到一块只读存储器(PROM)内而构成，国内设备一般采用这种方法。

3B4B 码表存储器的工作原理如图 5.6 所示，首先把设计好的码表存入 PROM 内，待交换的信号码流通过串/并变换电路变为 3b 一组的码 b_1、b_2、b_3，并行输出作为 PROM 的地址码，在地址码作用下，PROM 根据存储的码表，输出与地址对应的并行 4B 码，再经过并/串变换电路，读出已变换的 4B 码流。图中 A、B、C 三条线为组别控制线，当 WDS=±2 时，从 A、B 分别送出控制信号，通过 C 线决定组别。

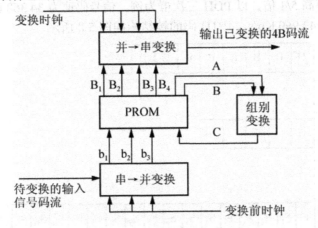

图 5.6 码表存储编码器原理

译码器与编码器基本相同，只是除去组别控制部分。译码时，把送来的已变换的 4B 码流，每 4b 并联为一组，作为 PROM 的地址，然后读出 3B 码，再经过并/串变换还原为原来的信号码流。

5.2.4 插入码

插入码是把输入二进制原始码流分成每 mb(mB)为一组，然后在每组 mB 码末尾按一定的规律插入一个码,组成 $m+1$ 个码为一组的线路码流。根据插入码的规律,可以分为 mB1C 码,mB1H 码和 mB1P 码。

mB1C 码,就是把原始码流分成每 $mb(mB)$ 为一组,然后在每组 mB 码的末尾插入 1b 补码(1C)。mB1C 码的结构如图 5.7 所示,补码 C 插在 mB 码的末尾,其作用是引入冗余度,可以进行在线误码率监测,同时改善了"0"码和"1"码的分布,有利于定时提取。

| C | mB | C | mB | C | mB | C | … |

图 5.7 mB1C 的结构

mB1H 是从 mB1C 码中演变而来的,在插入位置,不是完全插入 C 码,而是插入一个混合码(H 码)。所插入的 H 码可以根据不同用途分为三类:第一类是 C 码,是第 m 位码的补码,用于在线误码率监测;第二类是 L 码,用于区间通信;第三类是 G 码,用于帧同步(F 码)、公务(Sc 码)、数据(D 码)、监测(m 码)等信息的传输。常用的 mB1H 码有 1B1H、4B1H、8B1H。

mB1P 中,P 码称为奇/偶检验(曾称校验)码,其作用和 C 码相似,但 P 码有以下两种情况:

(1) P 码为奇检验码时,其插入规律是使 $m+1$ 个码内"1"码的个数为奇数。当检测得 $m+1$ 个码内"1"码为奇数时,则认为无误码。

(2) P 码为偶检验码时,其插入规律是使 $m+1$ 个码内"1"码的个数为偶数。当检测得 $m+1$ 个码内"1"码为偶数时,则认为无误码。

4B1H 码是将待交换的原信号码 4b 分为一组,再插入 H 码成为 4B1H 码。其线路码速将比原来的信号码速高 5/4 倍,以 PDH 三次群为例,信号码速为 34 368 Kb/s,其线路码速为 34 368 kb/s×5/4=42 960 Kb/s。4B1H 码的帧结构如图 5.8 所示。

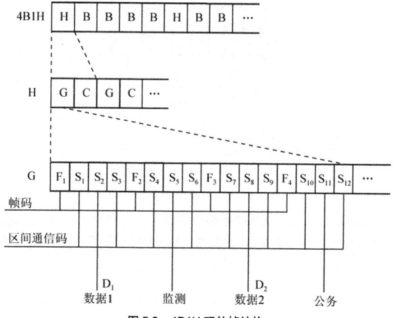

图 5.8 4B1H 码的帧结构

4B 码为 34 368 Kb/s。H 码为 34 368 Kb/s×1/4=8 592 Kb/s，H 码由 C 码和 G 码组成。C 码为补码，速率为 4 296 Kb/s。G 码为 4 296 Kb/s，共 16 位码，每位 268.5 Kb/s。包括数据 1、监测、数据 2、公务，均为 268.5 Kb/s；帧同步为 268.5 Kb/s×4=1 074 Kb/s；区间通信为 268.5 Kb/s×8=2 148 Kb/s (30 个话路)。

8B1H 是将待交换的原信号码 8b 分为一组，再插入 H 码，成为 8B1H 码。其线路码速将比原来的信号码速提高 9/8 倍，以 PDH 四次群为例，信号码速为 139 264 Kb/s，其线路码速为 139 264 Kb/s×9/8=156 672 Kb/s。8B1H 码的帧结构如图 5.9 所示。

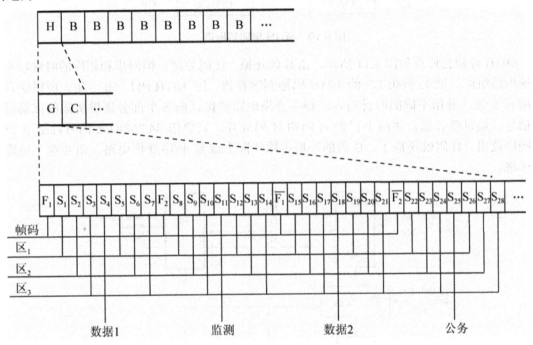

图 5.9　8B1H 码的帧结构

8B 为 139 264 Kb/s。H 码为 139 264 Kb/s×1/8=17 408 Kb/s，H 码由 C 码和 G 码组成。C 码为补码，速率为 8 704 kb/s。G 码为 8 704 Kb/s，共 32 位码，每位 272 Kb/s。包括数据 1、监测、数据 2、公务，均为 272 Kb/s；帧同步码为 272 Kb/s×4=1 088 Kb/s；区间通信为 272 Kb/s×24=6 528 Kb/s (3 个 30 路)。

mB1H 码与 mBnB 码不同，没有一一对应的码结构，所以 mB1H 码的变换不能采用码表法，一般采用缓存插入法来实现。

4B1H 编码器原理如图 5.10 所示，由缓存器、写入时序电路、插入逻辑和读出时序电路四部分组成。4B1H 码是每 4 个信号码(4b)插入一个 H 码(1b)，变换后码速增加了 1/4。设信号码速为 34 368 Kb/s，经 4B1H 变换后，线路码速为 34 368 Kb/s×5/4=42 960 Kb/s。

34 368 Kb/s 的 NRZ 码送入缓存器。缓存器是 4D 触发器，利用锁相环中的 4 分频信号作为写入时序脉冲，随机但有顺序的把 34 368 Kb/s 码流分为 4b 一组，与 H 码一起并联送入插入逻辑。插入逻辑电路实际上是一个 5 选 1 的电路，利用锁相环中 5 分频电路输出读出时序脉冲。由插入逻辑输出码速为 42 960 Kb/s 的 4B1H 码。

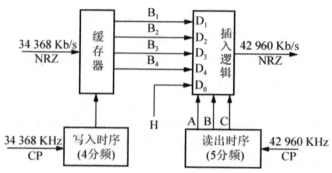

图5.10 4B1H编码器原理

4B1H译码器原理如图5.11所示,由B码还原、H码分离、帧同步和相应的时钟频率变换电路组成。把42 960Kb/s的4B1H码加到缓存器,因4B1H码是5b一组,所以缓存器应有5级,并用不同的时钟写入。频率变换电路要保证向各个部分提供所需的准确时钟信号。通过缓存器,实际上已把B码和H码分开,只要用34 368Kb/s的时钟把B码按顺序读出,B码就还原了。B码的还原电路实际上就是并/串变换电路,由4选1电路来实现。

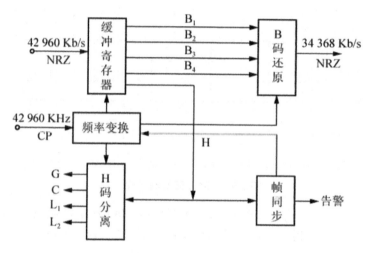

图5.11 4B1H译码器原理

【例5.1】

输入码为100 110 001 101…,则3B1C码输出为1001 1101 0010 1010…。

输入码为100 000 001 110…,若P码为奇检验码时,则3B1P码输出为1000 0001 0010 1101…;若P码为偶检验码时,则3B1P码输出为1001 0000 0011 1100…。

5.2.5 线路码的主要性能参数

光线路码型种类较多,选用哪种码型应根据实际线路的条件和要求,以及成本的大小而选定。不管何种类型的线路码,其主要性能参数有以下几种。

1. 码速提升率 R

设二进制的码速为 f_1，线路码的码速为 f_2，则码速提升率可表示为

$$R = \frac{f_2 - f_1}{f_1} \tag{5-2}$$

参数主要与灵敏度代价有关，R 越小，灵敏度代价越低。R 也可表示为 n/m($mBnB$ 码，$n>m$)。

2. 最大同码连续数 N

最大相同符号("1"或"0")连续数取决于码结构。N 值大小是衡量线路码的定时信息、低频分量的参考值，该值越小越好。

3. 误码增殖系数 G

误码增殖系数 G 定义为

$$G = \frac{接收机还原为二进制码中总的误码数}{线路码中总的误码数} \tag{5-3}$$

G 值表明译码后对应的误码可能更多，G 值过大会使系统传输性能变差。

4. 冗余度

由线路编码方案可知，除了传送信息外还需要传送其他许多辅助信号，如定时信息、监控信号、倒换指令等。这种传送其他信息的能力称为冗余度，又称冗余容量。冗余度越大，越有利于安排其他信号的传输。但从传送效率看，希望冗余度越小越好。

除以上性能参数外，还必须具有下面两个性能：一是不中断业务的误码监测，是线路码必备的一个极为重要的特性；二是能同时与主信号在同一根光纤中传送监测、公务、告警信号，以及区间通信等能力。

5.3 激光器及激光器组件的组成

实质上，激光器就是一个激光自激振荡器。要构成一个激光自激振荡器必须有三个重要组成部分，即具有光放大作用的工作物质(即激活物质)、使工作物质处于粒子数反转分布状态的激励源(泵浦源)以及具有频率选择与反馈作用的光学谐振腔。物质在泵浦源的作用下，使处于低能级的粒子吸收泵浦源的能量跃迁到高能级，实现粒子数反转分布。光的放大是由处于粒子数反转分布的激活物质来完成的，而频率选择与反馈作用则是由光学谐振腔来完成的。光纤通信中最常用的光源是半导体激光器(LD)和半导体发光二极管(LED)等。

通信中使用的激光器常常是激光器组件，即将激光器与其他光学器件和电子器件封装在一起，使激光器在宽的温度范围内长时间稳定工作(即光功率恒定、光波长不漂移)。激光器组件应用场合不同，其内部元件也不相同。激光器组件通常包括以下几个独立部分：

(1) 激光器，产生稳定的激光。

(2) PIN 光电二极管，监视光源的输出光功率变化。
(3) TEC 制冷器、散热器，用来将激光器的工作温度控制在一定的范围。
(4) 激光器与光纤的耦合部分，将光很好地耦合到光纤，这一段光纤常称为尾纤。
(5) 光隔离器(ISO)，实现光的单向传输，防止反射光进入激光器影响激光器的性能。
(6) 光滤波器，用来选择合适的光谱，用于 DWDM 系统。
(7) 调制器，如电吸收多量子阱(MQW)外调制器，用于高速率的系统。
(8) 半导体型光放大器(SOA)，用来提升发送光功率。

对于不同的系统应用，激光器组件的内部结构不完全相同，主要的性能指标有：光功率(dB)、光波长、工作的比特率(Gb/s)等，还有如温度范围、电源供电、物理尺寸、光功率的安全保护等。

5.4 半导体激光器

半导体激光器的谐振腔主要采用法布里-珀罗谐振腔(F-P 腔)和分布反馈谐振腔两种方式。F-P 腔激光器是用晶体天然的解理面形成法布里-珀罗谐振腔(F-P 腔)；分布反馈(DFB)激光器和分布布拉格反射(DBR)激光器的谐振腔腔体宽度是周期性变化的。

5.4.1 F-P 腔激光器

F-P 腔激光器是将放大器置于 F-P 腔内。F-P 腔是由半导体天然的解理面形成的，就像两个平行的平面反射镜。当激光器的 PN 结上外加的正向偏压足够大时，PN 结的结区出现了粒子数反转分布状态，此时受激辐射多于受激吸收，可产生光放大，被放大的光在 F-P 腔中来回反射，每通过一次增益介质就被放大一次，光的能量不断增强，当满足阈值条件后，发出的便是激光。激光的波长取决于腔长，腔长为半波长的整数倍。所谓阈值条件就是激光器产生激光振荡的最低限度。

F-P 腔激光器可分为同质结激光器、单异质结激光器和双异质结激光器。同质结 LD 是结构最简单的 LD。其核心部分是一个 P-N 结，由结区发出激光，是早期研制的激光器，主要缺点是阈值电流太高。异质结 LD 的"结"是由不同的半导体材料制成的 P-N 结。主要目的是为了降低阈值电流，提高效率。目前光纤通信中使用的 F-P 腔激光器，基本上都是双异质结激光器。铟镓砷磷(InGaAsP)双异质结构条形激光器如图 5.12 所示，由该图可以看出，是由 5 层半导体材料构成的。其中，(N)InGaAsP 是发光的作用区，作用区的上下两层为限制层，其和作用区构成光学谐振腔。限制层和作用层之间形成异质结。最下层(N)InP 是衬底，顶层(P^+)InGaAsP 是接触层，其作用是为了改善和金属电极的接触。顶层上面数微米宽的窗口为条形电极。

F-P 腔半导体激光器输出的激光在低码速情况下一般具有良好的单纵模性，然而在高码速情况下，其光谱呈多纵模性，光谱线较宽。在光纤长距离、大容量的传输过程中，多纵模的存在将使光纤中的色度色散增加。因此，人们希望激光器在单纵模状态下工作。

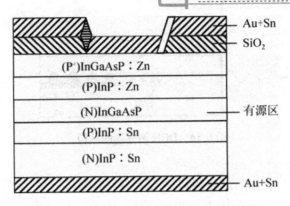

图 5.12　InGaAsP 双异质结条形激光器截面图

5.4.2　DFB 和 DBR 激光器

F-P 腔激光器的光反馈是由腔体两端面的反射提供的，其腔体两端面的位置是确定的。光的反馈也可以是分布方式，即由一系列靠得很近的反射端面的反射提供。通常的做法是将腔体的宽度设计成周期性变化。腔体的有源增益区采用周期性波导来获得单纵模激光的激光器称为分布反馈(Distributed FeedBack，DFB)激光器，如图 5.13 所示。入射光波在周期性变化部分经历了一系列的反射，这些反射光波进行相位叠加。若干变化的周期是腔体中光波波长的整数倍，则满足腔体内的驻波条件，即该波长得到优先放大。合理设计器件，可抑制其他纵模，单个纵模最终形成激光振荡。改变其变化周期可得到不同工作波长的 DFB 激光器。

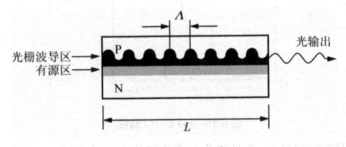

图 5.13　DFB 激光器结构

DFB 激光器具有单纵模振荡、谱线窄、波长稳定性好、动态谱线好和线性度好等特点，在高速数字光纤通信系统和 CATV 模拟光纤传输系统中得到了广泛的应用。

还有一种结构和原理与 DFB 类似的激光器，称为分布布拉格反射(Distributed Bragg Reflection，DBR)激光器。与 DFB 不同之处是，DBR 激光器的周期性变化出现在有源增益区的外面，从而避免了在制作光栅过程中造成的晶格损伤，其结构如图 5.14 所示。DBR 激光器的优点是增益区和波长选择部分是分开的，因此可以分别对增益和波长进行控制。通过改变波长选择区的折射率，就可以将激光器调谐到不同的工作波长而不改变其他的工作参数。

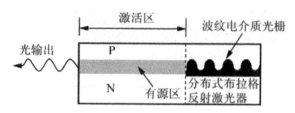

图 5.14 DBR 激光器的结构

5.4.3 LD 的工作特性

1. P-I 特性

LD 是阈值器件,当外加正向电流达到某一值时,输出光功率将急剧增加,LD 产生激光振荡,这个电流称为阈值电流,用 I_{th} 表示。激光器输出光功率 P 与注入电流 I 之间的变化规律如图 5.15 所示。当 $I < I_{th}$ 时,激活区不能实现粒子数反转,自发辐射占主导地位,激光器发射普通的荧光,功率较小,且随电流增加缓慢;当 $I > I_{th}$ 时,激活区里实现粒子数反转,受激辐射占主导地位,输出光功率 P 随注入电流 I 增大而急剧增大,激光器可输出功率很强的激光。

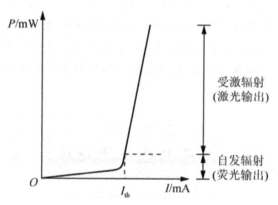

图 5.15 LD 的 P-I 曲线

为了使光纤通信系统稳定可靠地工作,希望阈值电流越小越好。目前,最好的半导体 LD 的阈值电流可小于 10 mA。

2. 光谱特性

所谓光谱特性是指激光器输出的光功率随波长的变化情况,一般用光源谱线宽度来表示,光谱宽度取决于激光器的纵模数。LD 发出的激光有单模激光和多模激光。F-P 腔激光器就是多模激光器。目前单纵模激光器常采用分布反馈、外腔反馈等方法来实现。

单模激光是指 LD 发出的是单纵模(Single Longitudinal Mode,SLM)激光,其光谱只有一根谱线,谱线峰值波长 λ_0 称为中心波长,谱线宽度为谱线半峰值点宽度,较好的单纵模激光器 $\Delta\lambda$ 值约为 0.1nm,甚至更小,故光谱很窄。SLM 的光谱特性曲线如图 5.16(a)所示。SLM 激光器可以利用滤波器原理来选择所需的波长,同时对不需要的波长提供损耗。SLM

的重要特性是其边模抑制比(Side-mode Suppression Ratio，SSR)，决定了相对于主模的其他纵模被抑制的程度。典型的 SSR 的值为 30 dB。

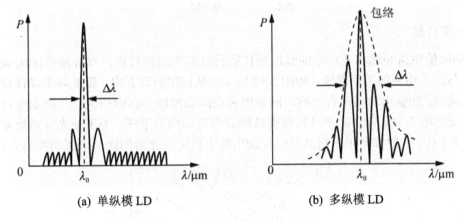

(a) 单纵模 LD   (b) 多纵模 LD

图 5.16   LD 的光谱特性曲线

多模激光是指 LD 发出的是多纵模(Multi-Longitudinal Mode，MLM)激光，其光谱有多根谱线，对应于多个中心波长，其中最大峰值波长 λ_0 称为主中心波长，纵模间隔为 $c/2nL$，其中 L 为激光器的腔长，n 为腔内折射率。谱线宽度为谱线包络半峰值点宽度，为几个纳米，故光谱较宽。MLM 的光谱特性曲线如图 5.16(b)所示。

半导体激光器的光谱宽度，还随着注入电流而变化。当 $I < I_{th}$ 时，发出的是荧光，光谱很宽，可达数百埃(Å)；当 $I > I_{th}$ 后，发出的是激光，光谱变窄，谱线中心强度急剧增加。

【例 5.2】

理论指出，LD 的纵模频率间隔 $\Delta f = \dfrac{c}{2nL}$，其中 n 是谐振腔内半导体材料的折射率，L 是谐振腔长度。若某一 GaAs 激光二极管的 $\lambda = 850\text{nm}$，$L = 0.5\text{mm}$，$n = 3.7$，试求该激光器的纵模波长间隔。

解：因为 $f = \dfrac{c}{\lambda}$，故 $\Delta f = -\dfrac{c}{\lambda^2} \cdot \Delta \lambda$。若 Δf 和 $\Delta \lambda$ 都取其绝对值，则纵模间隔为

$$\Delta \lambda = \dfrac{\lambda^2}{c} \Delta f = \dfrac{\lambda^2}{2nL} = \dfrac{0.85^2}{2 \times 3.7 \times 500} \mu m = 0.195 \times 10^{-3} \mu m = 0.195 \text{ nm}$$

【例 5.3】

已知 GaAs 激光二极管的中心波长为 $0.85\ \mu m$，谐振腔长为 $0.4\ mm$，材料折射率为 3.7。若在 $0.80\ \mu m \geqslant \lambda \geqslant 0.90\ \mu m$ 范围内，该激光器的光增益始终大于谐振腔的总衰减，试求该激光器中可以激发的纵模数量。

解：由于纵模波长间隔 $\Delta \lambda$ 为

$$\Delta \lambda = \dfrac{\lambda^2}{c} \Delta f = \dfrac{\lambda^2}{2nL} = \dfrac{0.85^2}{2 \times 3.7 \times 400} \mu m = 0.244 \times 10^{-3} \mu m = 0.244 \text{ nm}$$

所以，可以激发的纵模数量为

$$\frac{900 \text{ nm} - 800 \text{ nm}}{\Delta\lambda} = \frac{100}{0.244} = 410$$

3. 温度特性

LD 的阈值电流和输出光功率随温度变化的特性称为温度特性。双异质结(BH)激光器输出功率与注入电流的关系曲线，如图 5.17 所示。从该图可以看出，温度对半导体激光器的阈值电流 I_{th} 和输出功率都有影响。阈值电流会随温度的升高而增大，一般温度每升高 10℃，I_{th} 就会增大 5%～25%，P-I 特性曲线随温度升高向右平移。为了使光纤通信系统稳定、可靠地工作，一般都要采用自动温度控制电路来稳定激光器的阈值电流和输出光功率。

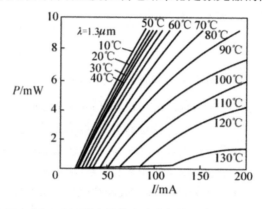

图 5.17　1.3μmBH 激光器输出功率与注入电流的关系曲线

LD 的阈值电流还和使用时间有关，随着使用时间的增加，阈值电流会逐渐加大。当上升到开始启用时的阈值电流的 1.5 倍时，就认为激光器寿命终止。目前国产激光器的寿命可达 10^5 小时以上。

5.4.4　LD 的自动温度控制

LD 管芯的工作温度在 20℃左右。如果在高温环境下工作会影响其使用寿命，而且 LD 的阈值电流会增大，输出光功率降低，发射波长也会发生变化，甚至影响数字光纤通信系统的正常工作。所以在光发送机电路中需要对 LD 的温度进行控制。

【案例 5.3】

LD 自动温度控制典型电路

如图 5.18 所示，LD 组件中，热敏电阻 R_t 与 R_1、R_2、R_3 构成桥式电路，运算放大器 A 的同相及反相输入端跨接在电桥的对端。在某温度(如 20℃)下电桥平衡，A 没有差动输入端，输出也为零，V_1 没有基极电流，V_1 和 V_2 不工作，制冷器 TEC 的控制电流为 0，制冷器不工作。当环境温度升高或 LD 管芯工作温度升高时，热沉温度升高，热敏电阻 R_t 的阻值下降，使电桥对端的电位差发生变化，运算放大器 A 的输出相应的变化，V_1、V_2 正向偏置，V_2 射极电流增大，即制冷器 TEC 的控制电流增大，贴在 LD 热沉上的 TEC 冷端温度降低，使 LD 管芯温度下降。

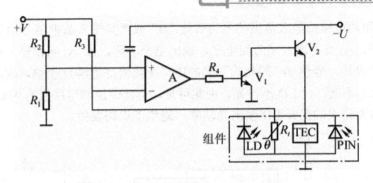

图 5.18 LD 自动温度温控电路原理图

 背景知识

半导体制冷器是基于帕尔贴效应的一种制冷方式。制冷器由特殊的半导体材料制成，当其通过直流电流时，一端制冷(吸热)，另一端放热。在 LD 的组件中，制冷器的冷端贴在 LD 的热沉上。

LD 组件中的热敏电阻 R_t 也贴在热沉上。热敏电阻具有负温度系数，在 20℃ 时其阻值为 10~12 kΩ，$\Delta R_t/\Delta T \approx -0.5\%/$℃。

5.4.5 LD 的自动功率控制

LD 的自动功率控制要求不仅能自动补偿 LD 由于环境温度变化和器件老化引起的输出光功率变化，保持其输出光功率不变，而且在光发送机的输入信号码流中出现长连"0"序列或无信号输入时，能自动控制 LD 不发光。通过设置在 LD 背出光面的监视光电二极管 PIN 监视 LD 的光输出功率。并将监视光电二极管的输出反馈给驱动电路，当输出光功率下降时驱动电流增加；当输出光功率增加时，驱动电流下降，始终使 LD 保持恒定的输出光功率。

【案例 5.4】

LD 的自动功率控制电路

自动功率控制电路如图 5.19 所示。LD 背向光功率与 LD 的输出光功率成正比，光检测器 PIN 从 LD 的背向输出光中检测到 LD 输出光功率的变化，并将检测到的光功率经过光电变换后输出光生电流，光生电流经过电容 C_1 平滑，并通过运算放大器 A_1 放大，A_1 的输出作为 LD 输出光功率平均值的电平送到比较积分放大器 A_2 的反相输入端，与 LD 驱动电路的输入数据信号平均值电平进行比较，A_2 的输出送入 V_3 的基极去控制 LD 直流偏置电流，从而控制 LD 的输出光功率。这是一种负反馈控制过程。LD 输出光功率的具体控制过程如下：

(1) 假设 LD 驱动电路的输出数据参考电平不变，A_2 同相输入端电平不变，但由于种种原因使 LD 输出光功率减小，PIN 检测输出电流减小，A_1 输出减小，即 A_2 反相输入端电平下降。这时，A_2 输出电平上升，V_3 输入电流增大，从而使 LD 的偏量电流 I_b 增加。I_b 增加使 LD 的输出光功率及时得到回升，这样就稳定了 LD 的输出光功率。

(2) 在 LD 驱动电路的输入数据信号为长连"0"或者其输入数据信号消失时，A_2 反相输入端电平下降，A_3 反相输入端为高电平，输出电平下降，即 A_2 同相输入端电平下降。电路通过恰当的设计，能使 A_2 同相输入端的电平变化恰好抵消反相输入端的电平变化，进而控制 LD 的 I_b 不变，使 LD 不发光。由此可见，负反馈控制电路没有因长连"0"或没有输入数据信号而错误的提升 LD 输出光功率，避免了误码发生。

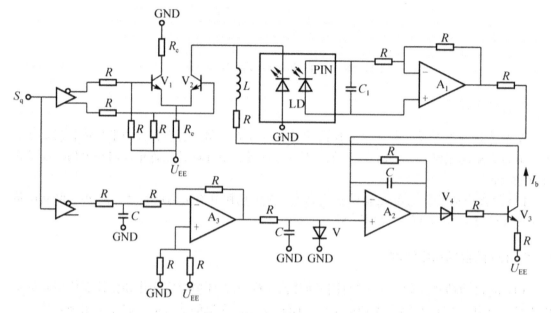

图 5.19　LD 自动功率控制电路原理图

图 5.19 中左上方的电路是射极耦合电流开关驱动电路。工作于开关状态的 V_1 和 V_2 通过射极电阻 R 耦合形成电流开关。当 V_1 基极电压大于 V_2 基极电压时，V_1 导通，电流通路为 $R_c \rightarrow V_1 \rightarrow R_e$，没有驱动电流流经激光器 LD。当 V_1 基极电压小于 V_2 基极电压时，V_2 导通，电流通路为 LD$\rightarrow V_2 \rightarrow R_e$。$V_1$ 和 V_2 两个管子通过的电流大小是相同，只是随 S_q 的变化而轮换导通，构成了电流开关。当 V_2 导通时，驱动电流流过激光器 LD 发出激光。V_1 和 V_2 都工作在非饱和态和非深截止态，因此开关转换时间短，驱动速率高，可以实现较高速率的调制。

5.5　半导体 LED

在光纤通信中常用的光源，除了半导体激光器(LD)外，还有半导体发光二极管(LED)。LED 也采用双异质结的结构，但没有谐振腔，发出的是自发辐射光，而不是激光。LED 具有体积小、使用寿命长和价格便宜等优点，但也存在输出功率低，光谱宽等缺点，通常在低速率、短距离的光通信系统中使用。在一些低速率、造价低的应用中有时也需要窄的光谱，虽然 DFB 的光谱窄，但价格昂贵，因而 LED 光谱分割提供了一种价格低廉的选择。

所谓 LED 光谱分割,是指在 LED 的前端输出放置一个窄的光滤波器,光滤波器选择 LED 光谱的一部分。不同的光谱滤波器选择互不重叠的 LED 光谱的一部分,这样 LED 就可以被许多用户同时使用即共享。

5.5.1 结构和分类

按光输出的位置不同,LED 可分为面发光型和边发光型两种。面发光二极管(SLED)输出的光束方向垂直于有源区;边发光二极管(ELED)输出的光束方向平行于有源区。

1. 面发光二极管

图 5.20 所示为 SLED 的典型结构。双异质结生长在二极管顶部的 N-GaAs 衬底上,P-GaAs 有源层厚度仅为 1~2 μm,与其两边的 N-AlGaAs 和 P-AlGaAs 构成两个异质结,限制了有源层中的载流子及光场分布。有源层中产生的光发射穿过衬底耦合入光纤,由于衬底材料的光吸收很大,利用腐蚀的方法在衬底材料正对有源区的地方腐蚀出一个凹陷的区域,使光纤能直接靠近有源区。在凹陷的区域注入环氧树脂,并在光纤末端放置透镜或形成球透镜,以提高光纤的接收效率。在 P-GaAs 一侧用 SiO_2 掩膜技术形成一个圆形的接触电极,从而限定了有源层中有源区的面积,其大小与光纤纤芯面积相当(直径为 40~50 μm)。SLED 输出的功率较大,一般注入 100 mA 电流时,就可达几个毫瓦,但光发散角大,水平和垂直发散角都可达到 120°,与光纤的耦合效率低。

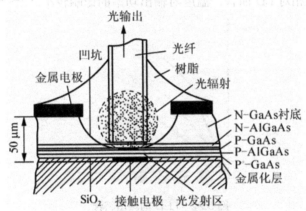

图 5.20 AlGaAs-DH-SLED 的结构

2. 边发光二极管

图 5.21 所示为 ELED 的典型结构。边发光二极管也采用了双异质结结构,条形接触电极可限制有源层的宽度,便于与纤芯匹配;同时导光层进一步提高光的限制能力,把有源层产生的光辐射导向发光面,以提高与光纤的耦合效率。有源层一端镀高反射膜,另一端镀增透膜,以实现单向出光。边发光二极管的垂直发散角约为 30°,水平发散角为 120°,具有比面发光二极管高的输出耦合效率。

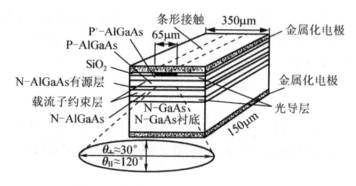

图 5.21　条形 AlGaAs-DH-ELED 的结构

5.5.2　LED 的特性

1. P-I 特性

LED 的输出光功率 P 与电流 I 的关系如图 5.22 所示。与 LD 的 P-I 特性相比，LED 没有阈值，其线性范围较大。在注入电流较小时，发光功率随工作电流的增大而增大，曲线基本上是线性的；当注入电流较大时，由于 PN 结的发热而出现饱和现象。LED 的工作电流通常为 50～100 mA，这时偏置电压为 1.2～1.8V，输出功率约为几毫瓦。工作温度提高时，同样工作电流下 LED 的输出功率要下降。例如当温度从 20℃ 提高到 70℃ 时，输出功率将下降约一半。但相对 LD 而言，温度对输出功率的影响较小。

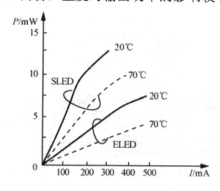

图 5.22　LED 的输出特性

2. 光谱特性

在 LED 中没有选择波长的谐振腔，所以发射的光谱是自发辐射的光谱。在常温下，短波长 GaAlAs-GaAs LED 谱线宽度为 30～50 nm，长波长 InGaAsP-InP LED 谱线宽度为 60～120 nm。随着温度升高，谱线宽度增大，且相应的发射峰值波长向长波长方向漂移，其漂移量为 0.3 nm/℃ 左右。

3. 调制特性

在规定的正向偏置工作电流下，对 LED 进行数字脉冲或模拟信号电流调制，便可实现对输出光功率的调制。LED 有两种调制方式，即数字调制和模拟调制。

LED 的重要参数是调制频率和调制带宽。调制频率和调制带宽关系到 LED 在光通信中的传输速度大小，LED 因受到有源层内少数载流子寿命的限制，其调制的最高频率通常只有几十兆赫，从而限制了 LED 在高比特率系统中的应用，通常 LED 的应用主要局限于低带宽和局域网。调制带宽是衡量发光二极管的调制能力的。在保证调制度不变的情况下，当 LED 输出的交流光功率下降到低频率值一半时的频率宽度就是 LED 的调制带宽，可以表示为

$$\Delta f = \frac{1}{2\pi\tau} \tag{5-4}$$

式中，τ 为载流子的寿命。

为了提高带宽，缩短载流子的寿命，可以通过增大有源层的掺杂浓度和提高注入少数载流子浓度来改善带宽性能，但是带宽的增加却会使 LED 输出的光功率下降。例如面发射 GaAIAs 发光管最高功率可达 15 mW，而 3 dB 带宽为 17 MHz；当最大调制带宽为 1.1GHz 时，功率降低至 0.2mW。LED 的输出功率与调制带宽的乘积是一个常数。

$$\Delta f \cdot P = 常数 \tag{5-5}$$

5.6 其他类型激光器

5.6.1 量子阱激光器

量子阱(QW)激光器与 F-P 腔双异质结激光器的结构基本相同，只是量子阱激光器的有源区的厚度很薄。普通 F-P 腔激光器的有源区厚度约为 1 000～2 000 Å，而量子阱激光器的有源区厚度只有 10～100 Å。其结构特点是：两种不同成分的半导体材料在一个维度上以薄层的形式交替排列而形成周期结构，从而将窄带隙的很薄的有源层夹在宽带隙的半导体材料之间，形成势能阱。当有源区的厚度小于电子的德布罗意波的波长时，电子在该方向的运动受到限制，态密度呈类阶梯形分布，从而构成超晶格结构。

量子阱激光器有单量子阱(SQW)结构、多量子阱(MQW)结构和应变多量子阱(MQW)结构。

图 5.23(a)为单量子阱结构的能带示意图，有源区只有一个势阱，对应位于中间的超薄层窄带隙材料，两侧边界是由宽带隙材料形成的势垒。由于势阱结构对载流子运动的量子化限制，落入阱中的电子(或空穴)位于一系列分离的能级。其中，接近导带最底部的 E_1 是基态电子能级，接近价带最顶部的 E_1' 是基态空穴能级。上述能带特点决定了量子阱激光器即使在较小的注入电流情况下也能在 E_1 和 E_1' 之间实现粒子数反转分布，从而产生受激辐射。需要注意的是，SQW 的有源层厚度不能太薄，当其接近电子的平均自由程(约 6.3 nm)时，电子与声子耦合作用减弱，也就是说单个量子阱从邻近限制层收集过剩电子的效率降低，不利于阱中态密度的量子化。

图 5.23(b)为多量子阱结构的能带示意图，超薄层窄带隙材料与超薄层宽带隙材料交替生长。MQW 结构能使光学声子更有效地参与电子跃迁，更能发挥量子阱激光器的优势。

图 5.23(c)为应变多量子阱结构的能带示意图,在有源区外的覆盖层生长了数层带隙不同的材料,并且越远离有源区,带隙越大,因此导带底和价带顶形成梯形结构。

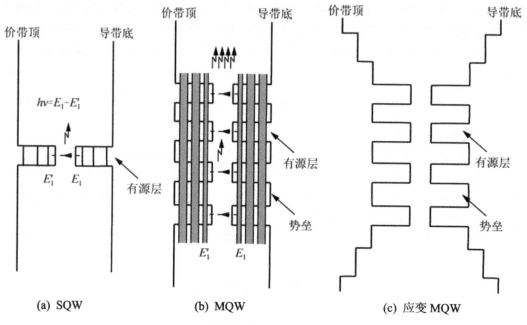

图 5.23 量子阱激光器的能带示意图

和传统的双异质结半导体激光器相比,超晶格结构给激光器带来一系列优越的特性。QW 激光器具有阈值电流低、功耗低、温度特性好、谱线宽度窄、频率啁啾小及动态单纵模特性好等特点。

5.6.2 垂直腔面发光激光器

首先从字面上解释一下垂直腔面发光激光器(Vertical Cavity Surface Emitting Laser,VCSEL),谐振器内的空间称为腔,垂直腔的意思就是说这种结构提供的反馈是发生在垂直方向上的,面发光是指激光束的发射方向与垫片垂直。垂直腔面发光激光器是单纵模激光器。多模激光器的纵模间隔为 $c/2nL$,L 为腔长,n 为其折射率。如果使腔长特别短,则纵模间隔就很大,就可以使增益谱内只有一个波长,从而获得单纵模。如果有源区(或层)是在半导体基片上掺杂,则有源区可以做得很薄,如图 5.24 所示。这是由半导体基片的上下两个端面的反射镜构成的垂直腔,激光也是从其一个表面(常常为上端面)输出的。反射镜是由 DBR 结构提供。为了获得足够的增益输出,要求腔体介质必须采用高增益系数材料,并且通常由多层薄膜构成所谓的 DBR 反射器来提供反馈。DBR 反射器的原理类似于多层介质薄膜滤波器,即用高低折射率材料相间排列,逐层生长而成,每层厚度皆为 1/4 波长,层数足够多时即可得到高的反射系数。器件由一边输出激光,因此靠近衬底的多层膜反射镜应是部分透明的。

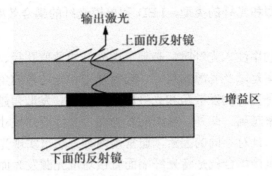

图 5.24 VCSEL 的结构

VCSEL 的主要优点有：

(1) 从激射性能上看，VCSEL 特殊的短腔结构(腔长大约为 1～2 μm)，高增益介质和 DBR 反射器等原理，允许获得高的外微分量子效率和宽的纵模间隔，具体表现为阈值电流低(小于 1mA)，发光效率高，波长可选择(精确控制薄膜层的厚度)，易于实现动态单模工作。

(2) 从耦合性能上看，腔体成圆柱形，直径约 10 μm，出光孔很小，VCSEL 发射窄的圆柱形高斯光束，同光纤等具有圆形截面的器件可以实现最佳的耦合效果。

(3) 从封装性能上看，VCSEL 体积小，特别是横向尺寸小，垂直出光的特点，可实现密集封装，很容易制成激光器二维阵列。

(4) 从调制性能上看，VCSEL 速度很快，调制速率可达吉比特/秒(Gb/s)量级，并且具有较高的温度稳定性。

(5) 从制作性能上看，VCSEL 模块化强，工艺简单，与大规模集成电路有着良好的匹配性，可以同时大面积、高密度地生长大量激光器单元，因而芯片成本很低。

早期投入商业化应用的垂直腔面发光激光器的缺点是波长范围不超过 850 nm，仅能应用在光纤的第一个低损耗窗口处。然而，就是在这样一个波长范围内，VCSEL 也已经在诸如吉位以太网这样的高比特局域网中得到了广泛应用。目前，VCSEL 的工作波长已扩展到 1 300 nm 和 1 550 nm。

5.7 光源与光纤的耦合

在光纤通信系统中，存在两个主要的耦合问题，即如何把各种类型的光源发出的光有效地耦合进光纤，以及如何把光由一根光纤耦合进另一根光纤中去。怎样把光源发出的光有效地耦合进光纤是光发送机设计的一个重要问题。光源和光纤耦合的好坏可以用耦合效率 η 来衡量，它的定义为

$$\eta = \frac{P_F}{P_S} \tag{5-6}$$

式中，η 为耦合效率；P_F 为耦合入光纤的功率；P_S 为光源发射的功率。

η 的大小取决于光源和光纤的类型，LED 和单模光纤的耦合效率较低，LD 和单模光纤的耦合效率更低。

当把光源射出的光功率注入光纤时，必须考虑光纤的数值孔径、纤芯尺寸、折射率分布、纤芯与包层的折射率差以及光源的尺寸、辐射强度和光功率的角分布。影响光源与光纤耦合效率的主要因素是光源的发散角和光纤的数值孔径。发散角越大，耦合效率越低；数值孔径越大，耦合效率越高。此外，光源的发光面、光纤端面尺寸、形状以及二者间距都会直接影响耦合效率。针对不同的因素，通常用两种方法来实现光源与光纤的耦合，即直接耦合和透镜耦合。直接耦合就是将光纤端面直接对准光源发光面，这种方法当发光面大于纤芯时是一种有效的方法，其结构简单，但耦合效率较低。当光源与发光面积小于纤芯面积时，可在光源与光纤之间放置聚焦透镜，使更多的发散光线汇聚后进入光纤从而提高其耦合效率。

在发射机设计中应该特别注意的一个问题是半导体激光器对激光的反射极为敏感，即使是不到 0.1% 那么少的反射也会产生光谱线宽展宽、跳模和相对强度噪声增强等现象，使激光器工作不稳定并影响系统性能。通常试图利用防反射涂层来减小光反射进入谐振腔中。通过在光纤端头切割一个小角度，使反射光不会撞击激光器的有源区，也可以降低光反射作用。然而，对于设计更实用的发射机，就必须在激光器和光纤之间使用一个隔离器。例如，在 DFB LD 的高速率光纤通信系统中就必须使用隔离器来减小光反射作用。

实际上，许多光源供应商提供的光源都附有一小段长度(1m 或更短)的光纤，以使其连接总是处于最佳功率耦合状态。这一段短光纤通常称为"跳线"或"尾纤"。因此，对于这些有尾纤的光源的发射问题就可以简化为一个更简单的形式，即从一根光纤到另一根光纤的光功率耦合问题。在这个问题中需要考虑的影响包括光纤位置偏差、不同的纤芯尺寸、数值孔径和纤芯的折射率。除此之外，还需要使光纤的头端面与其轴线垂直，并保持光纤头端面的清洁和平滑。

5.8 光 调 制

在光纤通信系统中，光源的调制是由电信号对光波进行调制使其载荷信息。目前广泛使用的光纤通信系统均为强度调制——直接检波(IM-DD)系统。对光源进行强度调制的方法有两类，即直接调制和间接调制。

5.8.1 直接调制

直接调制就是直接对光源进行调制，通过控制光源的注入电流的大小，改变输出光波的强弱。这种调制方式又称内调制，分为模拟信号调制和数字信号调制。

模拟信号调制是直接用连续的模拟信号(如话音、电视等信号)对光源进行调制，如图 5.25 所示。连续的模拟信号电流叠加在直流偏置电流上，适当地选择直流偏置电流的大小，可以减小光信号的非线性失真。

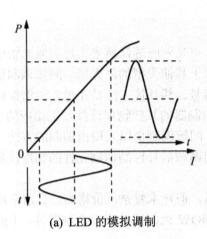
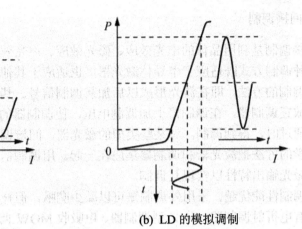

(a) LED 的模拟调制　　　　　　　　(b) LD 的模拟调制

图 5.25　模拟信号的调制

在光纤通信中，数字调制主要是指脉冲编码调制(PCM)。PCM 是先将连续的模拟信号通过取样、量化和编码，转换成一组二进制脉冲代码，用矩形脉冲的有("1"码)、无("0"码)来表示信号，如图 5.26 所示。

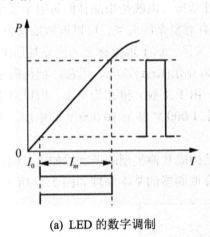
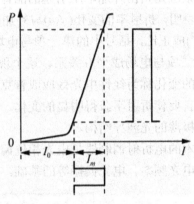

(a) LED 的数字调制　　　　　　　　(b) LD 的数字调制

图 5.26　数字信号的调制

直接调制是光纤通信中最简单、最经济、最容易实现的调制方式。传统的 PDH 和 2.5Gb/s 速率以下的 SDH 系统使用的 LED 或 LD 光源基本上采用的都是这种调制方式。但随着传输速率的不断提高，直接强度调制会产生啁啾效应。在直接调制过程中，不仅输出光强度随调制电流发生变化，而且输出光的频率也会发生波动，即在幅度调制的同时还受到频率调制，特别是在信号频率进入微波时的高速调制情况下，这个现象称之为"啁啾"特性。由于啁啾特性存在，不仅使单个纵模的线宽展宽，而且在单模光纤中传播时，在色散作用下将使非线性失真增大。

5.8.2 间接调制

间接调制是利用晶体的电光效应、磁光效应、声光效应等性质来实现对激光辐射的调制，这种调制方式既适应于半导体激光器，也适应于其他类型的激光器。间接调制最常用的是外调制的方法，即在激光形成以后加载调制信号。其具体方法是在激光器谐振腔外的光路上放置调制器，在调制器上加调制电压，使调制器的某些物理特性发生相应的变化，当激光通过时，得到调制。对某些类型的激光器，间接调制也以采用内调制的方法，即用集成光学的方法把激光器和调制器集成在一起。用调制信号控制调制元件的物理性质，从而改变激光输出特性以实现其调制。

外调制性能优越，采用外调制器可以减少啁啾，但技术复杂，价格高。目前常用的外调制器有电折射调制器、M-Z 型调制器、电吸收 MQW 调制器及声光调制器等，下面对这四种调制器的原理作进一步的介绍。

1. 电折射调制器

电折射调制器利用了晶体材料的电光效应，常用的晶体材料有：铌酸锂晶体($LiNbO_3$)、钽酸锂晶体($LiTaO_3$)和砷化镓(GaAs)。

电光效应是指由外加电压引起的晶体的非线性效应，也就是指晶体的折射率发生了变化。实验表明，折射率的变化(Δn)与外加电场(E)有着复杂的关系，可以近似地认为 Δn 与 $(r|E|+R|E|^2)$ 成正比，括号中的第一项与电场成线性关系，这个现象称之为泡克耳斯(Pockel)效应，第二项与电场成平方关系，这个现象称之为克尔(Kerr)效应。通常，把折射率与电场的比例的变化称为线性电光效应或普克尔效应。由于系数 r 和 R 均很小，所以对于体电光晶体而言要使折射率获得明显的变化，需要加上 1 000 V 甚至 10 000 V 的电压。为此，通常采用极薄的光波导结构。

最基本的电折射调制器是电光相位调制器，是构成其他类型的调制器如电光幅度、电光强度、电光频率、电光偏振等的基础。电光相位调制器的基本原理如图 5.27 所示。

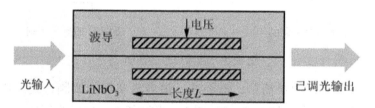

图 5.27 电光相位调制器的基本原理图

当一个 $A\sin(\omega t + \phi_0)$ 的光波入射到电光调制器($Z=0$)，经过长度为 L 的外电场作用区后，输出光场($Z=L$)即已调光波为 $A\sin(\omega t + \phi_0 + \Delta\phi)$，相位变化因子 $\Delta\phi$ 受外电压的控制从而实现相位调制。

两个电光相位调制器组合后便可以构成一个电光强度调制器。这是因为两个调相光波在相互叠加输出时发生了干涉，当两个光波的相位同相时光强最大，当两个光波的相位反相时光强最小，从而实现了外加电压控制光强的开和关的目标。

2. M-Z 型调制器

M-Z 型调制器的结构如图 5.28 所示。输入光信号在 M-Z 的两个臂上分成完全相同的两路信号，两路信号分别经过相位调制，然后再耦合输出。通过控制两路信号之间的相位差，使两路信号的输出产生相消和相长干涉，就实现了信号的"通"和"断"。

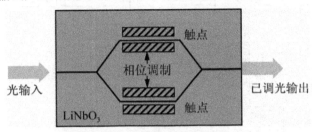

图 5.28 M-Z 型调制器

3. 声光调制器

声光调制器的原理如图 5.29 所示，这种调制器是基于光弹性效应，通过电极施加在压电晶体上的射频调制信号，在晶体表面产生应力，从而产生表面声波，该声波信号通过声光材料传输时，产生随声波幅度周期性变化的应力，使该材料的分子结构产生局部的密集和疏松，相当于使折射率产生周期性的变化。其结果是声波产生了可以对光束衍射的光栅。当光波通过此晶体介质时，光波将被介质中的光栅衍射，衍射光的强度、频率、相位、方向等随声波场变化。当声波频率较高，且光波以一定的角度入射时，只出现零级和±1 级衍射光。如果入射声波很强，则可以使入射光能几乎全部转移到零级或+1 级或−1 级的某一级衍射光上。

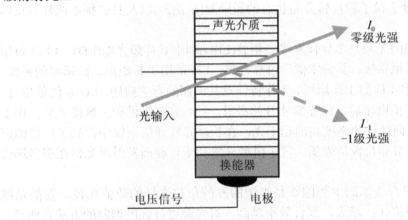

图 5.29 声光调制器的原理示意图

4. 电吸收 MQW 调制器

电吸收多量子阱调制器是一种损耗调制器，利用 Franz-Keldysh 效应和量子约束 Stark 效应，工作在调制器材料吸收边界波长处。电吸收 MQW 型调制器如图 5.30 所示，通过改变调制器上的偏压，使 MQW 的吸收边界波长发生变化，进而改变光束的通断，实现调制。当无偏压时，电吸收 MQW 调制器对 DFB 激光器输出的光波长是透明的，光束处于通状态，输出功率最大；随着调制器上的偏压增加，MQW 的吸收边界移向长波长，DFB 激光器输出的光波长处吸收系数变大，光波被吸收，调制器成为断状态，输出功率最小，从而实现强度调制。

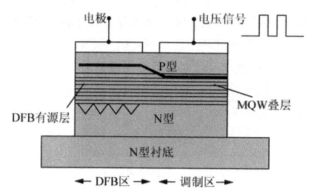

图 5.30 电吸收 MQW 型调制器

多量子阱调制器不仅具有低的驱动电压和低的啁啾特性，而且还可以与 DFB 激光器单片集成。

本 章 小 结

本章介绍了光发送机的组成及各组成部分的功能。激光器就是一个激光自激振荡器，要构成一个激光自激振荡器必须有三个重要组成部分，即具有光放大作用的工作物质(即激活物质)、使工作物质处于粒子数反转分布状态的激励源(泵浦源)以及具有频率选择与反馈作用的光学谐振腔。

光纤通信中最常用的光源是半导体发光二极管(LED)和半导体激光器(LD)。LED 可用于短距离、低容量或模拟系统，其成本低、可靠性高；LD 适用于长距离、高速率的系统。本章着重介绍了 LED 和 LD 的工作原理、工作特性及其调制的有关问题。LD 是阈值器件，只有当注入电流达到阈值电流后，激光器才开始激射。LD 有单纵模和多纵模之分，由于 LD 可以发出单色、方向性好和强度高的相干光，在长途光纤通信系统中得到了广泛的应用。新型的激光器——分布反馈激光器、量子阱激光器和垂直腔面发射激光器在很多场合的应用也得到了普及。

影响光源与光纤耦合效率的主要因素是光源的发散角和光纤的数值孔径。发散角越大，耦合效率越低；数值孔径越大，耦合效率越高。对光源进行强度调制的方法有两类，即直接调制和间接调制。直接调制就是直接对光源进行调制，通过控制光源的注入电流的大小，改变输出光波的强弱。这种调制方式又称内调制。直接调制是光纤通信中最简单、最经济、最容易实现的调制方式，但直接强度调制会产生啁啾效应。间接调制是利用晶体的电光效应、磁光效应、声光效应等性质来实现对激光辐射的调制。外调制性能优越，采用外调制器可以减少啁啾，但技术复杂，价格高。目前常用的外调制器有电折射调制器、M-Z 型调制器、电吸收 MQW 调制器及声光调制器等。

习 题

5.1 填空题

(1) 对于半导体激光器,当外加正向电流达到某一值时,输出光功率将急剧增加,这时输出的光为_____,这个电流称为_____。

(2) 光纤通信系统对光发射机的主要要求是_____、_____和_____。

(3) LED 的基本结构可分为两类,即_____和_____。

(4) 温度升高时,LED 光源线宽_____,峰值波长向_____方向移动。

(5) LD 是一种_____器件,通过_____发射发光,具有输出功率_____、输出光发散角_____、与单模光纤耦合效率_____、辐射光谱线_____等优点。

(6) 光源的温控电路的作用是_____和_____。

(7) 影响光源与光纤耦合效率的主要因素是光源的_____和光纤的_____。

(8) 光源发散角越大,光源与光纤的耦合效率越_____;数值孔径越大,光源与光纤的耦合效率越_____。

5.2 试画出光发送机的基本组成框图,各组成部分的功能是什么?

5.3 在光纤数字通信系统中,选择码型时应考虑哪几个因素?

5.4 构成激光器必须具备哪些功能部件?

5.5 在半导体激光器 P-I 曲线中,哪段范围对应于荧光?哪段范围对应于激光?

5.6 半导体激光器的温度变化对阈值电流有什么影响?

5.7 何谓激光的纵模、横模?何谓单模激光、多模激光?

5.8 列表说明 LED 与 LD 的结构、P-I 特性、光谱、可调制频率、发散角、寿命和应用等方面有何区别?

5.9 请说明 LD 的自动温度控制电路中热敏电阻 R_t 及制冷器 TEC 的特性,并阐述工作原理。

5.10 请说明 LD 的自动功率控制电路的主要功能,并阐述工作原理。

5.11 在光纤通信中,对光源的调制可以分为哪两类?各有什么优缺点?

5.12 给一只 LED 加上 2 V 的正向偏置电压后,其上有 75 mA 电流流过,并产生 1.5 mW 的光功率,试问:这只 LED 将电功率转换为光功率的效率 η_p 是多少?

5.13 LED 的量子效率定义为 $\eta_d = \dfrac{\text{输入光子数}}{\text{注入电子数}} = \dfrac{P/(h\nu)}{I/e}$,若波长 1.31 μm 的 LED,当驱动电流为 50 mA 时,产生 2 mW 的输出光功率。试计算量子效率 η_d。

5.14 若 LED 的波长为 0.85 μm,正向注入电流为 50 mA,量子效率为 0.02,求 LED 发射的光功率有多大?

第 6 章
光检测器与光接收机

 **本章知识结构**

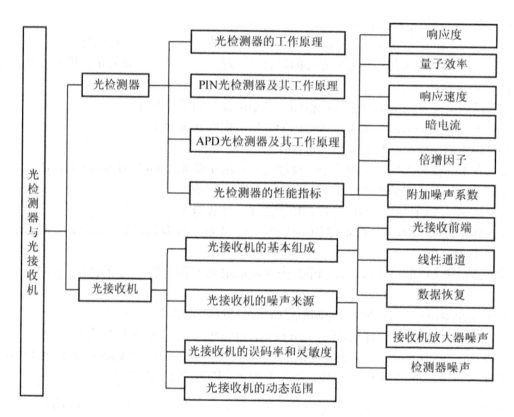

第6章 光检测器与光接收机

本章教学目的与要求

- 掌握光检测器基本概念
- 掌握 PIN 光检测器及其工作原理
- 掌握 APD 光检测器及其工作特性
- 掌握光接收机的基本组成及各部分功能
- 了解光接收机中噪声的基本来源及计算方法
- 了解光接收机中灵敏度和误码率的概念及计算方法

引 言

随着我国光接收机市场的迅猛发展,与之相关的核心生产技术应用与研发必将成为业内企业关注的焦点。了解国内外光接收机核心技术的研发动向、工艺设备、技术应用及趋势对同学们更好地理解与掌握光接收机的原理十分重要,也为同学们将来从事相关技术岗位打下了一定基础。

【案例 6.1】

光接收机的种类繁多,在这里仅以几个实际光接收机为例简单进行介绍。图 6.1 所示是专门为 HFC 结构双向城域宽带网而开发的双向光结点设备。产品设计时充分考虑了 FTS(光纤到服务小区)的网络拓扑结构,CATV 双向网回传通道解决了噪声的工程技术难题,达到了现代 CATV 业务高可靠性的网络安全传输要求。

图 6.1 HHOR7100A 经济型小壳光接收机

该光接收机,拥有 PHILIPS 或 MOTOROLA 专用光接收模块或模块化插接式光接收板,可选配不同的 PIN 管；砷化镓前置放大模块可超低噪声、低光功率接收；内置七段式光功率计，精确显示输入功率；下行信号端口大功率，高指标输出，电平可调节；选装回传发射单元，可实现上行信号光纤回传；整机电源和控制电路中均设有保护电路，并配以低功耗设计，使设备运行更加稳定、可靠。

【案例 6.2】

GS8640 楼栋光接收机为适应光无源(PON)接入网光纤到楼栋(FTTB)而设计的低光功率光接收产品，如图 6.2 所示。在 HFC 网络中完成光信号转换为射频信号并放大的传送过程。适用于广播电视网络及通信网络。该机选用高灵敏度光电放大一体模块，后级采用砷化镓功率放大模块，最大输出电平可达 $2×96\ dB\mu V$。同时该机选用高精度多级避雷保护开关电源，光接收功率 LED 分量指示。由于主要器材性能优异，加上精心设计的电路配合，从而保证了性能指标高，可靠性好。该设备通过了严酷的环境试验，能满足 PON 系统的低光功率接收。

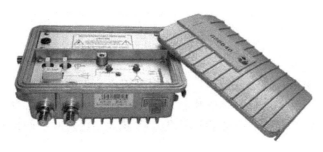

图 6.2　GS8640 楼栋光接收机

【案例 6.3】

由宽带接入技术的演进过程可见，光纤到家(FTTH)是宽带接入的最终发展目标，GS8620 家用光接收机是迎合这个目标的终端产品。图 6.3 中所示的家用双向光接收机采用低功率光接收的技术方案；RF 回传采用双通道，通过下行把 5～65 MHz 信号上传，另增加 5～500 MHz 信号上传可以满足家庭用户光纤到户有线电视接收的需求。RF 输出采用分支方式，用户可任意选择。该机还在面板上设有光功率接收监测 LED 指示灯(-2～-6 dBm)，RF 输出电平 0～-10 dB 可调，具有使用方便、简捷，且可靠性好等特点。

图 6.3　家用双向光接收机

光接收机是光纤通信系统中的重要组成部分，其性能的优劣是整个光纤通信系统性能的综合反映。而光检测器是光接收模块的最重要部件，本章将着重介绍光检测器与光接收机的原理和性能。

第6章 光检测器与光接收机

6.1 光检测器

光检测器的主要功能是将光信号转换为电信号。要求其具有灵敏度高、响应时间短、噪声小、功耗低、可靠性高等优点。目前光纤通信系统中使用的光电检测器主要有两种类型，一种是 PIN 二极管，另一种是雪崩光电二极管。PIN 光电检测器主要应用于短距离、小容量的光纤通信系统中；APD 光检测器主要应用于长距离、大容量的光纤通信系统中。

光纤通信系统对光检测器的要求：

(1) 在工作波长上光电转换效率高，即对一定的入射光功率，能够输出尽可能大的光电流。

(2) 响应速度快，线性好及频带宽，使信号失真尽量小。

(3) 噪声低，器件本身对信号的影响小。

(4) 体积小、寿命长、高可靠、工作电压低等。

6.1.1 光检测器的工作原理

PN 结的光电效应光电二极管(PD)是一个工作在反向偏压下的 PN 结二极管。由光电二极管做成的光检测器的核心是 PN 结的光电效应。当 PN 结加反向偏压时，外加电场方向与 PN 结的内建电场方向一致，势垒加强，在 PN 结界面附近载流子基本上耗尽形成耗尽区。当光束入射到 PN 结上，且光子能量 $h\nu$ 大于半导体材料的带隙 E_g 时，价带上的电子吸收光子能量跃迁到导带上，形成一个电子-空穴对。

在耗尽区，在内建电场的作用下电子向 N 区漂移，空穴向 P 区漂移，如果 PN 结外电路构成回路，就会形成光电流。当入射光功率变化时，光电流也随之线性变化，从而把光信号转换成电信号。当入射光子能量小于 E_g 时，不论入射光有多强，光电效应也不会发生，即产生光电效应必须满足：

$$h\nu > E_g \tag{6-1}$$

$$\lambda_c = \frac{hc}{E_g} \tag{6-2}$$

式中，λ_c 为产生光电效应的入射光的最大波长，称为截止波长；E_g 为所用材料的带隙能量。

以 Si 为材料的光电二极管，λ_c=1.06 μm；以 Ge 为材料的光电二极管，λ_c=1.60 μm。利用光电效应可以制造出简单的 PN 结光电二极管。但这种光电二极管结构简单，无法降低暗电流和提高响应度，器件的稳定度也比较差，实际上不适合做光纤通信的检测器。

6.1.2 PIN 光电二极管

为了提高光电检测器的响应速度和光电转换效率，针对简单的 PN 结光电二极管的缺点，常采用一种 PIN 光电二极管，其基本结构如图 6.4(a)所示。在这种结构中，刻意减少零电场的 P^+ 区和 N^+ 区的厚度而增加耗尽层厚度，并且尽量避免光生载流子在零电场区产生。为此，将重掺杂的 P^+ 区和 N^+ 区做成非常薄，以降低两极接触电阻，提高响应速度并减少光子在零电场区被吸收的可能性；在 P^+ 区和 N^+ 区之间加一层厚的非掺杂(本征)或轻掺杂的半导体材料，称为本征区或 I 区。由于本征区的电阻高，电压基本降落在该区，形成约为 10^6 V/m 的强电场，如图 6.4(b) 即为 PIN 光电二极管的电场分布，耗尽层大大地扩宽，几乎占据整个吸收区。这样，光子在耗尽层中能被充分吸收，并且产生的光生载流子立即被高电场加速，以很高的速度向两端运动，从而形成外电路的光电流。

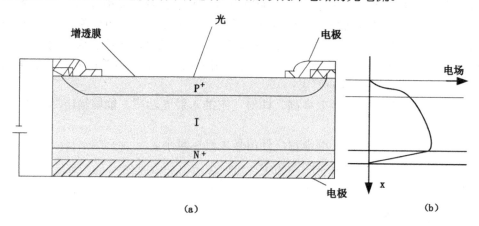

图 6.4 PIN 光电二极管结构

由于 I 层吸收系数很小，入射光可以很容易地进入材料内部被充分吸收而产生大量的电子-空穴对，因此大幅度提高了光电转换效率。另外，I 层两侧的 P^+ 层、N^+ 层很薄，光生载流子的漂移时间很短，大大提高了器件的响应速度。当光照射到 PIN 光电二极管的光敏面上时，会在整个耗尽区(高场区)及耗尽区附近产生受激辐射现象，从而产生电子-空穴对。在外加电场作用下，这种光生载流子运动到电极。当外部电路闭合时，就会在外部电路中有电流流过，从而完成光电的变换过程。

在光电二极管中，为了获得较高的量子效率，希望耗尽区宽，但耗尽区宽，光生载流子的运动时间会加长，响应速度慢，所以又希望耗尽区窄。所以在实际设计中，要兼顾量子效率和响应速度，合理选择耗尽区宽度。一般 I 区厚度约为 70～100 μm，而 P 区和 N 区厚度均为数微米。

PIN 二极管对低频信号具有整流作用，而对高频信号，却只有阻抗作用。阻抗值的大小决定于中间层，当中间层为正偏时，因为有载流子注入中间层，器件呈低阻；而当中间层处于零偏或反偏时，器件呈高阻。从而可以用于信息的检测。

检测某波长的光时要选择合适材料做成的光检测器。首先，材料的带隙决定了截止波长要大于被检测的光波波长，否则材料对光透明，不能进行光电转换。其次，材料的吸收系数不能太大，以免降低光电转换效率。Si-PIN 光电二极管的波长响应范围为 0.5～1 μm，Ge-PIN 和 InGaAs-PIN 光电二极管的波长响应范围约为 1～1.7 μm。

6.1.3 雪崩光电二极管

尽管 PIN 比 PD 有所改进，但由于耗尽区加宽接近吸收区，而且所加反向偏压又不能很高，使载流子的漂移时间势必拉长，从而影响响应速度的进一步提高。而且，PIN 产生的光生电流仍然是很弱的，为了达到可供使用的程度，必然要对其进行多次放大。这样，不可避免地要引进放大器的噪声，而使接收机的信噪比降低。

为此，对微弱光信号的监测，可以采用具有内部电流放大作用的雪崩光电二极管(Avalanche Photo Diode，APD)。APD 由 N^+ 层，P 层，I 层，P^+ 层四层组成，如图 6.5 所示。

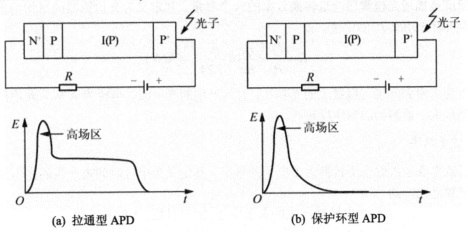

图 6.5 APD 光电二极管的结构

其中，N^+ 层是重掺杂的 N 型半导体，P 层是 P 型半导体，I 层是轻微掺杂的 P 型半导体，P^+ 层是重掺杂的 P 型半导体。

APD 的雪崩倍增产生光电效应原理为：当入射光照射在 APD 的光敏面上时，由于受激吸收原理会产生电子-空穴对(这里称为一次电子-空穴对)。这些光生载流子经过特殊设计的高场区时被加速，从而获得足够的能量。在高速运动中与晶体的原子相碰撞，使晶体中的原子电离而释放出新的电子-空穴对(为了区别，这里称为二次电子-空穴对)，这个过程称为碰撞电离。新产生的电子-空穴对在高场区中以相反方向运动时又被加速，又可以碰撞其他原子，再次产生新的电子-空穴对。如此反复碰撞电离的结果，使载流子数迅速增加，导致反向电流快速增长，形成所谓的雪崩倍增效应。当外部电路闭合时，就会在外部电路中有电流流过，从而完成光电变换过程。

光纤通信目前常使用的雪崩光电二极管主要有拉通型(RAPD)和保护环型(GAPD)。GAPD 具有高灵敏度，但其雪崩增益随偏压变化的非线性十分突出。要想获得足够的增益，必须在接近击穿电压下使用，而击穿电压对温度是很敏感的，当温度变化时，雪崩增益也随之发生较大变化。RAPD 在一定程度上克服了这一缺点，具有高效、快速、低噪声的优点。RAPD 容易发生极间现象，从而使器件损坏；由于 GAPD 在极间边缘设置了保护环，因此不会发生击穿现象。相比较而言拉通型具有响应速度快，噪声低等一系列优点，是理想的光检测器。

6.2 光检测器的工作特性

光检测器功能的好坏直接影响到光接收机的性能好坏，评价光检测器性能主要看其技术指标。光检测器目前主要使用 PIN 和 APD，因此下面讨论主要针对这两种管子进行。所讨论的一些主要项目，在光电管生产厂家的产品目录里都逐项给出，以便使用者选用。

1. 响应度

响应度是描述光检测器能量转换效率的一个参量。其定义为光检测器的平均输出电流 I_p 与平均入射光功率 P_0 的比值，即

$$R = \frac{I_p}{P_0} = \frac{\eta e}{h\nu} = \frac{\eta \lambda}{1.24} \quad (A/W) \tag{6-3}$$

式中，P_0 为入射到光电二极管上的光功率；I_p 为产生的光电流，单位为 A/W。光检测器产生的电流越大，检测器的响应度越高。

2. 量子效率

量子效率表示入射光子转换为光电子的效率。其定义为单位时间内产生的光电子数与入射光子数之比，即

$\eta =$(光电转换产生的有效电子-空穴对数)/入射光子数

$$= \frac{I_p/e}{P_{in}/hf} = R\frac{hf}{e} \tag{6-4}$$

式中，e 为电子电荷，其值为 1.6×10^{-19} C。所以有

$$R = \frac{\eta e}{hf} \approx \frac{\eta \lambda}{1.24} \tag{6-5}$$

式中，λ 单位为 μm。可见，光检测器的响应度随波长的增大而增大。图 6.6 所示为 PIN 光电二极管的响应度、量子效率与波长的关系。可以看出，响应度、量子效率随着波长的变化而变化。为提高量子效率，必须减少入射表面的反射率，使入射光子尽可能多地进入 PN 结；同时减少光子在表面层被吸收的可能性，增加耗尽区的宽度，使光子在耗尽区内被充分吸收。

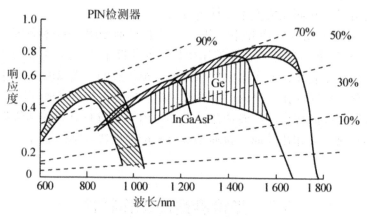

(a) 响应度与波长的关系

图 6.6 光电二极管响应度、量子效率与波长的关系

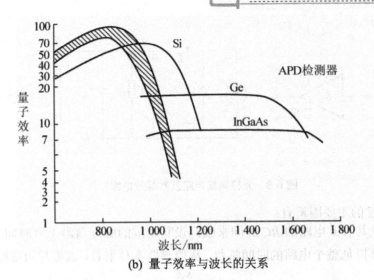

(b) 量子效率与波长的关系

图 6.6 光电二极管响应度、量子效率与波长的关系(续)

3. 响应速度

响应速度是光电检测器的另一个重要参数，响应时间越短，响应速度越快。响应时间直接影响系统的传输速率，是反映调制频率的主要指标。响应时间是它在时域上的定量表示，通常用上升时间（脉冲前沿由幅值的 10%上升到 90%的时间）和下降时间(脉冲后沿由幅值的 90%下降到 10%的时间)表示，如图 6.7 所示。

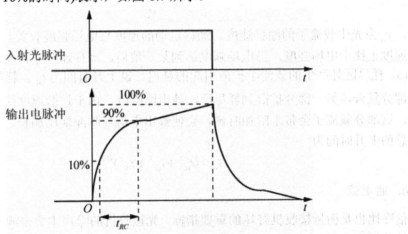

图 6.7 光检测器的脉冲响应

在光纤数字传输系统中，和 LD 的电光延迟时间一样，对系统的传输速率或码速的提高都有极大的影响，尤其将来工作码速率达到每秒数吉比特以上时，要求光检测的响应时间越短越好。

光电二极管在接收机中使用时通常由偏置电路与放大器相连，这样检测器的响应特性必然与外电路相关。图 6.8 所示为检测器电路及其等效电路，其中 C_{PN} 为检测器的结电容；R_b 为偏置电阻；R_a、C_a 分别为放大器的输入电阻和输入电容；R_s 为检测器的串联电阻，通常只有几欧姆，可以忽略。

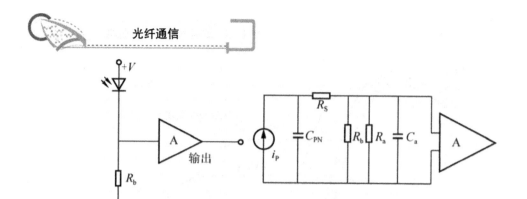

图6.8 光检测器电路及其等效电路

影响响应速度的主要因素有：

(1) 检测器及其有关电路的 RC 时间常数，设其造成的脉冲前沿上升时间为 t_{rc}。要提高响应速度，就要降低整个电路的时间常数。从检测器本身来看，就要尽可能降低结电容。

$$C_{PN} = \frac{\varepsilon A}{\omega} \tag{6-6}$$

式中，ε 为材料的介电常数；A 为结面积；ω 为耗尽区厚度。

(2) 载流子漂移通过耗尽区的渡越时间，设上升时间为 t_{dr}。光电二极管的响应速度主要受到耗尽区内的载流子在电场作用下的漂移通过所需时间(即渡越时间)的限制。渡越时间

$$t_{dr} = \frac{w}{v_d} \tag{6-7}$$

式中，v_d 为光生载流子的漂移速度。漂移运动的速度与电场强度有关，电场强度较低时，漂移速度正比于电场强度，当电场强度达到某一值后，漂移速度不再变化。

(3) 耗尽区外产生的载流子扩散引起的延迟，设上升时间为 t_{di}。耗尽区外产生的载流子一部分复合，另一部分扩散到耗尽区，被电路吸收。由于扩散速度比漂移速度慢得多，因此，这部分载流子会带来附加时延，会使输出电信号脉冲拖尾加长。

总的上升时间为

$$t_r = (t_{rc}^2 + t_{dr}^2 + t_{di}^2)^{1/2} \tag{6-8}$$

4. 暗电流

信噪比也是衡量接收机好坏的重要指标，光接收机的噪声主要来源于光电检测器和其后面的前置放大器，而暗电流就是光检测器产生噪声的原因之一。暗电流 I_d 定义为无光照射时光电二极管的反向电流，主要是由热激发而形成的载流子引起的。

在 PIN 光电二极管中，由于体内暗电流不会受到倍增作用且检测器本身处于反向偏置状态，所以其值要比表面暗电流小得多。因此，PIN 光电二极管的暗电流大小主要决定于其表面暗电流。

在 APD 中，由于体内暗电流有倍增，其值远大于表面暗电流。所以 APD 的暗电流主要是指体内暗电流。由于倍增作用，APD 的暗电流要比 PIN-PD 的暗电流大得多。随温度上升，暗电流将会急剧增加。

暗电流会引起光接收机的噪声增大,因此,希望器件的暗电流越小越好。

5. 倍增因子

APD 倍增因子 G 即电流增益系数,定义为倍增后 APD 输出光生电流 I_M 与未倍增的光生电流 I_p 之比:

$$G = \frac{I_M}{I_p} \tag{6-9}$$

6. 附加噪声系数

APD 由于雪崩倍增的随机性会带来新的噪声,其大小表明 APD 受倍增作用后而增加的噪声系数,在选用时,应选用附加噪声小的管子,可表示为

$$F(G) = G^x \tag{6-10}$$

x 的值在 0 到 1 之间,为过剩噪声系数。对于 Si-APD,x 在 0.3~0.5 之间;对于 InCaAs-APD,x 在 0.5~0.7 之间;对于 Ge-APD,x 在 0.8~1 之间。

6.3 光接收机

在整个光纤通信系统中,数字光接收机性能的优劣是起决定性作用的。光检测器件接收光纤输出的光脉冲信号并将其转换为电流脉冲信号,再经过前置放大器和其他后续电路的放大、滤波、整形、判决等处理,最后从定时判决电路输出符合要求的电脉冲信号。光接收机分为数字式光接收机和模拟式光接收机两类。随着光纤通信技术的不断发展,对光接收机性能要求越来越高。

对于强度调制(IM)的数字光信号,在接收端采用直接检测(DD)方式时,光接收机的基本组成如图 6.9 所示。主要由光接收机前端、线性通道、数据恢复部分组成。

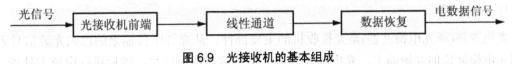

图 6.9 光接收机的基本组成

光接收前端主要由光检测器和前置放大器组成;线性通道主要由主放大器、均衡滤波器和自动增益控制(AGC)电路组成;数据恢复部分主要由判决器和时钟提取电路以及输出码型变换电路组成,如图 6.10 所示。

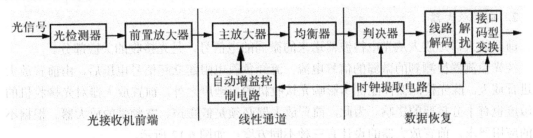

图 6.10 光接收机的组成框图

光电变换的作用是利用光电二极管将发送光端机经光纤传输过来的光信号变换为电信号送入前置放大器。目前在光纤通信中主要采用 PIN 光电二极管或雪崩光电二极管。

前置放大器的基本功能是将光检测器件输出的微弱电流信号(通常为 $10^{-5} \sim 10^{-7}$ A)进行放大,以适合后续电路的需要。前置放大器的重要指标是低噪声和高灵敏度,以及合适的带宽、大的动态范围和良好的温度稳定性等。

主放大器的基本功能是将前置放大器输出电压信号(通常为 mV 数量级)放大到适合于后级判决电路所需要的幅度范围(V 数量级)。主放大器的电压增益变化范围要大,以适应前端入射光功率动态范围大的特点,为此需要有自动增益控制。

自动增益控制电路可以控制主放大器的增益,使得输出信号的幅度在一定的范围内不受输入信号幅度的影响。

均衡滤波部分的作用是对主放大器输出的失真脉冲信号进行调整,将输出波形均衡成升余弦频谱,从而有利于判决,以消除码间干扰。

判决器和时钟恢复电路对信号进行再生。在发送端进行了线路编码,在接收端则需有相应的译码电路,对信号进行译码,使信号恢复到和光发射机输入端输入的电信号一样。

输出接口主要解决光接收端机和电接收端机之间阻抗和电压的匹配问题,而且要进行适当的码型变换,保证光接收端机输出信号顺利地送入电接收端机。输出接口如图 6.11 所示。

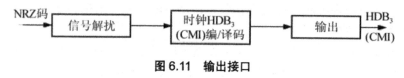

图 6.11 输出接口

1. 光电变换

光电变换(或光电检波器)是光接收机的主要部件。从光纤中传输来的已调光波信号入射到光电检波器的光敏面上,光电检波器将光信号解调成电信号,然后进行电放大处理,还原成原来的信号,因为光纤输出的光信号很微弱,所以为了有效地将光信号转换成为电信号,要求光电检波器有高的响应度、低的噪声、快的响应速度。此外光纤通信系统还要求光电检波器体积小、偏置电压低、电流损耗小。

2. 前置放大器

前置放大器是放大从光电检波器送来的微弱的电信号,是光接收的关键部分。

经光检测器检测到的微弱的信号电流,流经负载电阻建立起信号电压后,由前置放大器进行放大。除光检测器性能优劣影响光接收机的灵敏度之外,前置放大器对光接收机的灵敏度也有十分重要的影响。为此,前置放大器必须是低噪声、宽频带的放大器。根据不同的应用要求,前置放大器的设计有三种不同方案,如图 6.12 所示。

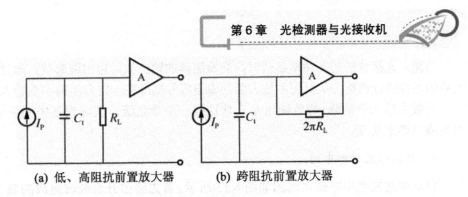

(a) 低、高阻抗前置放大器　　(b) 跨阻抗前置放大器

图 6.12　前置放大器等效电路

(1) 低阻抗前置放大器。低阻抗前置放大器和高阻抗前置放大器都可以用图 6.12(a)表示。低阻抗前置放大器是指放大器的阻抗相对较低。其特点是电路、接收机不需要或只需很少的均衡就能获得很宽的带宽，前置级的动态范围也较大。但由于放大器的输入阻抗较低，造成电路的噪声较大。带宽为式

$$\Delta f = \frac{1}{2\pi R_L C_t} \tag{6-11}$$

式中，$C_t = C_{in} + C_s + C_a$，C_{in} 为光电二极管的结电容，C_s 为光电二极管和前置放大器引线的杂散电容，C_a 为前置放大器的输入电容。可以看出，低阻抗前置放大器由于负载电阻较小，因此，可以具有较宽的带宽。但负载电阻过小，热噪声较大，所以从根本上讲，还是应努力减小 C_t。

对于实际使用的低阻抗前置放大器的带宽应大于其工作码速率，这样时间常数 $R_L C_t$ 小于信号脉冲宽度，以防止发生码间干扰。因而，在采用这种低阻抗前置放大器构成的数字光接收机中可不做任何均衡。

(2) 高阻抗前置放大器。高阻抗前置放大器是指放大器的阻抗很高，其特点是电路的噪声很小。但是，放大器的带宽较窄，在高速系统应用时对均衡电路提出了很高的要求，限制了放大器在高速系统的应用。

高阻抗前置放大器的优点是在低码速工作时，放大器噪声要比低阻抗前置放大器小得多。但在高阻抗前置放大器中，由于其输入阻抗高，输入电路的时间常数大，因此其带宽较窄。这样在高速信号下，信号脉冲会产生严重失真。为使高阻抗前置放大器构成的数字光接收机的输出波形有利于定时判决，需要采用复杂的均衡网络。

(3) 跨阻抗前置放大器。如图 6.12(b)所示，这种前置放大器将负载电阻连接为反相放大器的反馈电阻，是一种性能优良的电流-电压转换器。即使 R_L 很大，而负反馈使有效输入阻抗降低了 A 倍（A 为放大器开环增益），从而使其带宽比非跨阻抗前置放大器增加 A 倍，动态范围也提高了，所以具有带宽宽、噪声低、灵敏度高、动态范围大等综合优点，被广泛采用。

3. 主放大器

主放大器的第一个功能是放大光接收机中前置放大器输出的不能满足幅度判决要求的微弱信号。主放大器一般是多级放大器，可以提供足够的增益，使输出信号满足判决的要求。主放大器的另一功能是增益受控可调，即能实现自动增益控制，使接收机具有一定的动态范围。

当输入光接收机的光功率起伏时,光检测器的输出信号也出现起伏,通过 AGC 对主放大器的增益进行调整,从而使主放大器的输出信号幅度在一定范围内不受输入信号的影响。

一般主放大器的峰-峰值输出是几伏这样一个数量级。实际设备中的主放大器往往是由集成电路来实现。

4. 自动增益控制电路

自动增益控制电路原理框图如图 6.13 所示。首先将由升余弦波组成的数字脉冲信号取出一部分送到峰值检波器进行检波,检波后的直流信号再送到 AGC 放大器进行比较放大,产生一个 AGC 电压。用该电压一方面去控制光检测器(APD)的反向偏置电压,调整其倍增因子,另一方面送到主放大器去调整主放大器的工作点。以控制主放大器的增益,从而使均衡器输出幅度稳定的升余弦波,保证码元判决的正确性。

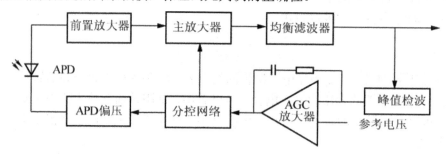

图 6.13 自动增益控制电路原理框图

5. 均衡滤波电路

在光纤数字通信系统中送到光端进行调制的数字信号是一系列矩形脉冲。由信号分析知道,理想的矩形脉冲具有无穷的带宽。这种被调制的脉冲从发送光端机输出后要经过光纤、光检测器、放大器等部件。然而,这些部件的带宽却是有限的。这样,矩形脉冲频谱中只有有限的频率分量可以通过。这个结果从时域的角度来看,从接收机主放大器输出的脉冲形状将不再会是矩形的了,将可能出现很长的拖尾,如图 6.14 所示。这种拖尾现象将会使前、后码元的波形相互重叠而产生码间干扰,严重时,造成判决电路误判,产生误码。

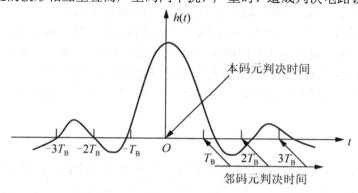

图 6.14 未经均衡时所出现的脉冲拖尾现象

均衡滤波电路的作用是对经过光纤线路传输、已发生畸变和有严重码间干扰的信号进行补偿，设法消除拖尾的影响，做到判决时刻无码间干扰，以利于判决再生电路的工作，一般为升余弦脉冲。说得具体一点就是，经过均衡以后的波形有如下的特点：在本码判决时刻波形的瞬时值应为最大值；而这个本码的波形的拖尾在邻码判决的时刻的瞬时值应为零。

这样，即使经过均衡以后的输出波形仍有拖尾，但是这个拖尾在邻码判决的这个关键时刻恰好为零，从而这种拖尾不干扰邻码的判决，如图 6.15 所示。

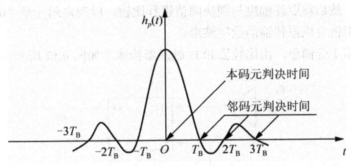

图 6.15 均衡后的脉冲波形

均衡的方法可以在频域采用均衡网，也可以在时域实现。频域方法是采用适当的网络，将输出波形均衡成具有升余弦频谱，这是光接收机中常用的均衡方法。时域均衡的方法是先预测出一个"1"码后，在其他各个码元的判决时刻，这个"1"码的拖尾值设法用与拖尾大小相等、极性相反的电压来抵消拖尾，以消除码间干扰。图 6.16 所示为实际系统中使用的均衡电路。

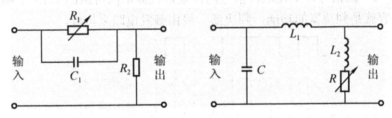

图 6.16 均衡电路

均衡器输出的信号是一串变型了的数字信号码流。用示波器观测时，在示波器显示屏上可看到一种与眼睛相似的图案，常称为眼图。将均衡滤波器输出的随机脉冲序列输入到示波器的 y 轴，用时钟信号作外触发信号，示波器上就显示出随机序列的眼图。在数字式光接收机电路组件盒上一般都设有眼图观测点。观测眼图可以对信号质量作出定量和定性分析，眼图的张开度受噪声和码间干扰的影响，因此观测眼图的张开度就可以估算出码间干扰的大小，这给均衡电路调整提供了简单而适用的观测手段。常常是这样判断的：眼图的张开度越大越好，线条越清晰越好，眼图稳定比抖动好，单线比多线好，希望交叉点在幅值的中间，图形对称。

6. 判决器和时钟恢复电路

接收机的数据恢复部分包括判决器和时钟恢复电路，其任务是把均衡器输出的信号脉冲恢复成原始数据。判决器由判决电路和码形成电路构成。判决器和时钟恢复电路合起来构成脉冲再生电路。为了判定信号，首先要确定判决的时刻，亦即应将"混在"信号中的时钟信号(又称定时信号)提取出来。这需要从均衡后的升余弦波形中提取准确的时钟，该时钟信号提供 $T_S=1/B=1/fs$ 位定时信息。时钟信号经过适当的相移后，在最佳时刻对升余弦波形进行取样，然后将取样幅度与判决阈值进行比较，以判定码元是"0"还是"1"，从而把升余弦波形恢复成原传输的数字波形。

判决器的电路十分简单，由比较器和 D 触发器构成，如图 6.17 所示。

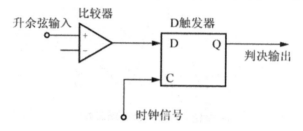

图 6.17　判决器电路

判决器的判决时刻由时钟信号决定，即通过时钟信号对被判决的信号进行采样得到一个采样幅度，将这个采样幅度和判决阈值进行比较，大于阈值者判决为"1"，否则判决为"0"。从而将数字信号再生。这样，就把从均衡器输出的升余弦频谱脉冲信号恢复(再生)为"0"、"1"码信号。上述这种信号的恢复过程波形图可从图 6.18 中明显地看出。以上介绍的内容就是判决器的功能，判决器一般由触发电路来构成。

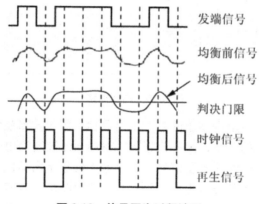

图 6.18　信号再生过程波形

下面介绍时钟恢复电路：实际机器中采用的时钟恢复电路有多种，下面介绍其中的一种组成，如图 6.19 所示。

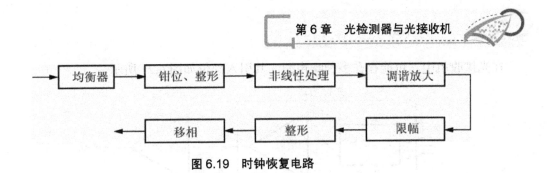

图 6.19　时钟恢复电路

6.4　光接收机的噪声

影响光接收机性能的主要因素是接收机内的各种噪声源。本节在分析各种噪声的基础上，从光接收机的交流等效电路出发，得到接收机噪声的一般表达式，作为进一步分析计算的基础。

6.4.1　光接收机中的噪声源

噪声是一种随机性的起伏，表现为无规则的电磁场形式，其瞬时电压的变化形式如图 6.20 所示。噪声是也电信号中一种不需要的成分，干扰实际系统中信号的传输和处理，影响和限制了系统的性能。

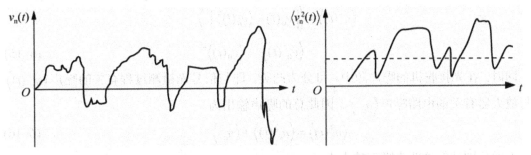

图 6.20　噪声电压 $v_n(t)$ 及其方均值 $\langle v_n^2(t)\rangle$ 随时间的变化

由于噪声电压 $v_n(t)$ 的振幅、相位等均随时间作无规则的变化，其瞬时值平均为零。即 $\langle v_n(t)\rangle = 0$。因而无法用平均值来评价噪声的大小。但是，从统计理论上讲，其方均值 $\langle v_n^2(t)\rangle$ 则是完全确定的，这表示单位电阻（1Ω）所耗损的平均功率，可用功率电表测量。因此，噪声的大小可用 $\langle v_n^2(t)\rangle$ 来判定，而 $v_n(t)$ 的方均根 $\sqrt{\langle v_n^2(t)\rangle}$ 为噪声电压的有效值。例如，电阻 R 内部自由电子或电荷载流子的不规则热骚动引起的噪声方均电压和方均电流为

$$\langle v_n^2(t)\rangle_R = 4kTRB \quad (\text{V}^2) \tag{6-12}$$

$$\langle i_n^2(t)\rangle_R = 4kTR/B \quad (\text{A}^2) \tag{6-13}$$

式中，$k = 1.38 \times 10^{-23} \text{JK}^{-1}$，为玻耳兹曼常数；$T$ 为绝对温度，单位为 K；B 为正频域内的系统工作带宽。

在光接收机中，可能存在多种噪声源，其引入部位如图 6.21 所示。

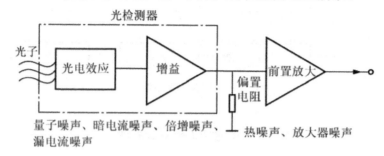

图 6.21 接收机前端中的噪声源及分布

量子噪声(或散弹噪声)来自单位时间内到达光检测器上信号光子数的随机性，因此与信号电有关。在采用 APD 作光检测器时，倍增过程的统计特征产生附加的散弹噪声，随倍增增益而增加。光检测器中的其他噪声源来自暗电流及漏电流，均与光照无关。在小信号时，光检测器的偏置电阻及放大器电路的热噪声往往起重要作用。

设接收机输出电压为 $v_0(t)$，其均值为 $\langle v_0(t) \rangle$，则输出的噪声电压为

$$n(t) = v_0(t) - \langle v_0(t) \rangle \tag{6-14}$$

但是其方均噪声电压 $\langle n^2(t) \rangle$ 为

$$\langle n^2(t) \rangle = \left\langle \left[v_0(t) - \langle v_0(t) \rangle \right]^2 \right\rangle$$
$$= \langle v_0^2(t) \rangle - \langle v_0(t) \rangle^2 \tag{6-15}$$

同时，在光接收机的噪声源中，可分为两类，即与信号光检测过程有关的噪声 $\langle n_s^2(t) \rangle$ 及与放大器有关的电路噪声 $\langle n_c^2 \rangle$。因此总的噪声输出为

$$\langle n^2(t) \rangle = \langle n_s^2(t) \rangle + \langle n_c^2 \rangle \tag{6-16}$$

下面分别计算这两类噪声的大小。

6.4.2 接收机等效电路及放大器电路噪声

图 6.22 所示为接收机的交流等效电路。光检测器被认为是一个理想的容性电流源，即光电流源与结电容 C_{PN} 的并联；R_a 和 C_a 为前置放大器的输入电阻和输入电容。这里先不计光检测器的噪声，则接收机的唯一噪声源将是前置放大器的噪声，包括两部分：S_I——包括光检测器负载电阻 R_b 的热噪声在内的并联噪声电流源谱密度(A^2/Hz)，S_E——串联噪声电压源谱密度(V^2/Hz)。这时，前置放大器被看成无噪声的理想放大器。前置放大器和主放大器一起构成电压放大器，其频响函数为 $A(\omega)$。放大到足够大的信号送到均衡滤波器，其频响函数为 $H(\omega)$，输出信号的输出电压为 V_S。包括滤波器在内的放大器链称为接收机的线性通道。

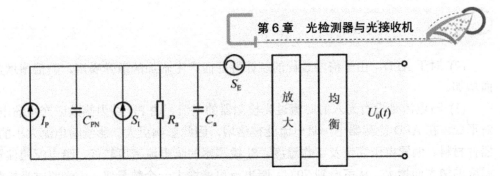

图 6.22 光接收机的交流等效电路

计算接收机的信噪比,需知道其频响特性。设输入光信号电流为 I_P,输出信号电压为 V_S,则系统的传递函数为

$$Z_T(\omega) = V_S / I_P \tag{6-17}$$

从图 6.22 可见,

$$V_S = I_P Z_{in} A(\omega) H(\omega) \tag{6-18}$$

则

$$Z_T(\omega) = Z_{in} A(\omega) H(\omega) \tag{6-19}$$

式中,Z_{in} 为总的输入阻抗。

由于串联噪声电压源 S_E 产生的方均输入噪声电流为 $S_E / |Z_{in}|^2$,在 S_I 和 S_E 相互独立的情况下,接收机等效输入噪声电流谱密度为

$$\begin{aligned} S_{ei}(f) &= S_I + S_E |Y_{in}|^2 \\ &= S_I + S_E [1/R_a^2 + (4\pi^2 (C_{PN} + C_a)^2 f^2] \end{aligned} \tag{6-20}$$

由功率谱密度理论,光接收机输出端的方均噪声电压为

$$\langle n_C^2 \rangle = \int_0^\infty S_{ei}(f) |Z_T(\omega)|^2 \, df$$

为计算输入端定义的所有噪声方便,设

$$Z_T(\omega) = R_T H_T(\omega)$$

由功率谱密度理论,光接收机输出端方均噪声电压为

$$\langle n_C^2 \rangle = (S_I + S_E/R_a^2) \int_0^\infty |H_T(\omega)|^2 \, df + (2\pi C_T)^2 S_E \int_0^\infty |H_T(\omega)|^2 f^2 \, df \tag{6-21}$$

式中,$C_T = C_{PN} + C_a$。

可等效输入方均噪声电流为

$$\langle n_i^2 \rangle = (S_I + S_E/R_a^2) \int_0^\infty |H_T(\omega)|^2 \, df + (2\pi C_T)^2 S_E \int_0^\infty |H_T(\omega)|^2 f^2 \, df \tag{6-22}$$

6.4.3 光检测器的噪声

光电检测器上的噪声包括光检测噪声(有可能与信号强度相关的噪声)、暗电流噪声及背景辐射噪声。

(1) 光束中的光子是以其统计平均值为中心作随机波动的。这种随机起伏的光子入射到光检测器上时,产生的电子-空穴对也具有随机起伏的特点,导致量子噪声,与信号电平成正比。

(2) 对于 APD，由于倍增过程的统计特征而产生附加的散弹噪声，随倍增增益的增加而增加。

(3) 暗电流是没有光入射时流过光检测器的电流，由 PN 结内热效应产生的电子-空穴对形成。在 APD 检测器中，暗电流能被倍增，因此影响更大。影响暗电流大小的因素有：器件材料、偏置电压高低及工作温度。Si 检测器的暗电流密度较低，暗电流随偏置电压及温度的增大而增大，从室温到 70℃，暗电流可能增大一个数量级。无光照时光检测器中流通的暗电流，也是一种散弹噪声，且受倍增的影响。

(4) 表面漏电流是由于器件表面物理特性不完善(缺陷及污染)所致，也与表面积大小及偏置电压有关。通过合理的结构设计及严格的工艺可大大降低漏电流的影响，以致可忽略不计。表面漏电流不会被倍增。表面漏电流产生的散弹噪声，与倍增过程无关。

(5) 背景噪声。由于暗电流噪声和背景辐射噪声的影响均是以灵敏度代价的形式给出，所以我们这里只是给出光检测噪声的大小。

1. PINPD 的光检测噪声

由于光的量子性，PINPD 的光检测噪声属于光量子噪声。PINPD 的光检测噪声可以由下式决定：

$$n_{\text{PD}} = n_{\text{PINPD}} = \frac{2\eta e^2 PB}{h\nu} \tag{6-23}$$

式中，e 为电子电荷量；η 为光电检测器的量子效率；B 为系统带宽；P 为平均接收光功率；ν 为光子的频率；h 为普朗克常数。

2. APD 的光检测噪声

APD 的光检测噪声更多的表现为倍增噪声。雪崩倍增过程的随机性，使得 APD 的光检测噪声可以表述如下：

$$n_{\text{PD}} = n_{\text{APD}} = \frac{2\eta (eM)^2 FPB}{h\nu} \tag{6-24}$$

式中，e 为电子电荷量；P 为输入光电检测器的平均光功率；η 为光电检测器的量子效率；F 为 APD 的倍增噪声系数；B 为系统带宽；M 为 APD 平均倍增因子。

6.5 光接收机的误码率和接收灵敏度

灵敏度是光接收机的最重要的性能指标。影响灵敏度的主要因素是检测器和放大器引入的噪声。因此，如何降低输入端的噪声，提高接收机的灵敏度，是接收机理论的中心问题。

6.5.1 接收机的误码率

所谓误码就是经接收判决再生后，数字流的某些比特发生了差错，使传输信息的质量发生了损伤。误码率(BER)指的是数字信号中码元在传输过程中出现差错的概率。常用一段时间内出现误码的码元数与传输的总码数之比来表示,例如 BER=10^{-9},表示每传输 1×10^9 b 只允许错 1b。

1. 造成误码的主要内部机理

1) 各种噪声源

接收机光电检测器的散弹噪声、雪崩光电二极管的雪崩倍增噪声以及放大器的热噪声是光纤系统的基本噪声源。这些噪声源影响的结果都是使接收信噪比降低,最终产生误码。目前已有大量参考文献采用不同方法从理论上计算了这些噪声源所决定的误码率和接收灵敏度。需要指出,尽管从理论角度,珀松尼克的高斯近似法尚不够精确,但由之估计的接收灵敏度误差在 1 dB 之内,从工程应用角度已完全满意了,因而高斯近似法获得了广泛的应用。

对于采用法布里-珀罗腔激光器的单模光纤系统,各个模式功率的瞬态起伏可能产生模式分配噪声。这种模式分配噪声不能靠增加光功率来改善信噪比和误码率,是高码率光纤系统限制再生段距离的主要因素。

2) 色散引起的码间干扰

光纤的色散使得传输的光脉冲发生展宽,其能量会扩散到邻近脉冲形成干扰。这种干扰若较大,会使接收机在判决再生时发生错判,产生误码。尽管采用均衡措施可以减小码间干扰,但不可能根本解决。

3) 定时抖动产生的误码

光纤系统中带有抖动的数字流与恢复的定时信号之间存在着动态的相位差,称为定时抖动。这会造成接收机有效判决点偏离眼图中心,直至发生误码。对于设计良好的接收机,由定时抖动所引起的误码功率代价不会超过 0.2 dB。

综上所述,光纤传输系统的内部误码机理是一些互相独立的因素,因而从原理上误码分布应服从泊松分布。由于泊松分布可以用数学期望值一个参数来描述,因而采用长期平均误码率(即误码分布的数学期望值)一个参数即可完全概括误码分布特征。

2. 误码的减少

1) 内部误码的减少

改善接收机信噪比是降低系统内部误码的主要途径。对于采用 PIN-FET 的接收机,减少输入端总电容是关键,增加 FET 的跨导和适当增加反馈电阻也很有效;对于采用 APD 的接收机,调整最佳雪崩增益是方便有效的方法,InGaAsAPD 代替 GeAPD 是进一步降低噪声的根本办法。

此外,适当选择发送机消光比、改善接收机均衡特性、减小定时抖动都有助于改善内部误码性能。在采用法布里-珀罗腔的多模激光器中,模式分配噪声成为制约其性能的重要因素,为此应选用 K 值小的激光器并设法使激光器峰值波长尽量靠近光纤的零色散波长。采用分布反馈激光器(DFB)是根除模式分配噪声的最佳选择,但会带来波长啁啾影响,应设法限制。可用方法很多,最简单的是采用量子阱激光器,但根本解决方法是采用外调制器。上述种种措施的目的都是降低内部误码水平,目前一般再生段的平均误码率可以低达 10^{-14} 量级以下,可以认为是"无误码"运行状态。

2) 外部干扰的减少

目前对于造成系统误码的外部干扰了解还不够，基本对策是加强所有设备的抗电磁干扰(EMI)和静电放电(ESD)能力。

下面来分析一下，误码率的计算方法。

在数字光纤通信系统中，接收端的光信号经检测、放大、均衡后，进行判决、再生。判决是通过时钟信号的上升沿在最佳的时刻对接收的数字信号进行采样，然后将采样值与判决阈值进行比较，若取样幅度大于判决阈值，则判为"1"；若取样幅度小于判决阈值，则判为"0"，从而使信号得到再生。

若判决电平为 D，则"0"码误判为"1"的概率为 $P(1/0)$

$$P(1/0) = \int_D^\infty f_0(x)\mathrm{d}x \qquad (6\text{-}25)$$

同样的情况，"1"码误判为"0"码的概率为 $P(0/1)$

$$P(0/1) = \int_\infty^D f_1(x)\mathrm{d}x \qquad (6\text{-}26)$$

式中，$f_0(x)$ 为"0"码的概率密度函数；$f_1(x)$ 为"1"码的概率密度函数。

若"0"码和"1"码的概率分别为 P_0 和 P_1，则总误码率 EBR(Error Bit Rate)为

$$P_e = P_0 P(1/0) + P_1 P(0/1) \qquad (6\text{-}27)$$

设判决点上的平均噪声功率为 $\sigma^2 = N$，电压 U(包含信号电压 U_m 和噪声)的概率分布可表示为

$$P(U) = (2\pi N)^{-1/2} \exp(-U^2/2N) \qquad (6\text{-}28)$$

设判决的阈值为 D，判决点上的电压及其概率分布如图 6.23 所示。

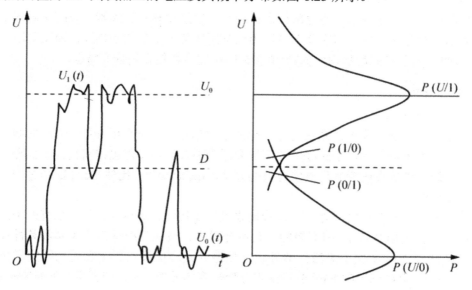

图 6.23 判决点的电压及其概率分布

现需要计算将"0"码误判为"1"码的概率 $P(1/0)$ 和将"1"码误判为"0"码的概率 $P(0/1)$ 之和。设对应"0"码的噪声是 N_0，由图不难看出在判决点为"0"码时

$$P(1/0) = (2\pi N_0)^{-1/2} \int_D^\infty \exp(-U_0^2/2N_0) \mathrm{d}U_0 \qquad (6\text{-}29)$$

令 $x = U_0 N_0^{-1/2}$，那么

$$P(1/0) = (2\pi)^{-1/2} \int_{DN_0^{-1/2}}^\infty \exp(-x^2/2) \mathrm{d}x \qquad (6\text{-}30)$$

而在判决点为"1"码时，对应的噪声为 N_1，则

$$P(0/1) = (2\pi N_1)^{-1/2} \int_{-\infty}^{-(U_m-D)} \exp(-(U_1-U_m)^2/2N_1) \mathrm{d}(U_1-U_m) \qquad (6\text{-}31)$$

令 $x = (U_1 - U_m) N_1^{-1/2}$，则

$$P(0/1) = (2\pi)^{-1/2} \int_{(U_m-U_1)N_1^{-1/2}}^\infty \exp(-x^2/2) \mathrm{d}x \qquad (6\text{-}32)$$

则总的误码率是：

$$P_e = P_0 (2\pi)^{-1/2} \int_{DN_0^{-1/2}}^\infty \exp(-x^2/2) \mathrm{d}x + P_1 (2\pi)^{-1/2} \int_{(U_m-U_1)N_1^{-1/2}}^\infty \exp(-x^2/2) \mathrm{d}x \qquad (6\text{-}33)$$

所谓 CCITT 改良算法，即认为 $P_0 = P_1 = 1/2$，此时的误码率最小，为

$$P_e = (2\pi)^{-1/2} \int_Q^\infty \exp(-x^2/2) \mathrm{d}x \qquad (6\text{-}34)$$

式中，

$$Q = DN_0^{-1/2} = (U_m - D)N_1^{-1/2} \qquad (6\text{-}35)$$

Q 为阈噪比，其意义是阈值超过噪声的倍数。由上式可见，取不同的 Q 值就可以获得不同的误码率。常用的情况是要求误码率 $P_e = 10^{-9}$，由图 6.24 所示的 Q-P_e 曲线查得 $Q=6$。取 $U_0 = 0$，并在上式消去 D 得到

$$U_m = Q(N_0^{1/2} + N_1^{1/2}) \qquad (6\text{-}36)$$

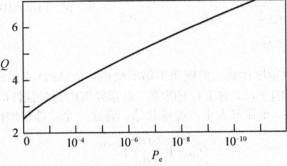

图 6.24　Q-P_e 曲线

6.5.2　接收机的灵敏度

接收机的灵敏度是表征光接收机调整到最佳工作状态时，光接收机接收微弱光信号的能力。

在数字接收机中，允许脉冲判决有一定的误差范围。如果接收机将"1"码误判为"0"

码，或者将"0"码误判为"1"码，这就叫一个错误比特。如果在100bit中判错了1bit，则称误比特率为1/100，即10^{-2}。数字通信要求，如果误比特率小于10^{-6}，则基本上可以恢复原来的数字信号。如果误比特率大于10^{-3}，则基本上不能进行正常的电话通信。对于数字光通信系统来说，一般要求系统的误比特率小于10^{-9}，即十亿个脉冲中只容许发生一个误码。

因此，光接收机灵敏度定义为：在保证达到所要求的误比特率的条件下，接收机所需要的最小输入光功率。接收灵敏度一般用毫瓦分贝(dBm)来表示，即

$$P_r = 10 \lg \frac{P_{\min}}{10^{-3}} \tag{6-37}$$

是以1mW光功率为基础的绝对功率。

计算接收机灵敏度的方法有很多，其中Personick方法被ITU-T采用，略加改进，比较适合工程实际应用。

1. PIN光接收机灵敏度 P_r

$$P_r = \frac{Q\sqrt{N}hcf_b}{e_0\eta\lambda} = \frac{Q\sqrt{N}}{R_0 T_b} \tag{6-38}$$

式中，T_b为脉冲码元周期，$T_b = 1/f_b$；η为PIN量子效率；Q为信噪比参数，阈噪比；R_0为PIN管的响应度，$R_0 = e_0\eta/hf$；N为光接收机总噪声功率。

【例6.1】

设某PIN光接收机，传输速率f_b=9.336 Mb/s，光波长λ=1.33 μm，光电二极管响应度R_0=0.5 A/W，总噪声功率为10^{-18} W，要求误码率$P_e=10^{-9}$，求光接收机灵敏度。

解：由要求光接收机误码率为$P_e=10^{-9}$，可查$Q-P_e$曲线得$Q=6$。代入公式(6-38)得

$$P_r = \frac{Q\sqrt{N}hcf_b}{e_0\eta\lambda} = \frac{Q\sqrt{N}}{R_0 T_b} = \frac{6\times\sqrt{10^{-18}}\times 9.336}{0.5}\text{W} = 11.2\times 10^{-8}\text{W}$$

2. APD光接收机灵敏度

APD光接收机的灵敏度计算主要取决于倍增噪声，而APD光接收机的倍增噪声取决于光信号的强弱和倍增因子G。对于G的取值，通常要考虑到最佳性的问题，如果选大了，倍增噪声太大；选小了，增益又太小。通过总结，存在一个最佳倍增因子G_{opt}，取

$$G_{opt} = [\frac{2\sqrt{N}}{e_0 Q x f_b}]^{1/(x+1)}$$

则APD光接收机灵敏度P_r为

$$P_r = \frac{E_d}{2T_b} = \frac{Q\sqrt{N}}{R_0 G_{opt}} + \frac{e_0 f_b Q^2 G_{opt}^{x+1}}{2R_0} \tag{6-39}$$

式中，x为过剩噪声指数，估算时可取$x=0.5$。

影响接收机灵敏度的主要因素是噪声，表现为信噪比。信噪比越大，表明接收电路的噪声越小，对灵敏度影响越小。光接收机灵敏度是系统性能的综合反映，除了上述接收机

本身的特性以外，接收信号的波形也对灵敏度产生影响，而接收信号的波形主要由光发送机的消光比和光纤的色散来决定。光接收机灵敏度还与传输信号的码速有关，码速越高，接收灵敏度就越差。这就影响了高速传输系统的中继距离。速率越高，接收机灵敏度越差，中继距离就越短。

6.6 光接收机的动态范围

光接收机的动态范围是衡量光接收机性能好坏的又一重要指标。在实际系统中，由于中继距离、光纤损耗、连接器以及熔接头损耗的不同，光发送机随温度的变化及器件的老化等原因而发生变化，使得光接收功率有一定的范围。光接收机的动态范围是指在保证系统误码率指标的条件下，接收机的最大允许平均接收光功率 P_{max} 与最小平均接收光功率 P_{min} 之差

$$D = P_{max} - P_{min} \tag{6-40}$$

可以用 dB 表示为

$$D = 10 \lg \frac{P_{max}}{P_r} \tag{6-41}$$

之所以要求光接收机有一个动态范围，是因为光接收机的输入光信号不是固定不变的，为了保证系统正常工作，光接收机必须具备适应输入信号在一定范围内变化的能力。低于这个动态范围的下限(即灵敏度)，将产生过大的误码；高于这个动态范围的上限，在判决时也将造成过大的误码。显然，一部好的光接收机应有较宽的动态范围。其表示了光接收机对输入信号的适应能力，数值越大越好。

【例 6.2】

某光纤通信系统中光源平均发送光功率为-28 dBm，光纤线路传输距离为 20 km，损耗系数为 0.5 dB/km，

(1) 试求接收端收到的光功率为多少？

(2) 若接收机灵敏度为-40 dBm，试问该信号能否被正常接收？

(3) 若光源平均发送光功率增大至-10 dBm，光接收机刚好能将其正常接收，试求光接收机动态范围为多少？

解：(1) 接收端收到的光功率 P=-28 dBm-0.5 dBm/km×20 km=-38 dBm。

(2) -38 dBm>-40 dBm 能正常接收。

(3) P_{max}=-10d Bm-0.5×20 dBm=-10 dB-10 dB=-20 dB，

接收机动态范围：

$D=P_{max}-P_{min}$=-20 dB-(-40 dBm)= 20 dB。

【例 6.3】

在满足一定误码率的条件下，光接收机最大接收光功率为 0.1 mW，最小接收光功率为 1 000 nW。

(1) 求接收机灵敏度和接收机动态范围。

(2) 已知某个接收机的灵敏度为-40 dBm，动态范围为 20 dB，若收到的光功率为 2 μW，系统能否正常工作？

解：(1) 接收机灵敏度为

$$P_r = 10\lg\frac{1\,000\times10^{-9}}{10^{-3}} = -30 \text{ dBm}$$

动态范围为

$$D = 10\lg\frac{0.1\times10^{-3}}{1\,000\times10^{-9}} = 20 \text{ dBm}$$

(2) 根据灵敏度为-40 dBm，$P_r = 10\lg\dfrac{P_{\min}}{10^{-3}}$，可求得 $P_{\min}$ =0.1 μW，由动态范围为 20 dB，可求得 $P_{\max}$ 为 10 μW，因为 10 μW >2 μW >0.1 μW，故能够正常工作。

综合应用实例/应用实例和实例分析：

利用华为 SBS155/622H 型 SDH 光传输设备一台、光功率计一台、误码测试仪一台、光可变衰减器一个、SC 及 FC 尾纤若干、同轴电缆若干对光接收机进行灵敏度及动态范围测试。

根据图 6.25 所示的测试原理图，利用 $D = 10\lg\dfrac{P_{\max}}{P_{\min}}$，该参数定义式中的 $P_{\min}$ 即为灵敏度 P_r，因此，只需在测得灵敏度的基础上再测得最大可接收功率即可计算得到。

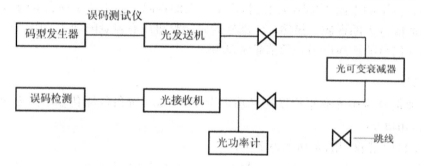

图 6.25　测试原理图

在本实例中，采用 SDH 设备的光口分别作为光发送机和光接收机，因此需在网管上对设备进行一些配置，包括初始配置和业务配置。业务配置应使支路板上的业务由光发送机发出，由光接收机回到支路。支路上的业务即是误码测试仪发出的伪随机码。

(1) 用同轴电缆将误码测试仪的输入输出与 SDH 设备的支路板相应接口相连，此时 SDH 光口上发送的即是伪随机码。再用光纤跳线将光发送机与光功率计相连，读出此时的光功率，即为平均发送光功率。

(2) 断开光发送机与光功率计的连接。将光发送机与光接收机用光纤跳线连接起来，并将光可变衰减器串接在其中。

注意：此时光可变衰减器的衰耗应调为最大值，此时误码测试仪显示有误码。

(3) 调整光可变衰减器，逐步减小光衰减，使光接收机接收的光功率逐渐增大，直到在误码测试仪上观察到误码刚好消失。然后稍微增大光衰减，使误码测试仪上观察到刚好重新出现误码。再逐步微微减小光衰减，重新使误码刚好消失。此时，光接收机接收光功率处在临界状态。

(4) 将与光接收机相连的尾纤拔下，与光功率计相连，读出此时的光功率，即是接收机的灵敏度。

(5) 取下光功率计，将尾纤重新连在光接收机上，此时误码测试仪显示没有误码。

(6) 调整光可变衰减器，使光衰减继续减小，直到在误码测试仪上观察到出现误码。然后稍微增大光衰减，使误码刚好消失。

(7) 重复上一步骤。

(8) 拔下与光接收机相连的尾纤，与光功率计相连，读出此时的光功率，即是光接收机能接收的最大光功率。

(9) 利用测得的最大光功率和灵敏度，根据公式，计算出接收机的动态范围。

本 章 小 结

本章主要介绍了接收机的基本概念和基础知识，接收机是光纤通信系统重要组成部分之一。首先介绍了光检测器，其性能的好坏直接影响了光接收机的性能，主要介绍了目前较为常用的两种光检测器：PIN 光检测器和 APD 光检测器。PIN 光检测器要求反向偏压较低，通常为-5～-10V，暗电流较小，无须偏压控制电路，使用比较方便，缺点是采用此种光电检测器的光接收机灵敏度较低。雪崩光检测器由于其具有雪崩倍增作用，因而电流增益较大，从而使得光接收机的信噪比有较大提高。缺点是要求的反向偏压较高，并附加有偏压控制电路，以保证提供的高电压稳定。在宽带光接收机中 PIN-FET 组件目前用得较多，这是利用混合集成电路工艺，将 PIN 光检测器和场效应管(FET)前置放大电路混合集成在一起，做成 PIN-FET 光接收组件，既有 PIN 管的优点，又有 APD 具有倍增增益的优点。

介绍了接收机的基本组成部分及各部分的功能。光接收机的作用是将光检测器检测到的微弱光信号，经过放大，再生成原来的电信号并用自动增益控制电路保证信号稳定地输出。主要由光接收机的前端、线性通道、数据恢复部分组成。具体地，光接收机前端主要由光电检测器和前置放大器组成；线性通道主要由主放大器、均衡滤波和自动增益控制电路组成；数据恢复部分主要由判决器和时钟提取电路以及输出码型变换电路组成。其次，分析了影响光接收机的噪声源：放大器噪声和光电检测器噪声。并讨论了两种噪声的计算方法。在此基础上，分析了影响光接收机误码率和灵敏度的因素及其计算方法，最后介绍了光接收机的动态范围。

习　题

6.1 填空题

(1) 目前光纤通信系统中使用的光检测器主要是_____，常用的二极管有_____二极管和_____二极管。

(2) PIN 光检测器主要应用于_____、_____的光纤通信系统中；APD 主要应用于_____、_____的光纤通信系统中。

(3) 产生光电效应必须满足_____和_____两个条件。

(4) 对于微弱光信号的监测，可以采用具有内部电流放大作用的雪崩光电二极管。APD 由_____层，_____层，_____层，_____层四层组成。

(5) 评价光检测器性能主要看其技术指标：_____、_____、_____、_____、_____、_____。

(6) 光接收机的主要组成由_____、_____、_____、_____和_____、判决电路组成。

6.2 在光纤通信系统中，使用最多的光检测器有哪些？都使用于什么场合？

6.3 光检测器是在什么偏置状态下工作的？为什么要工作在这样的状态下？

6.4 列表说明光接收电路的信号传输通道由哪些部分组成，各有何功能。

6.5 光接收机的灵敏度、动态范围是怎样定义的？有何用处？

6.6 列表说明 PIN 和 APD 的结构、工作电压、工作机理。

6.7 列表说明光电二极管的截止工作波长、暗电流、响应度、量子效率、响应时间、倍增因子、量子噪声的定义、物理意义和数值范围。

6.8 简述 APD 的工作原理。

6.9 简述 PINPD 的工作原理。

6.10 APD 的倍增因子是否越大越好？为什么？

6.11 试画出光接收机的方框组成，并说明各部分的作用。

6.12 假设有一种理想的光纤数字通信系统，系统的频带无限宽；放大器无噪声；光源的消光比为零；光电二极管暗电流为零；量子效率为1。求光接收机的量子权限(即求误码率不大于 10^{-9} 时，光子计数过程的量子噪声所对应的光接收机灵敏度)。

第 7 章

系统设计

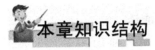
本章知识结构

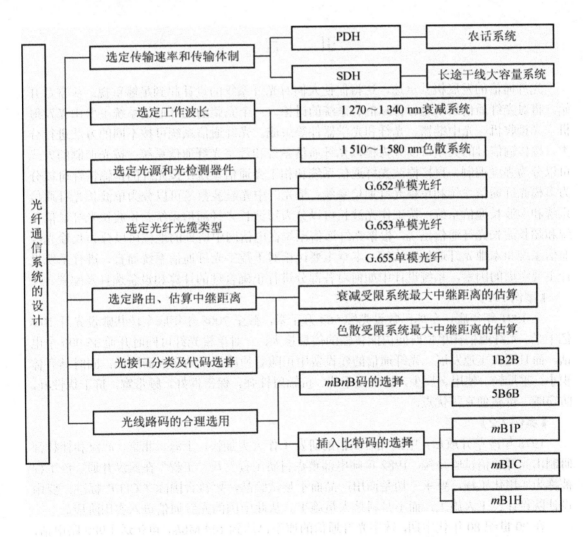

光纤通信

本章教学目的与要求

- 掌握光纤通信系统的基本设计思路及设计时需要考虑的问题
- 了解光纤通信的传输速率和传输体制
- 掌握光纤型号的选择方法
- 掌握衰减受限系统和色散受限系统中继距离的估算方法
- 了解如何进行光工作波长的选择
- 掌握 mBnB 码和插入比特码的编码规则及线路码型的选择
- 能根据实际需要进行简单系统的设计与分析

引 言

光纤通信的发展极其迅速,这将促使人们对光纤系统的设计起到足够重视。从本章开始,将对光纤通信系统进行详尽的、系统的讨论。一个完整的光纤通信系统主要由光发射机、光接收机、光中继器、光纤和光学器件等组成。光纤通信系统可按不同的方法进行分类,按传输信号的类型可以分为模拟光纤通信系统和数字光纤通信系统;按光调制的方式可以分为强度调制、直接检波光纤通信系统和相干光通信系统;按光纤的传输特性可以分为多模光纤通信系统和单模光纤通信系统;按光纤中光载波数量可以分为单波长光纤通信系统和多波长通信系统;按工作光波长可以分为短波长光纤通信系统、长波长光纤通信系统和超长波长光纤通信系统;根据光纤通信系统在电信网中所处的地位可以分为长途光纤通信系统和本地光纤通信系统等。本章主要讨论对于数字光纤通信系统而言,进行系统设计主要考虑的因素,系统设计中如何对各部分进行正确合理的计算和设备选择及配置。

【案例7.1】

至1991年年底,全球已敷设光缆563万千米,截至2008年年底全球共敷设光纤10.6亿千米。光纤通信在单位时间内能传输的信息量大,一对单模光纤可同时开通35 000个电话,而且还在飞速发展。光纤通信的建设费用正随着使用数量的增大而降低,同时具有体积小,重量轻,使用金属少,抗电磁干扰、抗辐射性强,保密性好,频带宽,抗干扰性好,防窃听、价格便宜等优点。

【案例7.2】

1978年改革开放后,中国光纤通信的研发工作大大加快。上海、北京、武汉和桂林都研制出光纤通信试验系统。1982年邮电部重点科研工程"八二工程"在武汉开通。该工程被称为实用化工程,要求一切是商用产品而不是试验品,要符合国际CCITT标准,要由设计院设计、工人施工,而不是科技人员施工。从此中国的光纤通信进入实用阶段。

在20世纪80年代中期,数字光纤通信的速率已达到144 Mb/s,可传送1 980路电话,

第 7 章 系统设计

超过同轴电缆载波。于是,光纤通信作为主流被大量采用,在传输干线上全面取代电缆。经过国家"六五"、"七五"、"八五"和"九五"计划,中国已建成"八纵八横"干线网,连通全国各省区市。现在,光纤通信已成为中国通信的主要手段。1999 年中国生产的 8×2.5 Gb/s WDM 系统首次在青岛至大连开通,随之沈阳至大连的 32×2.5 Gb/s WDM 光纤通信系统开通。2005 年 3.2 Tb/s 超大容量的光纤通信系统在上海至杭州开通,是至今世界容量最大的实用线路。

中国已建立了一定规模的光纤通信产业。但实际上,特别是中国,省内农村有许多空白需要建设,通信网的建设需要光纤网来支持,随着宽带业务的发展、网络需要扩容等,光纤通信系统仍有巨大的市场。

7.1 总体设计考虑

对于数字光纤通信系统,目前普遍采用的是 IM-DD 系统,也可以是 EDFA+WDM 系统。遵循相关建议规范,以技术先进性与通信成本经济性的统一为准则,合理的选用器件和子系统,明确系统的全部技术参数,完成实用系统的合成。

对于光纤通信系统来说,一个合理可靠的设计基本要求应该包括:
(1) 系统的传输距离应该达到相应的标准;
(2) 系统的传输带宽或者码速率达到标准;
(3) 系统误码率(BER)、信噪比(S/N)及失真等在合理范围内;
(4) 系统可靠性和经济性达到要求;

系统设计首先要从这些考虑出发,根据光纤通信系统的总要求,进行初步方案的制订与确立,应该包括以下几个方面的内容:数字系列等级的选定,线路传输码型的选择,光缆线路传输距离的估算,光电设备的如何配置,系统辅助系统的设计与选用,等等。

光纤数字通信系统设计的任务是:根据用户的要求和实地情况,按照 ITU-T 规范和国内技术标准,尽可能结合中、远期扩容的可能性,进行线路规划和系统配置的设计。

系统设计的一般步骤如下:

1. 选定传输速率和传输体制

根据系统的通信容量(即话路总数)选择光纤线路的传输速率。随着通信技术的日益提高和成本的下降,现在基本上有 SDH、MSTP、WDM 等传输技术。对于长途干线和大城市的市话系统,宜选用 SDH 体制。以 STM-16、SDH STM-4 为主,主要支持语音业务,也能支持数据和互联网业务,目前大多数光缆都采用 SDH 传输体制;MSTP 是多业务传送平台,指基于 SDH 同时实现 TDM、ATM、IP 等业务接入、处理和传送,提供统一的多业务传送平台。随着通信网向多业务方向发展,设计时需要更多地采用 MSTP,SDH 设备在应用时也要求支持 MSTP 技术;WDM 系统利用已经敷设好的光纤,使单根光纤的传输容量在高速率 TDM 的基础上成 n 倍地增加。WDM 能充分利用光纤的带宽,解决通信网络传输能力不足的问题,具有广阔的发展前景;对于农话系统,则可采用 PDH 体制,以三次群或四次群为主。

2. 选定工作波长

工作波长可根据通信距离和通信容量进行选择。目前 0.85 μm 波长已很少使用，中、短距离系统可选用 1.31 μm 波长，长距离系统可选用 1.55 μm 波长，这两个波长具有较低的色散和损耗。

3. 选定光源和光检测器件

根据工作波长及通信距离选择 LED 或 LD。通常，小容量、短距离系统选用 LED，虽然其光谱宽度宽，色散大、输出光功率低，但电路简单。

长距离大容量选用 LD 或 DFB-LD，因为其光谱宽度窄，使光纤色散小、输出光功率高，但电路复杂。

通常，低速率小容量系统采用 LED-PIN 组合，而高速率大容量系统可以采用 LD-APD 组合。

4. 选定光纤光缆类型

光纤按光在其中的传输模式可分为单模和多模。多模光纤的纤芯直径为 50 μm 或 62.5 μm，包层外径 125 μm，表示为 50/125 μm 或 62.5/125 μm。单模光纤的纤芯直径为 8.3 μm，包层外径 125 μm，表示为 8.3/125 μm。通常，低速率小容量系统选用多模光纤，高速率大容量系统须选用单模光纤。根据线路类型和通信容量确定光缆芯数。根据线路敷设方式确定光缆类型。在实际设计中，大型光缆网都采用单模光纤，多模光纤只适用于网络边缘的用户接入。目前可选的单模光纤类型有 G.652，G.653，G.654，G.655，G.656 等。

1) G.652 单模光纤

满足 ITU-T G.652 要求的单模光纤，常称为非色散位移光纤，其零色散位于 1.3 μm 窗口低损耗区，工作波长为 1 310 nm(损耗为 0.36 dB/km)。我国已敷设的光纤光缆绝大多数是这类光纤。随着光纤光缆工业和半导体激光技术的成功推进，光纤线路的工作波长可转移到更低损耗(0.22 dB/km)的 1 550 nm 光纤窗口。

2) G.653 单模光纤

满足 ITU-T G.653 要求的单模光纤，常称为色散位移光纤(Dispersion Shifted Fiber, DSF)，其零色散波长移位到损耗极低的 1 550 nm 处。这种光纤在有些国家，特别在日本被推广使用，我国京九干线上也有所采纳。美国 AT&T 早期发现 DSF 的严重不足，在 1 550 nm 附近低色散区存在有害的四波混频等光纤非线性效应，阻碍光纤放大器在 1 550 nm 窗口的应用。

3) G.655 单模光纤

满足 ITU-T G.655 要求的单模光纤，常称非零色散位移光纤或 NZ-DSF(Non-Zero Dispersion Shifted Fiber)。这种光纤同时克服了 G.652 光纤在 1 550 nm 波长色散大和 G.653 光纤在 1 550 nm 波长产生的非线性效应不支持波分复用系统的缺点。这种光纤主要用在 1550 nm 波长区开通 10 Gb/s 及以上和波分复用的高速传输系统。

光纤的选择也与光源有关，对于 LED 光源，因其与单模光纤耦合率低，一般用于多模光纤通信系统。

5. 选定路由、估算中继距离

根据线路尽量短直、地段稳定可靠、与其他线路配合最佳、维护管理方便等原则确定路由。根据上下话路的需要确定中继距离，或者根据影响传输距离的主要因素来估算中继距离。

6. 估算误码率

根据误码秒(ES)和严重误码秒(SES)的上限指标，用来估算误码率的大小。

7.2 数字光纤通信系统的体制

7.2.1 脉冲编码调制原理

在介绍数字光纤通信体制前，先对数字信号的产生、脉冲编码作简要介绍。PCM 即脉冲编码调制，是 Pulse Code Modulation 的缩写，是数字通信的编码方式之一。模拟信号数字化必须经过三个过程，即采样、量化和编码，PCM 编码的主要过程是将话音、图像等模拟信号每隔一定时间进行采样，使其离散化，同时将采样值按分层单位四舍五入取整量化，按一组二进制码来表示采样脉冲的幅值，以实现语音数字化。

1. 采样

采样(Sampling)是把模拟信号以其信号带宽 2 倍以上的频率抽取样值，变为在时间轴上离散的采样信号的过程。例如，语音信号带宽被限制在 0.3～3.4 kHz 内，用 8 kHz 的采样频率，就可获得能取代原来连续语音信号的采样信号。对一个正弦信号进行采样获得的采样信号是一个脉冲幅度调制(PAM)信号，对采样信号进行检波和平滑滤波，即可还原出原来的模拟信号。

2. 量化

采样信号虽然是时间轴上离散的信号，但仍然是模拟信号，其样值在一定的取值范围内，可有无限多个值。显然，对无限个样值一一给出数字码组来对应是不可能的。为了实现以数字码表示样值，必须采用"四舍五入"的方法把样值分级"取整"，使一定取值范围内的样值由无限多个值变为有限个值，这一过程称为量化(Quantizing)。

量化后的采样信号与量化前的采样信号相比较，当然有所失真，且不再是模拟信号。这种量化失真在接收端还原模拟信号时表现为噪声，并称为量化噪声。量化噪声的大小取决于把样值分级"取整"的方式，分的级数越多，即量化级差或间隔越小，量化噪声也越小。

3. 编码

量化后的采样信号在一定的取值范围内仅有有限个可取的样值，且信号正、负幅度分布的对称性使正、负样值的个数相等，正、负向的量化级对称分布。若将有限个量化样值的绝对值从小到大依次排列，并对应地依次赋予一个十进制数字代码(例如：赋予样值 0 的十进制数字代码为 0)，在码前以"＋"、"－"号为前缀，来区分样值的正、负，则量化后的采样信号就转化为按采样时序排列的一串十进制数字码流,即十进制数字信号。简单高效的数据系统是二进制码系统,因此,应将十进制数字代码变换成二进制编码。根据十进制数字代码的总个数,可以确定所需二进制编码的位数,即字长。这种把量化的采样信号变换成给定字长的二进制码流的过程称为编码(Coding)。

语音 PCM 的采样频率为 8 kHz,每个量化样值对应一个 8 位二进制码,故话音数字编码信号的速率为 8 b×8 kHz=64 kb/s。量化噪声随化级数的增多和级差的缩小而减小。量化级数增多即样值个数增多,就要求更长的二进制编码。因此,量化噪声随二进制编码的位数增多而减小,即随数字编码信号的速率提高而减小。自然界中的声音非常复杂,波形极其复杂,通常采用的是脉冲代码调制编码,即 PCM 编码。PCM 通过采样、量化、编码三个步骤将连续变化的模拟信号转换为数字编码信号。

7.2.2 光纤传输系统的基本速率

在数字传输系统中,有两种数字传输系列,一种叫"准同步数字系列"(Plesiochronous Digital Hierarchy),简称 PDH;另一种叫"同步数字系列"(Synchronous Digital Hierarchy),简称 SDH。

采用准同步数字系列(PDH)的系统,是在数字通信网的每个结点上都分别设置高精度的时钟,这些时钟的信号都具有统一的标准速率。尽管每个时钟的精度都很高,但总还是有一些微小的差别。为了保证通信的质量,要求这些时钟的差别不能超过规定的范围。因此,这种同步方式严格来说不是真正的同步,所以称为"准同步"。

传统的数字通信是准同步复用方式,相应的数字复用系列称为准同步数字系列。CCITT G.702 规定,准同步数字系列有以下两种标准:

一种是北美和日本用的 T 系列,将语音采样间隔时间 125 μs 分成 24 个时隙(每个时隙含 8 b),再加上 1 b 帧同步,总共 193 b 构成 1 帧。每个时隙的最末比特是信令,其余 7b 是信息,24 个时隙分别装入 24 个话路的信息。所以,T 系列的 1 次群速率 T1=193 b/125 μs =1.544 Mb/s。

另一种是欧洲和中国采用的 E 系列,将语音采样间隔时间 125 μs 分成 32 个时隙,每个时隙含 8b,总共 256 b 构成 1 帧。其中,第 0 号时隙(即首时隙)为帧同步,第 16 号时隙为信令,其余 30 个时隙分别装入 30 个话路的信息。所以,E 系列的 1 次群速率 E1= 256 b/125 μs =2.048 Mb/s。表 7-1 给出了 T 系列和 E 系列各等级的速率。可以看出,每个话路的速率都等于 64 kb/s,而其他各等级速率两者不同。

表 7-1 PDH 数字系列

系 列	级 别	标准话路数	码速(Mb/s)	备 注
T 系列	基群	24	1.544	(64×24+8) Kb/s
	二次群	96	6.312	(1 544×4+136) Kb/s
	三次群	480(日本)	32.064	(6 312×4+504) Kb/s
		672(北美)	44.736	(6 312×4+552) Kb/s
	四次群	1440(日本)	97.728	(3 206×3+3 098) Kb/s
		1334(北美)	90	(44 736×2+528) Kb/s

续表

系列	级别	标准话路数	码速(Mb/s)	备注
E系列	基群	30	2.048	(64×32) Kb/s
	二次群	120	8.448	(2 048×4+256) Kb/s
	三次群	480	34.368	(8 448×4+576) Kb/s
	四次群	1920	139.264	(34 368×4+1 792) Kb/s

　　无论 T 系列或 E 系列，相邻两个等级由低速率复用成高速率时，需要在低速率一边插入一些额外开销比特以便复用后能与规定的高速率相同。根据准同步数字系列 PDH 的矩形块状帧结构，其传输顺序是自上而下进行，每行从左到右传输。从中可以看出以下几个特点：

　　(1) 基群子帧频率为 8 kHz(复帧频率为 0.5 kHz)，与其所装载的每个话路信息的采样频率 8 kHz 一致；而 2~4 次群帧频率分别为 9.962 kHz、22.375 kHz、47.562 kHz，分别与其所装载的每个低次群支路的帧频不一致。

　　(2) 基群复帧装载的信息是按字节间插复用，复帧结构排列规则，提取支路信息容易；而 2~4 次群帧装载的信息是按比特间插复用，帧结构排列不规则，提取支路信息麻烦。

　　(3) 基群复帧中不需要码速调整字节(因为各个支路信号进入基群设备复用时使用同一个时钟)；而 2~4 次群帧中有码速调整比特(占一行共 4b，分别用于 4 个支路)，在装载(即复用)支路信息时，如果一支路速率低于群路速率，则在相应的调整比特中插入 1 个非信息的填充比特，同时相应的码速调整指示(在 2、3 次群帧中占位 3 行×4 列比特，在 4 次群帧中占位 5 行×4 列比特，每列比特分别用于 4 个支路)置为全"1"，表示有插入；而在正常情况下，码速调整指示置为全"0"，表示无插入。此时调整比特装载各支路信息。具有上述特点的基群称为同步复用，2~4 次群称为准同步复用。

　　目前，光纤通信在电信网络中有着大规模的应用范围，其应用场合已经从长途通信、市话局间中继通信转向了用户接入网。光纤通信所采用的廉价设备和其优良的宽带特性使之成为电信网络中的主要传输手段。然而 PDH 技术是从传统的铜缆市话中继通信开始应用数字传输技术时出现的，能适应传统电信网点对点的传输技术。随着电信网的发展和用户要求的提高，光纤通信中的准同步数字体系正暴露出一些固有的弱点：

　　(1) 美、西欧和亚洲所采用的三种数字系列互不兼容，没有世界统一的标准光接口，使得国际电信网的建立及网络的营运、管理和维护变得十分复杂和困难。

　　(2) 各种复用系列都有其相应的帧结构，没有足够的开销比特，使网络设计缺乏灵活性，不能适应电信网络不断扩大、技术不断更新的要求。

　　(3) 由于低速率信号插入到高速率信号，或从高速率信号分出，都必须逐级进行，不能直接分插，因而复接/分接设备结构复杂，上下话路价格昂贵。

　　(4) 网络的 OAM 能力差。

　　(5) 由于建立在点对点传输基础上的复用结构缺乏灵活性，使数字通道设备的利用率很低，非最短的通道路由占了业务流量的大部分。可见这种建立在点到点传输基础上的体制无法提供最佳的路由选择，也难以经济地提供不断出现的各种新业务。

　　在第 8 章将要讨论的 SDH 正好能够弥补这些不足。

7.3 光缆线路传输距离的估算

任何复杂的通信网络，其基本单元都是点到点的传输链路。光纤链路的设计是光缆网设计的基础。光纤通信系统的设计既可以使用最坏值进行设计，也可以使用统计设计方法来估算光纤链路的长度。使用最坏估计值法就是所有考虑在内的参数都是以最坏的情况考虑。虽然这样设计出来的系统可靠性能高，但是这种方法的富余度较大，经济效益较差。统计设计方法则是按各参数的统计分布特性取值的，通过确定系统的可靠性来获得较长的中继距离。这种方法设计的系统性能可靠性不如最坏值算法，且考虑到各个参数统计分布十分复杂，但成本相对较低。另一种方法，是将两者进行综合，部分参数值计算按统计分布特性计算，比较复杂的按最坏值进行处理，这样计算出的系统相对成本适中，相对性能稳定，计算相对简单。

光传输中继段距离由光纤衰减和色散等因素决定。不同的系统，由于各种因素的影响不同，中继段距离的设计方式也不同。在实际的工程应用中，设计方式分为两种情况。第一种情况是衰减受限系统，即中继段距离根据 S 和 R 点之间的光通道衰减决定；第二种是色散受限系统，即中继段距离根据 S 和 R 点之间的光通道色散决定。一般情况下，速率较低时受损耗限制，而速率较高时受色散限制。

光同步数字传输系统的中继段长度设计应首选最坏值设计法计算，即在设计时，将所有光参数指标都按最坏值进行计算，而不是设备出厂或系统验收指标。优点是可以为工程设计人员及设备生产厂家分别提供简单的设计指导和明确的元部件指标，不仅能实现基本光缆段上设备的横向兼容，而且能在系统寿命终了时所有系统和光缆富余度都用尽，且处于允许的最恶劣环境条件下仍能满足系统指标。

1. 衰减受限系统

衰减受限系统是指光纤线路的衰减较大，传输距离主要受衰减影响的系统。一般来说，二次群及其以下的多模光纤通信系统和五次群及其以下的单模光纤通信系统都属于衰减受限系统。

系统的线路允许总衰减可以写为

$$P_s - P_r = M_e + \sum A_c + A_f L + A_s L + M_c L \tag{7-1}$$

式中，L 为衰减受限系统中继段的长度，单位为 km；P_s 为 S 点入光纤光功率，单位为 dBm，即发送光功率，这里已经扣除了连接器的衰减和激光器 LD 耦合反射噪声代价；P_r 为表示接收端灵敏度，单位为 dBm，这里已经扣除了连接器 C 的衰减和色散的影响；S 为紧靠光发射机 T_X 或中继器 REG 的光连接器 C 后面的光纤点；R 为紧靠光接收机 R_X 或光中继器 REG 的光连接器 C 前面的光纤点；M_e 为设备的富余度，单位为 dB，这里是为了预防光缆及光纤连接器性能变坏而预留一定的衰减指标，通常取 3～4 dB；$\sum A_c$ 为 S 和 R 点间除设备连接器 C 以外的其他连接器的衰减，连接器衰减 A_c=0.5～0.6 dB；A_f 为光缆光纤衰减常数，一般取厂家报出的中间值；A_s 为光纤固定接头的平均熔接衰减，由于市售光缆的长度仅为 1~2 km，所以一个中继段线路是由许多这样的光缆串联而接成的，通常使用电弧熔接法来连接两根光纤，这种连接属于固定连接，固定连接处的接头损耗与接续光纤的特性及接续操作技术有关，因此一段线路上的各个固定接头损耗彼此存在差异，用其统计平均量即每千米平均固定接头损耗来描述这种损耗的大小，通常，多模光纤 A_s =0.1~0.3 dB/km，单模光纤 A_s =0.05~0.1 dB/km；M_c 为光缆富余度。这是为了应付光缆及光纤连接器性能变坏，或光缆长度及接头增加而预留一定的衰减指标，通常取 0.1~0.3 dB/m。在一个中继段内，光缆富余度总值不宜超过 5dB。

由式(7-1)解得

$$L = \frac{P_s - P_r - M_e - \sum A_c}{A_f + A_s + M_c} \tag{7-2}$$

上式是采用 CCITT 建议 G.956 的最坏估计值法算出的最大中继距离，其值偏小一些，保守一些，不很经济，但简便可靠。

现实中，不是所有的设计都要去估计最大中继距离，若实际通信路由上，若干城镇已定，通信的站址就定了，不必再去计算最大中继距离，只需核算验证一下选用光缆衰耗量值的范围，光器件的技术指标是否满足要求，光、电设备的各项指标是否与 CCITT 的要求相符。

2. 色散受限系统

色散是光纤的传输特性之一。由于不同波长的光脉冲在光纤中具有不同的传播速度，因此，色散反应了光脉冲沿光纤传播时的展宽。光纤的色散现象对光纤通信极为不利。上面都是假设光纤的色散很小，带宽很宽，对传输距离影响不大。按照经验公式，在保证光纤线路色散代价 $P_代$≤3 dB，光纤线路的总带宽 f_{cl}≥0.75B 的情况下(B 是光纤线路的码速率)，光纤线路才够传输所要求的某一高比特的光信息。光纤数字通信传输的是一系列脉冲码，光纤在传输中的脉冲展宽，导致了脉冲与脉冲相重叠现象，即产生了码间干扰，从而形成传输码的失误，造成差错。为了避免误码出现，就要拉长脉冲间距，导致传输速率降低，从而减少了通信容量。另一方面，光纤脉冲的展宽程度随着传输距离的增长而越来越重。因此，为了避免误码，光纤的最大中继传输距离有一定的限制。根据 ITU-T 建议，可得如下结论。

(1) 多纵模激光器和发光二极管色散限制系统中继距离可以用下式估算：

$$L = \frac{\varepsilon \times 10^6}{\delta \lambda \times D \times B} \tag{7-3}$$

式中，L 为色散受限系统中继段长度，单位为 km；ε 为色散代价有关的系数；当光源为多纵模激光器时，ε=0.115，光源为发光二极管时，ε=0.306；B 为线路信号比特率，单位为 Mb/s；$\delta \lambda$ 为光源的方均根谱宽，单位为 nm；D 为光纤色散系数，单位为 ps/(nm·km)。

(2) 单纵模激光器中继距离估算为

$$L = \frac{71\,400}{\alpha D \lambda^2 B^2} \tag{7-4}$$

式中，α 为啁啾系数，当采用普通 DFB 激光器作为系统光源时，α 取 4~6；当采用新型的量子阱激光器时，α 取 2～4。

(3) 采用外调制器，最大中继距离为

$$L = \frac{c}{D\lambda^2 B^2} \tag{7-5}$$

式中，c 为光速。

设计中，应选择衰减受限距离和色散受限距离中较小的作为实际中继长度，在单模光纤传输系统中，一般可不考虑色散限制中继段距离。

【例 7.1】

一个 STM-4 长途光纤通信系统，工作波长选定 1 310nm，使用 G.652 光纤，系统的设计参数为：平均光发送功率 P_s =-5 dB；接收灵敏度 P_r =-30 dB；活动连接器总损耗 $\sum A_c$ = 2×0.5 dB；光缆光纤损耗系数 A_f =0.4 dB/km；光缆固定接头损耗 A_s =0.1 dB/km；设备富余度 M_e =0 dB；光缆富余度 M_c =0.2 dB/km。估计衰件限制系统的无中继段距离为多少。

解：利用式(7-2)可估算出该系统的最大中继距离：

$$L = \frac{P_s - P_r - M_e - \sum A_c}{A_f + A_s + M_c}$$
$$= \frac{-5 - (-30) - 0 - 2 \times 0.5}{0.4 + 0.1 + 0.2} \text{km} = 34.3 \text{ km}$$

可得该系统最大再生段距离为 34.3km。

根据不同速率不同工作波长下的最大色散和衰耗距离列表可得：STM-4 的最大色散受限距离与最大衰耗受限距离基本相当，因此 PDH 系统都是衰耗受限系统，色散的影响可以忽略不计，工程设计时只要工作波长不超过 C 区和 D 区范围，光纤产品的色散特性甚至无须检验。速率等级高于 STM-4 的系统的最大无再生传输距离主要取决于色散的限制。

7.4 光纤工作波长的选择

光纤通信可以接收的工作波长范围取决于所用光纤的传输特性。

首先要求光发送机的工作波长不得小于光纤的截止波长，以保证光纤为单模工作状态。

其次，光发送机的工作波长范围还与光纤的衰耗特性和色散特性有关。ITU-T 的 G.957 文件提供的光纤典型衰耗谱图得到的光纤衰耗谱线的中间一段。中间的尖峰是 1 385nm 处的 OH 根吸收峰。在可能选用的 A、B、C、D 四个工作波长区中 A 区和 B 区为低衰耗区，适合长距离系统选用。C 区和 D 区为较高衰耗区，适合短距离系统选用。

表 7-2 给出了这四个区间的工作波长范围、宜选用的光纤种类和相应波长范围内光纤衰减系数的最坏值。由于光纤色散系数随工作波长变化，因此，对于高速光纤通信系统，光纤的色散特性也对光发送机工作波长范围有所限制。

表 7-2　光纤衰减限定的工作波长范围

衰耗区	光纤种类	工作波长范围/nm	最大衰减系数/dB/km
C	G.652	1 260～1 360	0.65
D	G.652、G.653、G.655	1 430～1 580	0.65
A	G.652	1 270～1 340	0.40
B	G.652、G.653、G.654、G.655	1 480～1 580	0.25

在选择光纤工作波长时应注意：

(1) 光纤的衰耗系数和色散系数指标都是相对一定的工作波长范围而言的。不明确具体波长范围的光纤衰耗系数和色散系数指标在系统设计中没有实用意义。

(2) 将工作波长与光纤的低衰耗和零色散波长完全对准是行不通的。这一方面是因为光设备和光缆是不同厂家生产的；另一方面是因为光源(尤其是多纵横激光器)的中心波长和光纤的最佳传输波长并非恒定不变的。

(3) 对于衰耗受限系统，如果选用 G.652 光纤，在谋求长距离应用时，取 A 区工作波长范围(1 270～1 340 nm)是合理的；如果要求更长的传输距离，可改选 B 区工作波长范围(1 510～1 580 nm)，靠进一步压缩工作波长范围不会有明显的效果。

(4) 对于色散受限系统，在谋求长距离应用时，可以考虑适当地压缩工作波长范围，以减小光纤的色散系数指标。因为色散系数与定耗系数的谱线不同，后者是非线性的(A，B 区间内基本上平坦)，前者是线性的。

7.5　光线路码的合理选用

7.5.1　光线路码及特点

在光收发设备中，由电端机送给光端机输入电路的 PCM 电信号的码型为输入接口码型，常见的有 HDB$_3$ 或 CMI 码，这些码型经解码器统一译成二电平的 NRZ，但这种码型不适合在光纤上传输，主要因为码流中当出现连"0"或连"1"数目多的情况，不利于定时脉冲的提取；不能实现在光纤线路中公务、区间通信、系统倒换等辅助信号的传输；不能实现不中断业务进行误码检测；简单的单极性码流中的直流成分并不是恒定的，也会随机变化，使得数字信号的基线漂移，给判决再生带来困难。

所以经输入接口电路译码产生的电码，一般不直接送到光发送电路进行光驱动，而是要进行线路码型变换，变成适合在光纤线路上传送的光线路码型也就是二进制的信息码。光纤中传输的光脉冲信号的码型，称为光纤线路码型(Fiber Line Code)简称光纤码型。

常用的线路码型有两种类型：mBnB 码和插入比特码。对于不同的光纤通信系统，根据应用场合的不同，可以选用其相应的码型。

7.5.2 *m*B*n*B 码

该码型又称分组码、块码以及字母平衡型码。这里，一般 *n>m*。将输入二进制码每 *m*b 分成一组作为一个码字，将输入码字在相同时间间隔内，根据一定的编码规则，将其变换成 *n*b 一组的新码字输出，该新码即为 *m*B*n*B 码。

多数用 *n=m*+1，常用的有 1B2B，2B3B，3B4B，4B5B，5B6B，8B9B 等。其中，5B6B 在高次群光纤通信系统中用得最多，码率提高仅 20%，这样接收机灵敏度影响不大。

1. 1B2B 编码

最简单的 *m*B*n*B 码是 1B2B 码，一种常用的编码方式有曼彻斯特编码和差分曼彻斯特编码，常用于计算机网络当中。曼彻斯特编码常用于以太网中，将每一个码元再分成两个相等的间隔。码元 1 是在前一个间隔为高电平而后一个间隔为低电平。码元 0 则正好相反，从低电平变到高电平。这种编码的好处是可以保证在每一个码元的正中间时刻出现一次电平的转换，这对接收端提取位同步信号是非常有利的。

另一种曼彻斯特编码的变种称为差分曼彻斯特编码，常用于令牌环型网，编码规则是：若码元为 1，则其前半个码元的电平与上一个码元的电平后半个码元的电平一样，但若码元为 0，则其前半个码元的电平与上一个码元的后半个码元的电平相反。不论码元是 1 或 0，在每个码元的正中间的时刻，一定要有一次电平的转换。差分曼彻斯特编码需要复杂的技术，但可以获得较好的抗干扰性能。

【例 7.2】

对二进制数 1000110001110 进行曼彻斯特编码和差分曼彻斯特编码。

1B2B 编码方案有两种模式，模式 1 和模式 2 交替使用。依旧将每一个码元再分成两个相等的间隔。在模式 1 中，码元 0 是前一个间隔为低电平而后一个间隔为高电平，即码元 0 等效为 01；码元 1，前后两个间隔均为低电平，如图 7.1 所示。在模式 2 中，码元 0 的编码方式同模式 1；码元 1，前后两个间隔均为高电平。

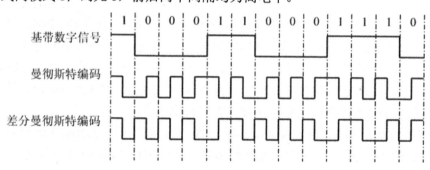

图 7.1　1B2B 模式 1 编码方式

【例 7.3】

对二进制数 1000110001110 进行 1B2B 编码方案中模式 2 的编码方式编码，如图 7.2 所示。

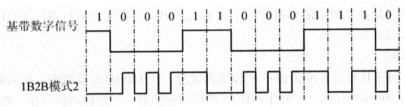

图 7.2　1B2B 模式 2 编码方式

2. 5B6B 编码

下面以工程中应用广泛的 5B6B 码为例进行讨论。

5B6B 码是高次群数字光纤通信系统中使用得较广泛的一种线路码。由于高次群系统码率较高，因此，要求线路码的码冗余度不能增加得太多，以免要求过大的光纤带宽，使成本增加过多。从实践中知道，照明码的冗余度较小，复杂程度与码率冗余度之间在 $mBnB$ 码中具有最合理的折中，且对接收灵敏度恶化也不多，其变换和反变换设备不太复杂，便于不中断业务的误码监测，输出的光功率谱比较好。缺点是传送辅助信息的能力较差。

7.5.3　插入比特码

插入比特码是我国应用比较多的一种线性码。主要原因是设计比较灵活，如中途可以上下许多话路，辅助信息比较丰富，很适合我国国情。

插入比特码是将输入的码流以 mb 为一组，在其末位之后再插入一个比特组成光线路码型。因插入码的用途不同，又可分为 $mB1P$ 码型，$mB1C$ 码型，$mB1H$ 码型，$mB1H$ 常见的有 4B1H 码，8B1H 码。

1. $mB1P$ 码型

该码具有如下特点：$mB1P$ 码型码速率是原来二进制码速率的 $(m+1)/m$ 倍，即变换后单个码元的传送时间变短了，冗余度 C=(编码后速率 − 编码前速率)/编码前速率。

2. $mB1C$ 码型

又称 C 码即反码或补码。此码型也是目前数字光纤通信系统中用的最多的线路码。$mB1C$ 码型具有很多优点，该码型的码速率仅为原来二进制码速率的 $(m+1)/m$ 倍，可以检测 1 个相关码元的误码，在公务等信息比特的传输和硬件实现上，该码更具优势。C 码的作用是引入冗余码，可以进行在线误码率监测，同时改善了"0"和"1"码的分布，有利于时钟的提取。

3. $mB1H$ 码型

我国的 PDH 数字光纤通信系统上主要采用 1B1H、4B1H、8B1H(565 Mb/s 系统)和 CMI 等码型。$mB1H$ 码型适合于高码速率系统，能传递丰富的辅助信息及中途方便地上下话路，因此得到了广泛的应用。

1) 4B1H 码

4B1H 码的优点是码速提高不大，误码增值小，可以实现在线误码检测、区间通信和辅助信息传输。缺点是码流的频谱特性不如 mBnB 码，但在扰码后再进行 4B1H 变换，可以满足通信系统的要求。

2) 8B1H 码

该码利用冗余比特交替地传输 C 码和插入脉冲，在 140 Mb/s 系统中，插入脉冲可以传输三个 2 Mb/s 的区间通信信息(90 个话路)，两路数据信息，一路检测信号和一路公务信号。

8B1H 码型传输的信号速率提高 9/8 倍。码速提升较 1B1H 和 4B1H 都小，这有利于高速通信。在 140 Mb/s 系统中采用 8B1H 码型时，传输速率为 156 672 Kb/s，其帧长为 576 b，帧频为 156 672/576=272 kHz。区间通信信道速率为 272×8=2176 Kb/s。设有机动通道，使长连"0"或连"1"受到限制，从而通信质量更为优良。

3) 1B1H 码

1B1H 码是国内研制开发的一种码型，该码型的构造如下：倘若发信号码 B1、B2、B3、B4，每个信码的时隙容量为 120 路，插入的新码为 H1、H2、H3、H4，H4 的位置插入反码 C，C 码留作误码的检测(占 120 路时隙)。通常把 H2 的一半用作通信，即 60 路用于通信；把 H2 码的另一半分作帧同步、公务、监控检测、备用数据通道等 16 个 264 Kb/s 宽数据信道，接上 RS-232 或 RS-422 数据接口，可以传送计算机数据。同时还可以抽出一个 264 Kb/s 数据信道，可改成 4 个二线(或 4 线)音频电路，可用做电报、专用业务电话或会议电话。这样在帧结构中能用于通信的码为 B1、H1、B2、B3、H3、B4、1/2H2 码，即 (6+1/2)×120 路=780 路。

插入 H 码后，光纤线路上码速率提高了一倍。码速率的提高，虽使接收机的灵敏度下降些，但下降不多，无中继通信距离仍可达到 55km。这对组织有中继站的长距离干线通信和多站址的近距离的本地网通信都是非常适用的。经过使用和计算论证，只要两站之间的距离不小于 4km，开二次群的 1B1H 码的光通信系统，在综合造价上要比开 PCM 铜线电缆的数字设备便宜得多。

表 7-3 所示的是 1B1H 码型的光端机的通信容量，比 5B6B 码型的设备的容量要多 60%，即比通常的三次群 480 路要多出 300 路，要比通常的四次群 1 920 路多出 1200 路。如果按二主零备的方式组网，则三次群传输的总容量达到 780 路×2=1560 路，四次群的传输总容量达到 3 120 路×2=6 420 路，四次群的码速率达到 278.528 Mb/s。与通常的 5B6B、4B1H 码型相比，光缆线路投资可下降近 40%。同时，由于该机型使用了大规模集成电路、厚膜电路，体积小，功耗低，稳定性和可靠性大为提高。相比相同容量的其他码型的光电设备，该机型在价格上可下降 25%以上。由于该机型还有 16 个数据通道(三次群为 264 Kb/s，四次群为 1 088 Kb/s)，可用来建立计算机多方向、多数字段的全程全网监控检测，公务、非话数字通信，电力部门的运动控制信号传输等多种业务电路。

表 7-3 1B1H 码型光端机的容量

光 码 型	群 次	单系统通信容量 (一主零备)	双系统通信容量 (一主零备)	备用信道速率
1B1H	三	780 路	1 560 路	8 个 264Kb/s
1B1H	四	3 120 路	6 240 路	8 个 1 088Kb/s

设计时可根据实际需要，对照表7-4相应选择适合码型。

表7-4 部分常用线路码的性能比较

性　　　能	mBnB		mB1H		mB1C	扰　码	CMI
	3B4B	5B6B	4B1H	8B1H			
码率提高率或冗余度	0.33	0.20	0.25	0.125	1/m	0	1
最大连"0"、连"1"数	4	6	10或20	18	m+1	不能控制	3
误码增值系数	1.5	2.37	1	1	1	典型值为3	1
基线漂移	很小	很小	变化较大	变化较大	较小	较大	小
定时含量	丰富	丰富	较好	较差	较丰富	丰富	丰富
设备复杂程度	简单	较复杂	简单	稍复杂	稍复杂	简单	简单
不中断业务BER监测能力	有	有	有	有	有	无	无

7.6 光接口分类及应用代码

一个完整的光纤通信系统由电端机、光端机、光缆、中继等几个部分组成。把光端机与光纤的连接点称为光接口，而把光端机与数字设备的连接点称为电接口。

对于 SDH 光网络，不仅有统一的电接口，也有统一的光接口。这样，不同厂家生产的具有标准光接口的 SDH 网元可以在一个数据段中混合使用。光接口的种类很多，ITU-T 建议 G.957 和 G.691 文件给出了光接口的规范，但没有阐述制订光接口的思路，设计中要了解这些指标之间有什么联系，哪些指标是设计考虑的对象，哪些指标在系统设计中没有选择余地。

表 7-5 所示为普通接口分类，即单信道且不带光放大器的应用情况。表中的局内应用是指用于站内设备或子系统之间的光缆连接，用代码 I 表示，一般传输距离只有几百米，最多不超过 2 km。局间应用分短中继距离和长中继距离两种，短距离的代码为 S，一般应用在局间再生段距离为 15 km 的场合；长距离的代码为 L，一般应用在局间再生段距离为 40～80 km 的场合。表中列出的目标距离只是该类系统最大中继距离的典型值。

表7-5 普通光接口分类和应用代码

应　　用		局　内	局　间				
			短　距　离		长　距　离		
光源标称波长/nm		1 310	1 310	1 550	1 310	1 550	
光纤类型		G.652	G.652	G.652	G.652	G.652 G.654	G.653
目标距离/km		≤2	15 (STM-64为20 km)		40	80	
STM 等级	STM-1	I-1	S-1.1	S-1.2	L-1.1	L-1.2	L-1.3
	STM-4	I-4	S-4.1	S-4.2	L-4.1	L-4.2	L-4.3
	STM-16	I-16	S-16.1	S-16.2	L-16.1	L-16.2	L-16.3
	STM-64	I-64	S-64.1	S-64.2	L-64.1	L-64.2	L-64.3

采用光放大器可进一步增加局间通信距离，因而此时的短距离局间通信的通信距离可达 20～40 km，而长距离局间通信 L 的通信距离也加大到 40～80 km。

G.957 已明确"只用于分类，不作为技术规范"。"不作为技术规范"有两重含义，一是"建议"并不要求系统的站间距离一定要按目标距离设计；二是由于所用器件、光纤和子系统的实际性能的差异，获得的实际可传输距离有可能较大于表中的目标距离，也可能较小于表中的目标距离。

表 7-6 和表 7-7 是 G.691 提供的光接口分类表，俗称 A 规范和 B 规范。值得注意的是，两个表中包含了带光放大器和不带光放大器的系统。设计中可以参考最大距离来确定所选光接口的应用代码。其中，V 表示甚长距离，U 表示超长距离。1，4，16，64 表示 STM 的等级 STM-1，STM-4，STM-16，STM-64。在其后面加了表示光纤型号 G.652，G.653，G.655 的数字 2，3，5。例如，L-64.1 表示应用在长距离的数字光纤系统 STM-64，使用光纤型号为 G.652。

表 7-6　1A/G.691 光接口分类和应用代码

应用	甚短距离和局内应用						
光源标称波长/nm	1 310	1 310	1 310	1 550	1 550	1 550	1 550
光纤类型	G.652	G.652	G.652	G.652	G.652	G.653	G.655
目标距离/km	ffs	0.6	2	2	25	25	25
STM-64 应用代码	VSR-64.1	I-64.1r	I-64.1	I-64.2r	I-64.2	I-64.3	I-64.5
目标距离/km	ffs						
STM-256 应用代码	ffs	ffs	ffs	ffs	I-256.2	ffs	ffs

应用	短距离				长距离		
光源标称波长/nm	1 310	1 550	1 550	1 550	1 310	1 550	1 550
光纤类型	G.652	G.652	G.653	G.655	G.652	G.652	G.653
目标距离/km	20	40	40	40	40	80	40
STM-64 应用代码	S-64.1	S-64.2	S-64.3	S-64.4	S-64.1	S-64.2	S-64.3
目标距离/km	—	40	40	—	—	80	80
STM-256 应用代码	ffs	S-256.2	S-256.3	ffs	ffs	S-256.2	S-256.3

表 7-7　1B/G.691 光接口分类和应用代码

应用		局 间				
		甚 长 距 离			超 长 距 离	
光源标称波长/nm		1 310	1 550	1 550	1 550	1 550
光纤类型		G.652	G.652	G.653	G.652	G.653
目标距离/km		60	120	120	160	160
STM 等级	STM-4	V-4.1	V-4.2	V-4.3	U-4.2	U-4.3
	STM-16	—	V-16.2	V-16.3	U-16.2	U-16.3
	STM-64	—	V-64.2	V-64.3	—	—
	STM-256	ffs	ffs	ffs	—	—

对于 WDM 网络，G.692 文件给出了一个 WDM 系统应用规范的光接口参数汇总表，但由于随应用代码的不同，各参数的规范值不同，以至再像单通道系统那样用数据表的形式给出，将非常烦琐。而且，WDM 系统使用的一些器件虽然已经商品化，但商品化的程度还有待提高，这些器件的参数尚有随时得到改进的余地，因此，按照器件参数给出光接口应用代码时机并不成熟。

7.7 工程设计中考虑的其他问题

光纤通信系统的设计过程中，路由的选择和数字段的多少以及设备的电路配置，容量选择都很重要。

7.7.1 选择通信路由

首先要确定整个系统的路由，进而决定各站的通信容量。本着"路由稳定可靠、走向合理、便于施工维护及抢修"的原则，进行多方案技术、经济比较。尽量兼顾国家、军队、地方的利益，多勘察、多调查，使其投资少、见效快；在现有地形、地物、地貌、建筑设施和既定的建设规划的基础上，应考虑长远的发展规划，以直埋和简易塑料管道敷设为主，个别地段铺以架空和水线方式。下面介绍几种常用路由的选择方法。

1. 直埋光缆路由选择

直埋光缆线路应沿公路(高等级公路、等级公路、非等级公路)或乡村大路顺路取直，避开公路用地、路旁设施、绿化带和道路计划扩建地段，光缆的路由距公路平行距离不宜小于 50 m。

光缆线路的路由应选择在地质稳固、地势较平坦的地段，避开湖泊、沼泽、排涝蓄洪地带，尽量少穿越水塘、沟渠，不宜强求长距离的大直线。翻越山区时，应选择在地势起伏小、土石方工作量较少的地方，避开陡峭、沟壑、滑坡、泥石流以及冲刷严重的地方。

光缆线路穿越河流，应选择在河床稳定、冲刷深度较浅的地方，并兼顾大的路由走向，不宜偏离太远，必要时可采用光缆飞线架设方式。对特大河流，可选择在桥上架挂，但要考虑到战备时布设水底光缆的转换方式。

光缆线路通过水库的位置，应在水库的上游。当必须在水库的下游通过时，应考虑水库发生事故危及光缆安全时的保护措施。

光缆线路不宜穿过大的工业基地、矿区、城镇、开发区、村庄，当不能避开时，应采取修建管道等措施加以保护；光缆路由不应通过森林、果园等经济林带，当必须穿越时，应当考虑经济作物根系对光缆的破坏性；光缆线路应尽量远离高压线，避开高压线杆塔及变电站和杆塔的接地装置，穿越时尽可能与高压线垂直，当条件限制时，最小交越角不得小于 45°。光缆线路尽量少与其他管线交越，必须穿越时，应在管线下方 0.5m 以下加钢管保护。

当既设管线埋设大于 2m 时，光缆也可以从其上方适当位置通过，交越处应加钢管保护。光缆线路不宜选择存在鼠害、腐蚀和雷击的地段，不能避开时应考虑采取保护措施。

2. 水底光缆线路的路由选择

水底光缆线路的过河位置应选择在河道顺直、流速不大、河面较窄、土质稳定、河床平缓、两岸坡度较小的地方。水底光缆上岸处宜选择在坡度小、岸滩稳固不易坍塌，且不受洪水淹没的地段。水底光缆上岸处最好应地形宽敞，以便于施工、维护和设置水底光缆标志牌等。以下地点不能敷设水底光缆：

河道的转弯处；

两条河流的交汇处；

水道经常变更的地段；

险滩、沙洲附近；

产生波涡的地方；

有拓宽和疏浚计划的地段；

两岸陡峭、经常遭猛烈冲刷地；

江河边的游泳场所；

有腐蚀性污水排泄的水域；

石质卵石河床，施工困难的地段；

附近有其他水底光(电)缆、沉船、爆炸物、沉积物等的区域；

在码头、港口、渡口、桥梁、船闸、避风处和水上作业区的附近敷设时，距以上地点应大于 300 m 以上。

3. 架空光缆线路的路由选择

选择架空光缆线路的路由，以近、直、平为原则，即采取最短捷的路线为准，应尽量取直线，采取较平坦的路线，减少坡度变更。避免在短距离内有连续两个方向不同的角杆。

与铁路平行时，与路基隔距不小于 50 m；与公路并行时，与路边隔距不小于 20 m；与其他通信线路并行时，双方应保持不小于 8～20 m 的间隔。

4. 管道光缆线路的路由选择

管道方式光缆线路的路由，一般与市区内电缆管道合用，在管道建筑好后，路由选择的余地比较小，基本原则为不影响市话电缆的扩容、改造，并能保障光缆线路的安全。目前在一个电缆管孔内布放 2～3 条塑料子管，每子管布放一条光缆，以提高管孔的利用率。

容量的大小则应根据当地的经济发展情况，人们的生活需求，当地的经济产业水平，对某些服务的需求量的大小来预测出该地区的现阶段、中期和将来对光纤系统的需要量。

7.7.2 光通信网络承载业务类型和容量

分析光通信网络所需要承载的类型和数量，是通信网络建设工作的前期基础，通路组织工作应依据业务分析结果进行传输通道的安排。

首先应该明确该光纤通信系统需要承载哪些业务。通常光缆网承载的业务从性质上分主要有语音业务、数据业务和互联网业务。具体的有移动电话(包括 GSM、CDMA)、长途电话、本地电话、数据通信(包括因特网业务和 IP 电话)和无线寻呼等业务。

1. 固定语音业务

固定电话网络的特点是分散设置的局所众多，开通的局间直达电路也较多，因此端到端电路配置的数量较多，跨环电路多，维护不便。近年来，固定电话用户数量增长缓慢，固定语音业务也保持平稳的增长趋势，因此固定电话业务对带宽的需求增长不快。传统固定电话与交换机之间、交换机与模块局/接入网之间一般采用 2 Mb/s 的接口连接，部分局间电路采用 155 Mb/s 的光/电口连接。大量的 2 Mb/s 和 155 Mb/s 电路目前一般采用 SDH 网络进行疏通。未来的传输网络新技术也必须提供以上接口。传统固话网络对网络安全的要求较高，传输技术必须提供可靠的保护或恢复机制。

2. 移动电话业务的电路需求

移动电话网络以 GSM 网络为例，采用三级结构，由一级移动业务汇接中心 TMSC1，二级移动业务汇接中心 TMSC2 和移动端局 MSC 组成，如图 7.3 所示。

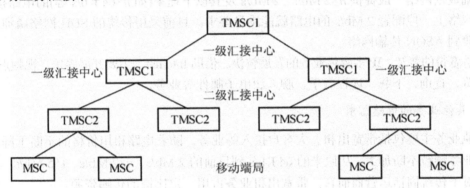

图 7.3 GSM 网的网结构示意图

1) 基站传输电路需求分析

目前，基站传输电路的需求占据了移动本地传输网中接入层的绝大部分容量，其业务需求主要是以 2 Mb/s(以下简写为 M)为基本颗粒，具有向所属业务结点汇聚的特点。同时，在这部分业务需求中也存在部分固定数据业务大客户的专线接入业务需求，大部分地区以 2M 数字专线或 10M/100M 以太网专线为主，个别特大城市也有 155M 的电路需求，但总体来说数量不多，在基站传输电路总带宽需求中所占比例不大，目前基本上采用 SDH 设备透传或用 MSTP 满足业务需求。此外，基站传输电路一般情况还会占用部分中继传输电路的容量，有些地方甚至还占了相当大的比例，这主要是由基站与所属 MSC 之间的地理位置相距过远而造成的。在这种情况下，基站传输电路会经过汇聚后从附近的一个汇聚层或核心层传输结点上传送到移动本地传输网的核心层，通过核心层传输到达其所属的业务结点。这种情况与当地的移动交换网的网络组织以及无线网与交换网的协调配合有关，不同地区会出现很大的差异。该部分电路需求主要是无线网和交换网网络规划的结果。

2) 局间传输电路需求分析

移动本地传输网的局间传输电路需求主要分为 GSM 话音网业务电路需求矩阵、数据业务(包括固定和移动数据业务)电路需求矩阵和其他业务需求矩阵 3 个部分，各部分电路需求特点如下：

GSM 语音网业务电路需求矩阵：该部分电路需求来自交换网规划方案的电路配置计算结果，主要由移动本地网中各 MSC 之间的电路需求组成，以 2M 为主，个别特大城市已经出现了 155M 的电路需求，业务分布呈分散型特征。

数据业务(包括固定和移动数据业务)电路需求矩：该部分电路需求来自固定数据业务网络和移动数据业务网络规划中的电路配置计算结果，由固定和移动数据网中的数据业务结点之间的电路需求组成电路需求，以 2M、155M、FE(Fast Ethernet)和 GE(Gigabit Ethernet) 为主，电路分布特性兼有汇聚和分散两种特性，主要取决于业务网的组网方式。

3. 数据业务的电路需求

基础数据网络虽然带宽占用不大，但是承载的业务却是非常重要的，因此基础数据网络的传输层对安全的要求非常高，目前一般组建 SDH 环网进行保护。

基础数据网络一般提供 $n \times 2$ Mb/s、2 Mb/s 及其以下速率(如 $n \times 64$ Kb/s 等)的电路接口，在传输网络上一般配置 2 Mb/s 的电路就能满足要求。目前采用传统的 SDH 网络疏通，未来将过渡到 ASON 传输网络。

随着宽带的普及，IP 多媒体业务的发展较快。借助 Internet，主要开展娱乐、视频点播、信息浏览、查询、下载、远程教学、聊天和电子邮件等业务。

4. 其他业务的电路需求

其他业务主要包括带宽出租、大客户接入等业务。随着电路租用价格的不断下降，带宽出租业务颗粒不断加大，从原来的 64 Kb/s 到目前的 2 Mb/s、$n \times 2$ Mb/s、155 Mb/s，甚至更大。对于传统固话运营商而言，带宽出租业务占用一定比例的传输资源。

带宽出租、大客户接入等业务是针对客户需求开展的业务，准确、快速地提供完善的解决方案非常重要，因此传输网络的电路快速配置对业务的竞争将起到非常重要的作用。带宽出租业务提供的接口一般为传统的电路接口，需要端到端的配置，因此光纤通信系统快速端到端配置功能具有很大的优势，可以快速提供业务。

综合应用实例/应用实例和实例分析：

以黑龙江省会哈尔滨至大庆 STM-16 通信系统光传输设计为例，计划建设 2.4 G 单模光纤干线系统，系统采用单纵模激光器，系统要求设备富余度为 4dB，光缆富余度 0.05 dB/km。

两地站间距离为 170 km，根据地理情况，可选择中途沿线设站，可设为哈尔滨—肇东—安达—大庆，路由状况比较好。哈尔滨—肇东 72.7 km，肇东—安达 60 km，安达—大庆 32 km，可见站间距离在 32~73 km，可以选择应用代码 L-16.2 系统(其目标距离为 80 km)。

对于光缆的选择，全程选用常规单模光纤 G.652 光纤，不用 G.653 光纤，也无须采用 G.655 光纤。根据当地气候条件，可以采用地埋敷设。根据当地对通信容量的需求。因人口不算密集，有足够的余量，建议在 8~24 芯之间选择。

选用 L-16.2 系统，并假设工作波长为 1 580 nm，单盘光缆的衰减系数 A_f =0.22 dB/km，光纤接头的损耗 A_s =0.05 dB/km，单盘光缆的盘长 L=2 km，活动连接器损耗 $\sum A_\mathrm{c}$ =0.35 dB，光纤色散系数 D=20 ps/(nm·km)。

第 7 章 系统设计

根据 L-16.2 规定,$P_s = -2 \sim -3$ dBm,$P_r = -33$ dBm,则根据衰减受限最大中继距离估算公式:

$$L_1 = \frac{P_s - P_r - M_e - \sum A_c}{A_f + A_s + M_c}$$

$$= \frac{-2 - (-33) - 4 - 2 - 0.35}{0.22 + 0.05 + 0.05} \text{ km} = 77 \text{ km}$$

根据色散受限最大中继距离估算公式:

$$L_2 = \frac{71\,400}{\alpha D \lambda^2 B^2} = \frac{71\,400}{3 \times 1580^2 \times 20 \times 0.0024^2} \text{ km} = 82.76 \text{ km}$$

式中,$L_1 < L_2$ 系统为衰减受限系统,且能满足 73km 无中继的要求。

本 章 小 结

本章主要介绍了进行光纤通信系统设计需要考虑的基本问题,系统设计的一般步骤。首先,要选定传输速率和传输体制,然后选定工作波长,选定光源和光检测器件,选定光纤光缆类型,选定路由、估算中继距离,估算误码率等。

本章详细地介绍了对于两种传输制式的速率标准,包括 PDH 和 SDH。其中比较系统地介绍了 PDH 的速率等级 T 系列和 E 系列码速率标准。讨论了如何进行光纤中继段距离的估算,衰减受限系统是指光纤线路的衰减较大,传输距离主要受衰减影响的系统。一般来说,二次群及其以下的多模光纤通信系统和五次群及其以下的单模光纤通信系统都属于衰减受限系统,中继距离的估算参考衰减受限系统中继距离的估算公式。而速率等级高于 STM-4 的系统的最大无再生传输距离主要取决于色散的限制。

本章还介绍了适合在光纤线路上传送的光线路码型也就是二进制的信息码。主要介绍了两种线路码型:$mBnB$ 码和插入比特码,其中 $mBnB$ 码详细地介绍了 1B2B 码和 5B6B 码适用领域;插入比特码详细地介绍了 $mB1P$ 码,$mB1C$ 码,$mB1H$ 码,重点介绍了 8B1H 码、4B1H 码、1B1H 码的适用领域。我国的 1B1H 码对组织有中继站的长距离干线通信和多站址的近距离的本地网通信都是非常适用的。对于光纤工作波长可分为 A、B、C、D 四个区域,A 区和 B 区为低衰耗区,适合长距离系统选用,C 区和 D 区为较高衰耗区,适合短距离系统选用。另外,给出了光接口的分类和应用代码的选择,可以根据实际需要选择相应的应用代码。最后,讨论了光纤通信系统设计中需要考虑的其他问题,包括路由的选择和数字段的多少以及设备的电路配置,容量选择。

习 题

7.1 填空题

(1) 准同步数字系列是 PCM 语音信号在 TDM 方式下各级合路信号之间的码速转换标准。目前有以下两种标准(即 G.702 标堆):一种是_____(又称 PCM24 路制式,_____

和_____等国采用)。另一种是_____(又称PCM30路制式，_____及_____等国采用)。

(2) PDH中的_____至_____次群是准同步复用，而_____则为同步复用。这是因为_____至_____次群的帧频(分别为 9.962 kHz、22.375 kHz、47.563 kHz)分别大于其所装载的每个低次群支路的帧频(分别为 8 kHz、9.962 kHz、22.375 kHz)。因此，合路与支路没有共同的时钟。所以，_____群帧中有 4 个码速调整比特，分别用于 4 个支路。

(3) 系统设计的一般步骤首先要选定_____和传输体制，然后选定_____，选定光源和光检测器件，选定_____，选定路由、_____，估算误码率等。

(4) 两种线路码型：_____和_____，其中_____包括码型如 3B4B 码和 5B6B 码；_____码包括 mB1P 码，mB1C 码，mB1H 码。

(5) 通常光缆网承载的业务从性质上分主要有_____业务、_____和_____。

7.2 简述光纤通信系统设计的一般步骤。

7.3 准同步数字系列(PDH)有何不足？

7.4 什么是衰减限制系统？什么是色散限制系统？

7.5 试述如何对光纤类型进行选择。

7.6 衡量线路码型好坏的主要参数是哪些？

第 8 章

光纤通信网

本章知识结构

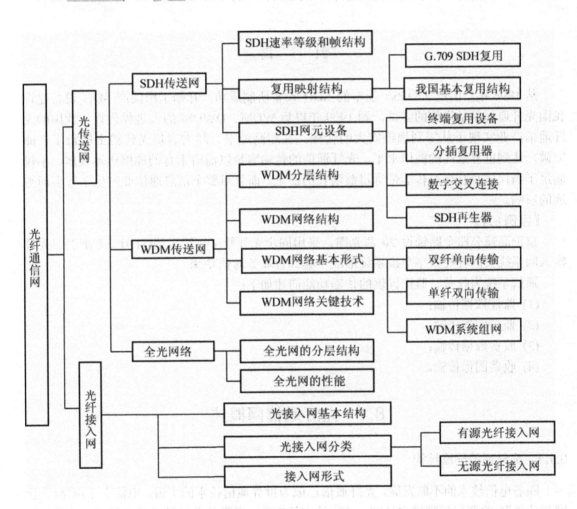

光纤通信

本章教学目的与要求

- 掌握通信网的基本概念及组成结构
- 了解光传送网的发展过程
- 掌握SDH网络的帧结构和速率等级
- 了解SDH网络逻辑设备组成和典型设备
- 掌握WDM网络的基本形式和基本结构
- 掌握光纤接入网的接入形式和拓扑结构
- 能利用传送网和接入网的基本知识进行相关的组网及应用

引　言

从1996年，国产2.5 Gb/s速率的SDH设备研制成功，开始了用国产SDH设备建设我国光纤通信基础设施的尝试，到1999年以后WDM、DWDM的大规模敷设，我国的光纤通信产业实现了从零到规模宏大的转变，在超高速率、超大容量光传输上取得了全面突破，达到世界最高的商用水平。光纤通信的传输容量以前所未有的速度迅速发展，不仅满足了当代信息社会对传输带宽日益增长的需求，而且对整个信息通信业产生了重要而深远的影响。

【案例8.1】

京沪高速公路全路铺设20芯光缆，采用同步光纤数字传输系统(SDH STM-1)、光纤接入网系统会同程控数字交换系统形成一套综合业务通信系统。

通信系统为收费、监控提供的传输功能简述如下：

(1) 监控数据传输；
(2) 监控图像传输；
(3) 收费数据传输；
(4) 收费图像传输。

8.1　光纤通信网概述

8.1.1　光纤通信网络结构

随着电信技术的不断发展，光纤通信已成为世界通信技术的主流，电信主干网络(交换网和传送网)的通信频带越来越宽，功能越来越完善，提供的业务种类越来越多。而且已经覆盖到了非常广泛的地理区域，可以是整个世界。为了获得如此大的地理覆盖范围，网络必须在不同的地区,以不同的功能构建。不同的地区相互配合来实现网络的最终目的:能够使大量的用户顺利且完善地进行通信,获得最好的通信质量。

构成电信网的基本要素包括用户终端设备、传输链路、转接交换设备。

整个电信网络的结构如图 8.1 所示,可以分成用户所在地网络、接入网、交换网、传送网几个部分。

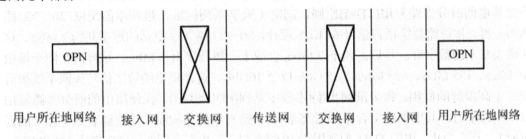

图 8.1 电信网按区域划分简单结构

在这里,光纤通信技术是现存电信网络能够升级扩容到超大容量综合网络的关键,不同的区域网中光波技术得以广泛的应用。在光纤通信领域起重要作用的可谓光纤传送网和光纤接入网。

1. 传送网

传送网又称骨干网,是一个以光纤、微波接力、卫星传输为主的传输网络。在这个传输网络的基础上,根据业务结点设备类型的不同,可以构建成不同类型的业务网,并且为大的业务流进行选路。传送网从接入网接收信号,将其复用到预达到的容量,并选择合适的路由,将信息送到目的地,信息到达目的地后,将高速信号送给接入网。

2. 接入网

接入网将端用户的信号进行复用获得高速率的信号。典型的接入网范围是一个城市或小的区域,接入网中信号的传送距离可达几十或几百千米。

光纤接入网(OAN),是指用光纤作为主要的传输媒质,实现接入网的信息传送功能。通过光线路终端(OLT)与业务结点相连,通过光网络单元(ONU)与用户连接。光纤接入网包括远端设备——光网络单元和局端设备——光线路终端,通过传输设备相连。系统的主要组成部分是 OLT 和远端 ONU。在整个接入网中完成从业务结点接口(SNI)到用户网络接口(UNI)间有关信令协议的转换。接入设备本身还具有组网能力,可以组成多种形式的网络拓扑结构。同时接入设备还具有本地维护和远程集中监控功能,通过透明的光传输形成一个维护管理网,并通过相应的网管协议纳入网管中心统一管理。

8.1.2 光传送网的发展过程

从现有的光同步数字体系迈向新一代全光网,是一个分阶段演化的过程。

1. 从 PDH/SDH 到 WDM

自 20 世纪 90 年代中期起,国际上开放互联网让公众使用,用户使用计算机上网实现数据通信，并索取大量有用的数据信息。于是通信领域中数据通信业务量快速增长，超过电话的年增长率。进入21世纪后，数据通信业务总量必超过传统电话业务总量。相应地，正在考虑设计的新型通信网必将以数据通信为重心，传统的电话网必将做出相应的改变。这是通信网发展过程中重大的、革命性的转变。

随着数字通信的普遍应用及其业务量的快速增长，为便于全世界各国统一使用，国际上曾经按电的时分多路复用(TDM)原则，制定了数字系列标准。最基本的是以30～32路电话为一群，按每路数字话音信号64 Kb/s设计，30～32路数字电话的速率共约2 Mb/s，这样就成为基本的数字群。其后，四个2 Mb/s合成下一级数字群8 Mb/s，这样四个四个地组成34 Mb/s、155 Mb/s、622 Mb/s、2.5 Gb/s以至10Gb/s。这样把电的数字信号按四个低级群组成一个高级群的原则，称为准同步/同步数字系列(PDH/SDH)。在使用电的时分多路复用(E-TDM)技术时，其电的数字合路/分路器和复用/解复用的结构制造难度随着数字速率的提高而加大。迄今为止，电的TDM似乎限于10 Gb/s以下，也有个别实验室曾做成4×40 Gb/s。

目前全球信息基础设施主要是由同步数字体系(SDH)支撑的，这种网络体系结构在传统电信网中扮演了极其重要的角色，而且在可以预见的未来仍将不断改进以适应电信网转型的大趋势。然而也必须看到，随着数据业务逐渐成为全网的主要业务，作为支持电路交换方式的SDH TDM结构，其容量潜力将越来越不适应未来业务的发展，需要探索新的技术和新的、更有效的网络结构。

从过去二十多年的电信发展史来看，光纤通信发展始终在按照电的时分复用方式进行，高比特率系统的经济效益大致按指数规律增长。目前商用系统的速率已达10 Gb/s并已经大批量装备网络，不少电信设备制造公司已在实验室开发出40 Gb/s的系统，预计不久的将来就会开始投入商用，有些实验室甚至已进行了160 Gb/s乃至320 Gb/s的试验。单路波长的传输速率正趋近上限，这受限于集成电路硅材料和镓砷材料的电子和空穴的迁移率以及受限于传输媒质的色散和偏振模色散，还受限于所开发系统的性能价格比是否有商用经济价值，因而现实的进一步大规模扩容的出路是转向光的复用方式。目前只有波分复用(WDM)方式已进入大规模商用阶段，其他方式尚处于试验研究阶段。

采用WDM技术后，可以使容量迅速扩大几倍至几百倍；由于光放大器的出现，电再生距离从传统SDH的40～80 km增加到400～600 km，甚至达到10 000 km，节约了大量光纤和电再生器，大大降低了传输成本。WDM与信号速率及电调制方式无关，是互连新老系统引入宽带新业务的方便手段。目前WDM系统发展十分迅猛，320 Gb/s(32×10 Gb/s) WDM系统已开始大批量装备网络，北电、烽火、华为等公司的1.6 Tb/s(160×10 Gb/s) WDM系统也已经投入商用。近来，日本NEC和法国阿尔卡特公司分别实现了总容量为10.9 Tb/s (273×40 Gb/s)和总容量为10.2 Tb/s(256×40 Gb/s)的传输容量最新世界纪录。从应用场合来看，WDM系统已经从长途网向城域网渗透，最终会进入接入网领域。总的来看，采用WDM后传输链路容量已基本实现突破，网络容量的"瓶颈"将转移到网络结点上。

2. 从WDM到OTN

传统的点到点WDM系统在结构上十分简单，可以提供大量的原始带宽。然而，传统WDM系统每隔400～600 km仍然需要电再生，随着用户电路长度的增加，必须配置大量背靠背的电再生器，系统成本迅速上升。据初步统计，在不少实际大型电信网络中大约有30%的用户电路长度超过2400 km，随着IP业务的继续增加，长用户电路的比例会继续增加，这些长用户电路的成本很高；其次，每隔几百公里就需要安装和开通电再生器，使端到端用户电路的指配供给速度很慢，需要一个月以上；另外大量电再生器的运行维护和供电成本以及消耗的机房空间使运营成本大幅攀升；而且，网络的扩容也十分复杂，在大型网络结点中，往往需要互连多个点到点系统，涉及几百乃至几千个波长通路的互连。传统WDM结构要求每一个方向的每一个WDM通路都实施物理终结，靠手工进行大量光纤跳线的互连，造成高额终结成本和运行成本。简言之，传统点到点WDM系统的主要问题是：

点到点WDM系统只提供了大量原始的传输带宽，需要有大型、灵活的网络结点才能实现高效的灵活组网能力；需要在枢纽结点实现WDM通路的物理终结和手工互连，因此不能迅速提供端到端的新电路；在下一代网络的大型结点处，高容量的光纤配线架的管理操作将十分复杂，手工互连不仅慢，而且易出错，扩容成本高，难度大；需要增加物理终结大量通路和附加大量接口卡的成本，特别对于工作和保护通路可延伸到数千公里的长距离传输系统影响更大。

目前WDM系统演变的趋势是：

1) 向点到点的超长WDM系统演进

向全光网络的演进可以从铺设点到点的超长WDM系统开始，即将典型的干线网电再生中继距离从目前的几百公里扩展到几千公里，目前烽火通信股份有限公司已实现3040 km的超长无电中继传输。这样可大量减少电再生中继器，传送结点仍然可以继续应用电的DXC设备。此时，城域网和接入网所产生的较低速率的TDM业务和ATM/IP业务仍然通过标准接口利用ADM、DXC、IP路由器和ATM交换机实现传送和疏导功能，然后汇集成高速STM-16/64信号流送给超长WDM系统。完成这一步演进的主要好处有：

(1) 由于大量电再生中继器的消除，简化和加快了高速电路的指配和业务供给速度；

(2) 由于业务量的疏导在核心网边缘处实现，核心网可以确保有最大带宽效率；

(3) 由于大量电再生中继器的消除，大大降低了网络的维护运营成本。

然而，仅仅实现点到点的超长距离传输仍然是不够的，此时由于DXC还需要物理上终结所有电路，使得系统仍难以快速指配和提供端到端电路，运营复杂、成本高、容量扩展性差的缺点仍然存在。

2) 中间站结点引入OADM

随着光结点波长数的迅速增长和光结点间传输距离的扩展，中间站结点上下业务量的需求将会增加，于是可以重配置的光分插复用器(OADM)成为灵活组网的必须设备，构成WDM网的一部分。此时的WDM网开始具有简单的光层联网功能，在中间站，结点可以根据组网的需要插入或分出一组选择的波长。此外，由于消除了光电变换，网络成本降低。通常多于50%的用户电路是直达电路，无须在中间站终结。完成这一步演进的主要好处有：

(1) 由于高速直达电路的指配只需要在电路的端点加线路卡即可，因而可以进一步加快直达电路的指配和业务提供速度；

(2) 减少了大量中间站结点的背靠背终端设备及相应的收发机线路卡，降低了网络成本，增强了透明性并进一步减低了运营成本；

(3) 由于仅仅落地业务需要在 OADM 终结，可以大大减少数字交叉连接的规模和成本，同时也减轻了路由器或 ATM 交换机等业务层结点所要处理的业务量，降低了对业务结点规模的要求。

3) 在枢纽结点引入 OXC

随着更多的波长在网中应用，网络变得越来越复杂，逻辑上更趋向于完全的网状拓扑，大型传送结点需要在光通路等级上管理业务容量和处理网络间的信号，此时具有更大波长处理能力和灵活组网能力的光交叉连接设备(OXC)成为必要设备，WDM 网开始演变为光联网，ITU-T 称为光传送网(OTN)。所谓光传送网就是在光层面上实现类似 SDH 在电层面上的联网功能，由一组可以为客户层信号提供，主要在光域上进行传送、复用、选路、监控和生存性处理的功能实体所构成，其中 OXC 是光层联网的核心。在枢纽结点引入 OXC 的主要好处与在中间站结点引入 OADM 相同，只是由于网络逻辑拓扑的完全网状化，光层互连程度的大大增加，从而可以在更大程度上体现光层联网的一系列优点并能实现光层恢复功能。

3. OTN 的概念及其技术

20 世纪 90 年代初大家关注较多的是全光网(AON)，但后来人们逐渐发现实现全光的处理非常困难。首先是放大、整形、时钟提取、波长变换等在电域很容易实现的功能在光域实现却十分困难，有些虽然经过复杂的技术可以实现，但效果并不理想，且成本高昂。如波长变换，在电域利用光/电/光变换(O/E/O)很容易实现，但是在光域则必须采用各种复杂的变换技术，且消光比还不十分理想，可变换的波长范围也受限，不可能像电域那样在一个极宽的范围内进行变换。另外全光网的管理和维护信息处理也是一个重要问题，无法在光域上增加开销对信号进行监视，管理和维护还必须依靠电信号进行。因此全光网出现了一些挫折，不能组成全球性/全国性的大网以实现全网内的波长调度和传输，而仅能组成一个有限区域的子网，在子网内透明传输和处理。

1998 年，ITU-T 提出光传送网(OTN)的概念取代过去全光网的概念。OTN 是根据网络功能与主要特征定名，不限定网络的透明性，虽然最终目的是透明的全光网络，但可从半透明开始，即在网中允许有光电变换。这就解决了全光网络透明部分应多少的争议。从 OTN 功能上看，OTN 的一个重要出发点是子网内全光透明，而在子网边界处采用 O/E/O 技术(这与目前 WDM 系统有着很大的区别，WDM 系统只采用线路系统传输技术，不涉及组网技术)。OTN 在光域内可以实现业务信号的传送、复用、路由选择、监控，并保证其性能指标和生存性。于是 ITU-T 开始提出一系列的建议，以覆盖光传送网的各个方面。由于 OTN 是作为网络技术来开发的，许多 SDH 传送网的功能和体系原理都可以仿效，包括帧结构、功能模型、网络管理、信息模型、性能要求、物理层接口等系列建议。应该说在 2000 年之前，OTN 的标准化采用了与 SDH 相同的思路，以 G.872 光网络分层结构为基础，分别从物理层接口、网络结点接口等几方面定义了 OTN。

2000 年以后，由于自动交换传送网络(ASTN)的出现，OTN 的标准化发生了重大变化。标准中增加了许多智能控制的内容，例如，自动邻居发现、分布式呼叫连接管理等被引入了控制平面，以利用独立的控制平面来实施动态配置连接管理网络。另外，对 G.872 也作了比较大的修正，针对自动交换光网络引入的新情况，对一些建议进行了修改。涉及物理层的部分基本没有变化，例如物理层接口、光网络性能和安全要求、功能模型等。涉及G.709 光网络结点接口帧结构的部分也没有变化。变化大的部分主要是分层结构、网络管理。另外引入了一大批新建议，特别是控制层面(Control Plane)的建议。

原则上讲，按照 ITU-T 第 15 研究组(SG15)对术语的定义，狭义的 OTN 是特指基于G.872 的光传送网，仅仅是一个传送平面，必须加上管理平面才能进行配置、监控、运行维护管理，这和电层网络是相似的。在 OTN 传送平面和管理平面的基础上，如果再加上控制平面，以及能为管理平面与控制平面的信息提供传送的网络(DCN)，则 OTN 就发展到其高级形式——自动交换光网络(Automatically Switched Optical Network，ASON)。这里要说明的是，ASON 可以有两种实现模式，即基于 SDH 的 ASON 和基于 OTN 的 ASON，这里谈到的是后者。

可以说，广义的 OTN 是包括 ASON 在内的光层网络。实际上，基于 G.872 的 OTN 构成了 ASON 的基础传送平面，本书所讨论的 OTN 更多的是指在这种意义上的基于 G.872 的光传送网。

本章的其余部分将对 SDH 同步数字传送网，WDM 光传送网以及光接入网的特点、性能等进行介绍。

8.2 SDH 光同步数字传送网

8.2.1 SDH 传送网概述

在以往的电信网中，多使用 PDH 设备。这种系列对传统的点到点通信有较好的适应性。而随着数字通信的迅速发展，点到点的直接传输越来越少，而大部分数字传输都要经过转接，因而 PDH 系列便不能适合现代电信业务开发的需要，以及现代化电信网管理的需要。SDH 就是适应这种新的需要而出现的传输体系。

最早提出 SDH 概念的是美国贝尔通信研究所，称为光同步网络(SONET)。是高速、大容量光纤传输技术和高度灵活、又便于管理控制的智能网技术的有机结合。最初的目的是在光路上实现标准化，便于不同厂家的产品能在光路上互通，从而提高网络的灵活性。

1988 年，国际电报电话咨询委员会(CCITT)接受了 SONET 的概念，重新命名为"同步数字系列(SDH)"，使其不仅适用于光纤，也适用于微波和卫星传输的技术体制，并且使其网络管理功能大大增强。

SDH 网是由一些 SDH 网元组成的，在光纤上进行同步的信息传输、复用、分插和交叉连接的网络。有全世界统一的网络结点，从而简化了信号的互通以及信号的传输、复用、分插和交叉连接过程；有一套标准化的信息结构等级，并具有一种块状帧结构，允许安排丰富的开销比特用于网络的 OAM；基本网元有终端复用器、再生中继器、分插复用器和同步数字交叉连接设备等。虽然功能各异，但是都拥有统一的标准光接口，能够在基本光缆中实现横向兼容性，即允许不同厂家设备在光路上互通；有一套特殊的复用结构，允许现存准同步数字体系、同步数字体系和 B-ISDN 信号都可以进入其帧结构，因而具有广泛的适应性；采用软件进行网络配置和控制，使得新功能和新特性的增加非常方便，适用于将来的不断发展。

SDH 网的特点：

(1) 使 1.5 Mb/s 和 2 Mb/s 两大数字体系在 STM-1 等级上获得统一。数字信号在跨越国界通信时，不再需要转换成为另一种标准，第一次真正实现了数字传输体制上的世界性标准。

(2) 采用了同步复用方式和灵活的复用映射结构。各种不同等级的码流在帧结构净负荷内的排列是有规律的，而净负荷与网络是同步的，因而只需要利用软件即可使高速信号一次直接分插出低速支路信号。这样既不影响别的支路信号，又避免了需要对全部高速复用信号进行分用的做法，省去了全套背靠背复用设备，使网络结构得以简化，上下业务十分容易，也使 DXC 的实现大大简化。利用同步分插能力还可以实现自愈环形网，改进网络的可靠性和安全性。此外，背靠背接口的减少还可以改善网络的业务透明性，便于端到端的业务管理。

(3) SDH 帧结构中安排了丰富的开销比特，使得网络的 OAM 能力大大加强。SDH 网络的运营情况，包括故障告警、性能质量等都可以用附加比特传递维护信号汇报给网管系统。此外，由于 SDH 中的 DXC 和 ADM 等一类网元是智能化的，通过嵌入的控制通路可以使部分网络管理能力分配到网元，实现分布式管理，使新特性和新功能的开发变得比较容易。

(4) 由于将标准光接口综合进各种不同的网元，减少了将传输和复用分开的需要，从而简化了硬件，缓解了布线拥挤。此外，有了标准光接口和通信协议后，使光接口成为开放型接口，还可以在基本光缆段上实现横向兼容，满足多厂家环境要求，降低了联网成本。

(5) SDH 采用开放式的标准化接口，使不同厂家生产的设备能在光链路上互通。由于用一个光接口代替了大量电接口，因而 SDH 网所传输的业务信息可以不必经常规同步系统所具有的一些中间背靠背电接口而直接经光接口通过中间结点，省去了大量的相关电路单元和跳线光缆，使网络的可用性和误码性能都获得改善。而且，由于电接口数量锐减导致运行操作任务的简化以及设备种类和数量的减少，使运营成本减少 20%～30%。

(6) SDH 网与现有网络能完全兼容，即可以兼容现有准同步数字体系的各种速率。同时 SDH 网还能容纳各种新的业务信号，使之具有完全的向后兼容性和向前兼容性。

可以看出，光同步传输网较之传统的准同步传输网有着明显的优越性，传输网的发展方向应该是这种高度灵活和规范化的 SDH 网。

随着光纤通信的迅速发展，其优良的特性为大容量的数字光纤传输奠定了基础。与此同时，生产厂家也提供了与之相似的不同类型的产品。为了规范不同类型产品，国际标准化组织就大容量的数字传输进行了标准化，制定了相应的标准，这些标准不仅适用于大容量数字信号的光纤传输，也适用于其他传输系统，如大容量数字信号微波传输等。

8.2.2 SDH 速率等级和帧结构

同步数字系列 SDH 的最基本速率等级是 STM-1，其速率为 155.520 Mb/s。其他高速率等级分别为 STM-4、STM-16、STM-64 和 STM-256。这些等级的速率之间恰为整倍数关系。如：STM-4、STM-16、STM-64 和 STM-256 的速率分别是 STM-1 速率的 4、16、64 和 256 倍。这些速率等级分别由一个或多个 AUG(管理单元组)复用并加上相应的开销字节而构成。由于各个 AUG 的比特速率保持一致(码速调整已在 AUG 之前进行)，故称 SDH 速率等级的复用为同步复用。SDH 各等级速率及各等级之间的复用关系分别如表 8-1 所示。

表 8-1 SDH 的标准速率

SDH 等级	速率/(Kb/s)
STM-1	155 520
STM-4	622 080
STM-16	2 488 320
STM-64	9 953 280

图 8.2 给出了 SDH 中 STM-1 的帧结构。采用矩形块状帧格式，纵向共有 9 行，横向共有 270 列字节。所以，一帧由 9 行×270 列的字节构成。STM-1 帧的传输顺序是：从第 1 行开始自上而下逐行进行，每行字节按照从左到右的顺序依次传输，直到整个 9×270 个字节都传送完毕，便转入下一帧的传输。CCITT 规定：STM-1 每帧占有时间为 125μs，即帧的传输速率是 8 000 帧/s(或帧频为 8 kHz)。所以，STM-1 每个字节的比特率为 8 000×8 b/s=64 Kb/s，STM-1 每一帧的比特率为 9×270×64 Kb/s=155.52 Mb/s。STM-1 帧结构排列规则，其净负荷中的信息也是按字节间插复用构成的，这些特点与 PDH 的基群帧结构相似。

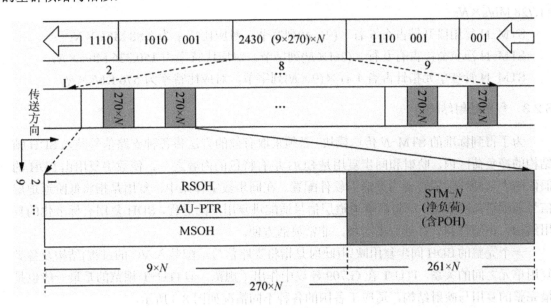

图 8.2 STM-1 帧结构

STM-1 帧结构中各字段意义如下：

(1) 再生段开销(Regenerator Section Overhead，RSOH)：占右 3 行×9 列字节，对应比特率为 3×9×64 Kb/s＝1.728 Mb/s，是供再生段维护管理(如帧定位、差错检验、公务电话、网络管理、专用维护等)使用的附加字节。再生段开销在中继站进行处理。

(2) 复用段开销(Multiplexing Section Overhead，MSON)：占有 5 行×9 列字节，对应比特率为 2.88 Mb/s，是供复用段维护管理(如：差错检验、公务电话、网络管理、自动倒换、备用信道等)使用的附加字节。复用段开销在终端站进行处理。

(3) STM-1 净负荷(Payload)：占有 9 行×261 列字节，对应比特率为 150.336 Mb/s。用来存放各种业务信息。其中少量字节是供通道监控管理用的填充比特，称为通道开销(Path Overhead，POH)，通道开销又分为高阶 POH 和低阶 POH，例如，STM-1 净负荷的每行头一个字节构成的一个 9×1 字节列(对应比特率为 576 kb/s)，即为高阶 POH；通道开销在虚容器中进行处理。

(4) 管理单元指针(Administration Unit Pointer，AUPTR)：占有 1 行×9 列字节，对应比特率为 576 kb/s，用来指示 STM-1 净负荷的起始字节在 STM-1 帧内的位置，以便接收端正确分解。

一般而言，STM-1 帧结构为 9 行：(270×N)列字节，N 表示 SDH 的速率等级(N=1，4，16，64，256)。STM-N 每帧占有时间也为 125μs (即帧传输速率为 8 000 帧/s)，即 STM-N 每个字节的比特率为 8 000×8 b/s=64 Kb/s，STM-N 每帧的比特率为 9×(270×N)×64 Kb/s=155.52 Mb/s×N。其中：

STM-N 再生段开销占有 3 行×(9×N)列字节，对应比特率为 3×(9×N)×64 Kb/s =1.728 Mb/s×N；

STM-N 复用段开销占有 5 行×(9×N)列字节，对应比特率为 2.88 Mb/s×N；

STM-N 净负荷：占有 9 行×(261×N)列字节，对应比特率为 150.336 Mb/s×N；

STM-N 管理单元指针占有 1 行×(9×N)列字节，对应比特率为 576 Kb/s×N。

8.2.3　复用映射结构

为了得到标准的 STM-N 传送模块，必须采取有效的方法将各种支路信号装入 SDH 帧结构的净负荷区内。映射和同步复用是 SDH 最有特色的内容之一，使数字复用由 PDH 的僵硬的大量硬件配置转变为灵活的软件配置。在同步数字体系中，复用是指将低阶通道层信号适配进高阶通道，或将高阶通道层信号适配进复用段的过程。SDH 复用有标准化的复用结构，由硬件和软件结合来实现，非常灵活方便。

一个完整的 SDH 同步复用映射(映射是指将支路信号适配装入 VC 的过程)结构及各类复用单元之间的关系，ITU-T 在 G.709 建议中作出了规范，但 ITU-T 规范的是最一般也是最完整的复用与映射结构，适应于各国的各种不同情况如图 8.3 所示。

第 8 章 光纤通信网

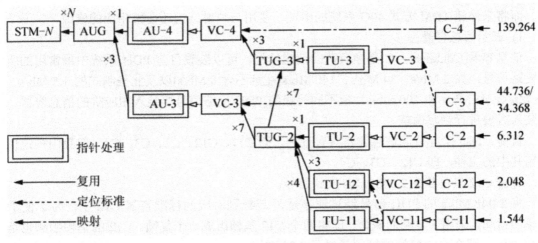

图 8.3　G.709 SDH 复用结构(单位 Mb/s)

对于一个国家，电信网上原有的业务对传输的需求往往不需要完整的复用映射结构，所以允许从图 8.3 所示的复用映射结构中选取部分接口和映射支路，但应使各种被承载的业务只能经过唯一的一条复用线路到达同步传送模块。各个国家和地区则根据自己的实际情况对之进行简化，制定出符合本国国情的复用与映射结构。为简单起见，这里只介绍我国制定的复用与映射结构。我国于 1994 年制定了自己的复用与映射结构，后又根据 ITU-T 新建议进行了修改，我国的光同步传输技术体制规定以 2 Mb/s 为基础的 PDH 系列作为 SDH 的有效负荷并选用 AU-4 复用线路，其基本复用映射结构如图 8.4 所示。

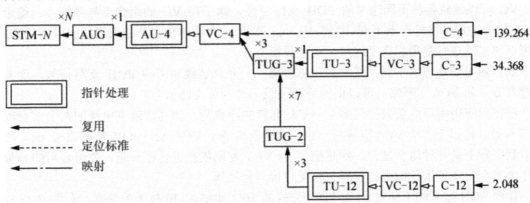

图 8.4　我国的基本复用映射结构(单位 Mb/s)

注：在干线上采用 34 368 Mb/s 时，应经上级主管部门批准。

在我国规定的复用与映射结构中，不允许有 PDH 的二次群，即 8.448 Mb/s 支路信号出现，但其他 2.048 Mb/s、34.368 Mb/s、44.736 Mb/s 和 139.264 Mb/s 支路信号可以进入到 STM-N 的帧结构之中；另外也不允许出现管理单元 AU-3。另外，伴随 SDH 技术的不断发展，TDM 方式的 10G 系统已经商用化，所以与 1994 年制定的复用与映射结构相比，出现了一些新的信息单元，如 VC4-4c、VC4-16c、VC4-64c、AU4-4c、AU4-16c、AU4-64c

等。而将来伴随 TDM 方式 40G 系统的出现，复用与映射结构还会做相应的修改。

1) 表示信息容器

信息容器(Container，C)是净负荷的信息结构。可以装载目前 PDH 系统中最常用的所有支路信号，如 2 Mb/s、34 Mb/s、140 Mb/s(注意不含 8 Mb/s)以及北美制式的 1.5 Mb/s、6.3 Mb/s、45 Mb/s 和 100 Mb/s。但不同等级的 PDH 支路信号要装入相应阶的信息容器，在装入时要进行频率调整。

目前，ITU-T 建议的信息容器共有五种，即 C11、C12、C2、C3、C4。但我国规定仅使用其中的三种，即 C12、C3、C4。

容器 C12 只可装载 2.048 Mb/s 支路信号。

将 2.048 Mb/s 的 PDH 信号经过速率适配装载到对应的标准容器 C12 中，为了便于速率的适配，采用了复帧的概念，即将四个 C12 基帧组成一个复帧。C12 的基帧帧频也是 8 000 帧/s，那么 C12 复帧的帧频就成了 2 000 帧/s。

C3 容器既可装载 34.368 Mb/s 支路信号，也可装载 44.736 Mb/s 支路信号。是 9 行×84 列的块状结构，其速率为 8 000×9×84×8 b/s=48.384 Mb/s。

C4 容器只可装载 139.264 Mb/s 支路信号。是 9 行×260 列的块状结构，其速率为 8 000×9×260×8 b/s=149.760 Mb/s。

2) VC 表示虚容器

虚容器(Virtual Container，VC)由信息容器 C 加上相应的通道开销(POH)构成。这里的通道开销即前面介绍过的通道开销。虚容器是 SDH 系列中最重要的信息结构，可以用来支持 SDH 通道层的连接。

VC 可以装载各种不同速率的 PDH 支路信号，除了在 VC 的组合点与分解点，整个 VC 在传输过程中保持速率不变。因此，VC 可以作为一个整体独立地在通道层提取或接入，也可以独立地进行复用和交叉连接，十分灵活方便。

虚容器与信息容器不同，某阶的信息容器，只允许装载相应的 PDH 支路信号，而高阶虚容器，如 VC4 则不然，可以根据需要装载多种业务支路信号。

在实际应用中可能需要传送多个 VC4 容量的净负荷，如高清晰度电视的数字信号或 IP 信号等。可以把多个 VC4 级联在一起，于是就构成了 VC4-Xc，其中 X=4，16，64。所谓级联实际上是一种组合过程。就是把 X 个 VC4 首尾依次组合在一起，使组合后的容量可作为单个实体使用，如进行复用、交叉连接与传送等。

伴随 SDH 技术的不断发展(如 TDM 方式的 10G、40G)和 IP 技术的崛起，采用 VC4-Xc 来承载业务的应用也将会越来越广泛。

3) 支路单元

支路单元(Tributary Unit，TU)是在低阶通道层与高阶通道层之间(低阶 VC 与高阶 VC)提供适配的信息结构。是由低阶 VC 加上相应的支路单元指针 TU-PTR 组成的。目前 ITU-T 建议中规定的支路单元共有四种，即 TU11、TU12、TU2、TU3。根据我国规定，只允许使用其中的两种，即 TU12 与 TU3。

支路单元 TU12 由虚容器 VC12 加上单字节的支路单元指针(PTR)构成。与容器 C12 一样，支路单元 TU12 也以复帧形式出现。如 500μs 复帧，一个复帧由四个基帧组成，1～4

基帧的支路单元指针(TU-PTR)分别为 V1、V2、V3、V4,其各有不同的用途。为此,TU12 的重复频率为 2 000Hz。

支路单元 TU3 由虚容器 VC3 加上三个字节的支路单元指针(H1、H2、H3)构成。

4) 支路单元组

几个支路单元经过复用就组成了所谓支路单元组(Tributary Unit Group,TUG)。目前,ITU-T 建议规定了两种支路单元组,即 TUG2、TUG3,我国皆可使用。

支路单元组 TUG2 是由三个支路单元 TU12 以字节间插方式复用而成,能装载三个 TU12。

支路单元组 TUG3 有两种组成形式:可以由一个支路单元 TU3 组成,也可以由七个支路单元组 TUG2 复用而成。

当支路单元组 TUG3 由一个支路单元 TU3 组成时,由于支路单元 TU3 的第一列仅有三个字节的支路单元指针 H1、H2、H3,为构成 9 行×86 列的标准 TUG3 块状标准结构,所以在第一列剩余的六个字节中用填充字节(R)来补足;当支路单元组 TUG3 由七个支路单元组 TUG2 复用而成时,由于支路单元组 TUG2 的结构为 9 行×12 列,复用后仅为 9 行×84 列;为形成 9 行×86 列的标准 TUG3 块状结构,则在复用块前边加两列字节,第一列的前三个字节为无效指示(NPI),其余的六个字节和第二列用填充字节来补足。

这样,只要用软件查看支路单元组 TUG3 第一列的前 3 个字节,就可以知道 TUG3 的组成形式。若前 3 个字节为指针 H1、H2、H3 字节,则说明支路单元组 TUG3 是由 1 个支路单元 TU3 组成,其成分是 1 个 34.368 Mb/s 支路信号;若前 3 个字节为无效指针,则说明支路单元组 TUG3 是由 3 个支路单元组 TUG2 组成,其成分是 21 个 2.048 Mb/s 支路信号。

5) 管理单元

是在高阶通道层和复用段之间提供适配的信息结构。由高阶虚容器 VC 加上管理单元指针(AU-RTR)组成。

目前 ITU-T 建议中规定的管理单元(Administration Unit,AU)共有 2 种,即 AU3 和 AU4。根据我国规定,只允许使用 AU4。管理单元 AU4 是由虚容器 VC4 加上 1 行×9 列共 9 个字节的管理单元指针组成。

与 VC4 相类似,AU4 也会以级联方式出现,如 AU4-4c、AU4-16c 和 AU4-64c。

6) 管理单元组

由一个或多个 AU 构成,在管理单元组(Administration Unit Group,AUG)后面加入段开销后便可进入 STM-N。

根据 ITU-T 的新规定,AUG 分为 AUG-1、AUG-4、AUG-16 与 AUG-64。管理单元组 AUG-1 可由一个 AU4 组成,也可由三个 AU3 组成,但根据我国规定,不允许有 AU3 出现,所以对我们来讲,AUG-1 就是 AU4。四个 AUG-1 以字节间插方式复用后就组成了 AUG-4。与之类似,四个 AUG-4 以字节间插方式复用后便组成 AUG-16,四个 AUG-16 以字节间插方式复用后便组成 AUG-64。

管理单元组在 STM-N 中占据固定位置,不能浮动。

从以上介绍的 SDH 复用结构可以分析出,任何信号进入 SDH 组成 STM-N 帧均需经过三个过程:映射、定位和复用。

所谓映射就是一种 SDH 边界处使支路信号适配进虚容器的过程,即各种速率的 G.703

信号先分别经过码速调整装入相应的标准容器，之后再加进低阶或高阶通道开销形成虚容器。也就是在 SDH 网络边界把各种业务信号适配进相应虚容器的过程。因此，映射的实质是使各种业务信号和相应的虚容器同步。

按照映射信号是否和 SDH 网络同步，可以将映射方式分为异步映射方式和同步映射方式。异步映射的结构没有任何限制，也无须网同步，仅利用净荷的指针调整即可将信号适配装入相应的虚容器。同步映射则要求映射信号与 SDH 网络必须严格同步。

被映射的各种业务信号包括 PDH 系统中的各种支路信号，如 PDH 一次群 2.048 Mb/s、三次群 34.368 Mb/s、四次群 139.264 Mb/s，还有 ATM 信元、IP 信号等。如图 8.4 中，演示了将 2.048 Mb/s 信号装进 VC-12，将 34.368 Mb/s 信号装进 VC-3 和将 139.264 Mb/s 信号装进 VC-4 的过程。

所谓定位，是一种将帧偏移信息收进支路单元或管理单元的过程，即以附加于 VC 上的支路单元指针指示和确定低阶 VC 帧的起点在 TU 净负荷中位置或管理单元指针指示和确定高阶 VC 帧的起点在 AU 净负荷中的位置的过程。如图 8.4 中用 VC-12 的 TU-12-PTR 指示和确定 VC-12 的起点在 TU-12 净负荷中位置的过程，用 VC-3 的 TU-3-PTR 指示和确定 VC-3 的起点在 TU-3 净负荷中位置的过程，用 VC-4 的 TU-4-PTR 指示和确定 VC-4 的起点在 AU-4 净负荷中位置的过程。

所谓复用，对 SDH 系统而言，复用就是把几个相同等级的支路单元、支路单元组、管理单元、管理单元组按一定规则组合成更高等级速率的支路单元组、虚容器、管理单元、管理单元组或同步传送模块(STM-N)等。例如可以把三个 TU12 复用成一个 TUG2；把七个 TUG2 复用成一个 TUG3；把 3 个 TUG3 复用成一个 VC4；等等。

8.2.4　SDH 网元设备

SDH 网络由 SDH 网元组成，SDH 网元的物理实体是 SDH 设备，根据 SDH 系统结构，可以将 SDH 设备类型分为终端复用设备(TM)、分插复用设备(Add and Drop Multiplexer，ADM)、数字交叉连接设备(Digital Cross-Connection Equipment，DXC)和再生器(Regenerator，REG)。

1. SDH 设备的功能块描述

目前，SDH 产品众多，为了使不同厂家的 SDH 产品实现横向兼容，这就必然会要求 SDH 设备的实现要按照标准的规范。ITU-T 采用功能参考模型的方法对 SDH 设备进行规范，将设备所应完成的功能分解为各种基本的标准功能块，功能块的实现与设备的物理实现无关，不同的设备由这些基本的功能块灵活组合而成，以完成设备不同的功能。对每一功能模块的内部过程及输入和输出参考点原始信息流进行严格描述。

SDH 设备主要组成部分有：传送终端功能(TTF)、高阶通道连接(HPC)、高阶组装器(HOA)、高阶接口(HOI)、低阶通道连接(LPC)、低阶接口(LOI)和一些辅助功能模块(包括开销接入功能(OHA)、同步设备管理功能(SEMF)、消息通信功能(MCF)、同步设备定时源(SETS)、同步设备定时物理接口(SETPI))。

图 8.5 所示是一个 TM 的功能块组成图，其信号流程(以设备的接收方向为例)是线路上的 STM-N 信号进入设备后依次经过 TTF、HPC、HOI 拆分成 140 Mb/s 的 PDH 信号；

经过 TTF、HPC、HOA、LPC、LOI 拆分成 2 Mb/s 或 34 Mb/s 的 PDH 信号。相应的设备发送方向就是沿这两条路径的反方向将 140 Mb/s 和 2 Mb/s、34 Mb/s 的 PDH 信号复用到线路上的 STM-N 信号帧中。设备的这些功能是由各个基本功能块共同完成的。

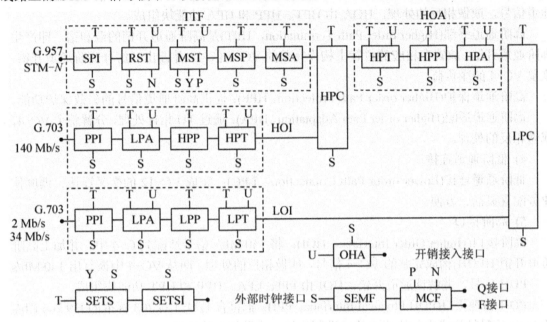

图 8.5 SDH 设备的逻辑功能框图

下面将对各个功能模块进行简单介绍。

1) 传送终端功能

传送终端功能(Transport Termination Function，TTF)的主要作用是将网元接收到的 STM-N 信号转换成净负荷信号(VC-4)，并终结段开销，或做相反的处理。TTF 由以下五个基本的功能块组成：

SDH 物理接口(Synchronous Physical Interface，SPI)：实现 STM-N 线路接口和内部 STM-N 逻辑电平信号之间的相互转换。

再生段终端(Regenerate Section termination，RST)：产生和终结再生段开销(RSOH)，并进行扰码或相反的处理。

复用段终端(Multiplex Section Termination，MST)：产生和终结复用段开销(MSOH)，实现再生段净负荷和复用段净负荷之间的相互转换。

复用段保护(Mutiplex Section Protection，MSP)：用于段内 STM-N 信号的失效保护，对信号格式不做任何变换。

复用段适配(Multiplex Section Adaptation，MSA)：产生或解释 AU-4 指针，组合或分解整个 STM-N 帧。

2) 高阶通道连接

高阶通道连接(Higher order Path Connection，HPC)：将输入的若干个 VC-4 连接到输出的若干个 VC-4，连接过程不影响信号特征，输入和输出信号具有相似的格式，但在逻辑上具有不同的次序，从而完成 VC-4 的交叉连接、调度，使业务配置灵活、方便。

3) 高阶组装器

高阶组装器(Higher Order Assembler，HOA)：按映射路线将低阶通道信号复用成高阶通道信号，或做相反的处理。HOA 由 HPT、HPP 和 HPA 功能块组成。

高阶通道终端(Higher order Path Termination，HPT)是高阶通道开销的源和宿，即产生高阶通道开销，放置在相应的位置上构成完整的 VC-4 信号，并读出和解释高阶通道开销，恢复 VC-4 的净负荷。

高阶通道保护(Higher order Path Protection，HPP)：提供高阶通道信号的失效保护功能。

高阶通道适配(Higher order Path Adaptation，HPA)：通过 TU 指针处理，分解整个 VC-4，或做相反的处理。

4) 低阶通道连接

低阶通道连接(Lower order Path Connection，LPC)：完成 VC-12 的交叉连接、调度使业务配置灵活、方便。

5) 高阶接口

高阶接口(Higher Order Interface，HOI)：将 140 Mb/s 信号适配到 C-4 中，并加上高阶通道开销(HPOH)构成完整的 VC-4 信号，或做相反的处理，即从 VC-4 中恢复出 140 Mb/s PDH 信号，并解读通道开销。HOI 由 PPI、LPA、HPP 和 HPT 功能块组成。

PDH 物理接口(PDH Physical Interface，PPI)：把符合 ITU-T G.703 标准的 139 264 Kb/s 的 PDH 信号转换成内部的普通的二进制信号，或做相反的处理。

低阶通道适配(Lower order Path Adaptation，LPA)：将 139 264 Kb/s 的 PDH 信号映射到 VC-4 中，或从 VC-4 中恢复出 139 264 Kb/s 的 PDH 信号。

高阶通道保护(Higher order Path Protection，HPP)的作用与高阶组装器中的 HPP 完全相同。

高阶通道终端(Higher order Path Termination，HPT)的作用与和高阶组装器中的 HPT 完全相同；但是高阶接口的 HPT 中的 VC-4 是由 140 Mb/s 信号直接映射而成，而高阶组装器的 HPT 中的 VC-4 是由 TU-12 或 TU-3 复接而成的。

6) 低阶接口

低阶接口(Lower Order Interface，LOI)的主要作用是将 2Mb/s、34Mb/s 信号适配到 C-12、C-3 中，并加上 POH 构成完整的 VC-12、VC-3 信号，或做相反的处理。LOI 由 PPI、LPA、LPP 和 LPT 功能块组成。

PDH 物理接口(PDH Physical Interface，PPI)的作用是把 G.703 标准的 2 048 Kb/s 或 34 368 Kb/s 的 PDH 信号转换成内部的普通的二进制信号，或做相反的处理。

低阶通道适配(Lower order Path Adaptation，LPA)：将 2 048 Kb/s 或 34 368 Kb/s 的 PDH 信号映射到 C-12 或 C-3 中，或经过映射，从 C-12 或 C-3 中恢复出 2 048 Kb/s 或 34 368 Kb/s 的 PDH 信号。

低阶通道保护(Lower order Path Protection，LPP)：用于提供低阶通道信号的失效保护功能。

低阶通道终端(Lower order Path Termination，LPT)：低阶通道开销的源和宿，即产生低阶通道开销,放置在相应的位置上构成完整的 VC-12 或 VC-3 信号,并读出和解释低阶通道开销,恢复 VC-12 或 VC-3 净负荷。

7) 辅助功能模块

一个实用化的 SDH 设备,除了主信道的所必需的逻辑功能块以外,还必须具备提供定时、开销和管理等功能的辅助逻辑功能模块。

开销接入功能(Overhead Access,OHA):通过 U 参考点统一管理各相应功能单元的开销,其中包括 E1、E2、F1、F2、F3、N1、N2 及部分备用字节。

同步设备管理功能(Synchronous Equipment Function,SEMF):收集性能数据和告警,经过滤、分类、归纳处理后,转化为可以在 DCC 和 Q 接口上传输的目标信息,同时将与其他管理功能有关的面向目标的消息进行转换,从而实现对网络的管理。

消息通信功能(Message Communiction Function,MCF):完成各种消息的通信功能。与 SEMF 交换各种信息,MCF 的 N 接口传送 $D_1 \sim D_3$ 字节,建立再生段消息传送通道;P 接口传送 $D_4 \sim D_{12}$ 字节,建立复用段消息传送通道。MCF 实现网元和网元的 OAM 信息的互通。此外,MCF 还提供和网络管理系统连接的 Q 接口和 F 接口,通过他们可使网管能对本设备及整个网络的网元进行统一管理。

同步设备定时源(Synchronous Equipment Timing Source,SETS):为 SDH 设备提供各类定时基准信号,以便设备正常运行。SDH 设备中的各种基本功能都以 SETS 为依据进行工作,SETS 从各种时钟信号中选择精度高的时钟信号作为输出时钟,供 SDH 设备中各单元功能模块的本地定时使用,同时输出合适的时钟信号供其他网络单元使用。

同步设备定时物理接口(Synchronous Equipmemt Timing Physical Interface,SETPI):为外部同步信号与同步设备定时源之间提供接口。SETPI 主要用来为外部同步信号与同步设备定时源提供接口。SETPI 对外来 2 Mb/s 信号进行时钟提取,对信号流进行适当编/解码,使其与传输的物理介质适配。

2. SDH 设备

1) 终端复用设备

终端复用设备(Terminal Multiplexer,TM)用在网络的终端结点上,把 PDH 信号或 STM-M 信号复用成一个速率较高的 STM-$N(N>M)$信号,而在接收端能够从 STM-N 中将信号 PDH 信号分解,将一个 STM-N 信号分解成若干个 STM-M 信号,且具有电/光转换功能。因此终端复用设备只有一个方向的高速线路口,TM 的支路端口可以输出/输入多路低速支路信号。其逻辑功能如图 8.6 所示。

由图 8.6 可以很容易地掌握每个网元所完成的功能。因为具有 HPC 和 LPC 功能块,所以 TM 有高、低阶 VC 的交叉复用功能。例如,可将支路的一个 STM-1 信号复用进线路上的 STM-16 信号中的任意位置,或将支路的 2 Mb/s 信号复用到 STM-1 中 63 个 VC-12 的任意位置上。接收部分进行相反的处理。因此终端复用设备既能接入 PDH 信号,又能接入速率较低的 SDH 信号,并且各等级的虚容器在 STM-N 帧中的位置是灵活的,可以用网管系统进行管理。

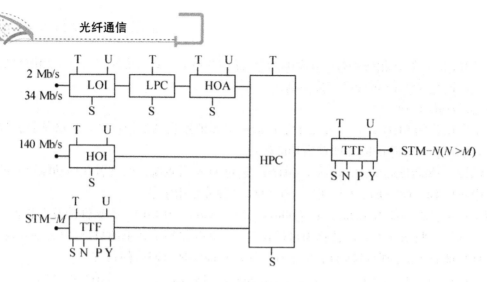

图 8.6　TM 功能模块示意图

2) 分插复用器

分插复用器用于 SDH 传输网络的转接站点处，主要完成在无须分接或终结整个 STM-N 信号的条件下，分出和插入任何支路信号。例如，链的中间结点或环上结点。是 SDH 网上使用最多、最重要的一种网元。ADM 模型如图 8.7 所示。

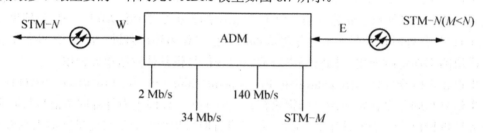

图 8.7　ADM 模型

ADM 是一个三端口的器件，有两个线路端口和一个支路端口。两个线路端口各接一侧的光缆(每侧收/发共两根光纤)，为了描述方便将其分为西向(W)、东向(E)两个线路端口。ADM 的作用是将低速支路信号交叉复用进东向或西向线路上去，或从东或西侧线路端口收的线路信号中拆分出低速支路信号。另外，还可将东/西向线路侧的 STM-N 信号进行交叉连接，ADM 是 SDH 最重要的一种网元，通过其可等效成其他网元，即能完成其他网元的功能。

例如：一个 ADM 可等效成两个 TM，图 8.8 所示为 ADM 的应用举例。

ADM 具有在 SDH 网络中灵活地插入和分接电路的功能，既可以利用自身内部的时隙交换功能，实现交换带宽管理，允许实现两个 STM-N 信号不同 VC 的连接，因此可以构成各种自愈环，应用非常广泛，可以用于用户网、室内中继网和长途网。

3) 数字交叉连接

数字交叉连接设备是 SDH 网中一个非常重要的网络单元，对提高网络的灵活性如自愈能力起着很大的作用。

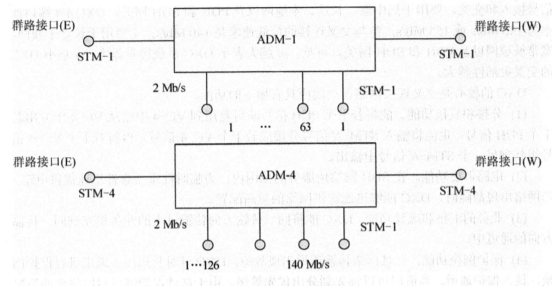

图 8.8 ADM 的应用举例

DXC 相当一个交叉矩阵,完成各个信号之间的交叉连接。具有一个或多个准同步数字体系(G.703)或同步数字体系(G.707)信号端口,并至少可以对任何端口信号速率(包括其子速率信号)与其他端口信号速率(包括其子速率信号)间进行可控连接和再连接的设备。其接口示意图如图 8.9 所示。

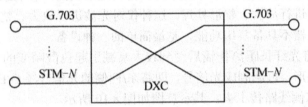

图 8.9 DXC 接口示意图

根据端口速率和交叉连接速率的不同,DXC 可以有多种配置方式。如果用 DXC m/n 来表示一个 DXC 的类型和性能,m 表示可接入 DXC 的最高速率等级,n 表示在交叉矩阵中能够进行交叉连接的最低等级速率级别,则 m 和 n 的相应数值与速率对应情况见表 8-2。

表 8-2 m 与 n 数值与速率对应表

m 或 n	0	1	2	3	4	5	6
速率	64 kb/s	2 Mb/s	8 Mb/s	34 Mb/s	140 Mb/s 155 Mb/s	622 Mb/s	2.5 Gb/s

根据 m 和 n 的取值不同,各端口的应用领域会有所不同。例如,DXC 1/0 端口最高速率为一次群速率 2 Mb/s,参与交叉连接的最低速率是 64 Kb/s,主要用于 PDH 网络,提供 64 kb/s 的数字电路连接和复用。DXC 4/1 端口速率为 140 Mb/s 或 155 Mb/s,参与交叉连接的最低速率是 2 Mb/s,即设备允许一、二、三、四次群 PDH 信号和 SDH 中的 STM-1

信号接入和交叉，要用于局中继、长途、本地网以及 PDH 和 SDH 网关。DXC 4/4 端口速率为 140 Mb/s 或 155 Mb/s，参与交叉连接的最低速率是 140 Mb/s，主要用于长途干线网，宽带城域网以及 PDH 和 SDH 网关。可见，m 越大表示 DXC 承载容量越大，n 越小 DXC 的交叉灵活性越大。

DXC 的核心是交叉连接网络，一般应具有如下的功能：

(1) 分接和复接功能。能将若干个 PDH 信号映射复用到 VC-4 中或从 VC-4 中分出若干个 PDH 信号；也能将输入 STM-N 信号分接成若干个 VC-4 信号，再将若干个 VC-4 信号组装到另一个 STM-N 信号中输出。

(2) 电路调度功能。在 SDH 网络所服务的范围内，为临时性重要事件迅速提供电路；当网络出现故障时，DXC 能够迅速提供网络的重新配置。

(3) 业务的汇集和疏导功能。DXC 能将同一传输方向传输过来的业务填充到同一传输方向的通道中。

(4) 保护倒换功能。一旦网络传输通道出现故障，DXC 可对复用段、通道进行保护倒换，接入保护通道。通道层可以预先划分出优先等级。由于这种保护倒换对网络全面情况不需作了解，因此具有很快的倒换速度。

DXC 除上述功能外，还有开放宽带、网络管理、通道监视、测试接入等功能。

4) SDH 再生器

由于光纤固有损耗的影响，使得光信号在光纤中传输时，随着传输距离的增加，光波逐渐减弱。如果接收端所接收的光功率过小时，便会造成误码，影响系统的性能，因而此时必须对变弱的光波进行放大、整形处理，这种仅对光波进行放大、整形的设备就是再生器，由此可见，再生器不具备复用功能，是最简单的一种设备。

REG 的作用是将光纤长距离传输后受到较大衰减引起色散畸变的光信号转换成电信号完成信号的再生整形，再调制成光信号，即将东/西侧的光信号经 O/E、采样、判决、再生整形、E/O 在西/东侧线路传上去。其示意图如图 8.10 所示。

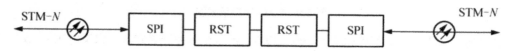

图 8.10 REG 功能示意图

8.2.5 典型设备简介

本节简单介绍两种 SDH 设备，从其设备硬件、基本功能等几个方面入手，希望能使读者建立 SDH 设备的基本概念，为更好地理解 SDH 网络打下基础。

简单以华为设备为例介绍一下 SDH 典型设备，目前华为传输设备主要类型有 OptiX 2500+(Metro 3000)，SBS 155/622/2500，OptiX 155/622H 及 OptiX 155(H)等。为掌握的清楚明确，本节以 OptiX 155/622H 为例进行详细介绍。

1. OptiX 155/622(Metro 2050)设备

OptiX 155/622(Metro 2050)是华为技术有限公司 OptiX 系列产品之一，是该公司针对城域网、本地网接入层特点推出的传输设备，是 OptiX 155/622 的增强型版本，具备 MSTP 特性的 STM-1/STM-4 多业务混合传输设备。该设备采用 MADM 设计思想，支持各种复杂网络拓扑和完备的网络保护功能，结合了 SDH、IP 的技术特点。实现对 IP 业务的有效传输，充分满足了城域网和本地网接入层数据业务日益增长的建设需求。

Metro 2050 提供足够的交叉连接能力和业务接入容量，可方便地实现传输网络容量和带宽的管理，很好的适应 GSM 基站、数据、图像等多种业务的传送需求。

采用多 ADM 技术，根据不同的配置需求，可以同时提供 E1、64K 语音、10M(Mb/s)/100M、34M/45M 等多种接口，满足现代通信网对复杂组网的需求。根据实际需要和配置，目前提供 E1、64K 语音、10M/100M 三种接口。系统结构如图 8.11 所示。可组成点对点、线状、树状、环状和网孔状网络，可支持两环相切、多环相交、环带链等多种复杂网络拓扑，能够充分满足接入网和边缘网络的建设、PDH 网络改造和基站、数据、图像等越来越多的业务传输的需求。Metro 2050 可通过单板升级、增加带宽业务接口板等方式，实现系统的平滑升级，适应网络容量增加核心业务拓展的需求。

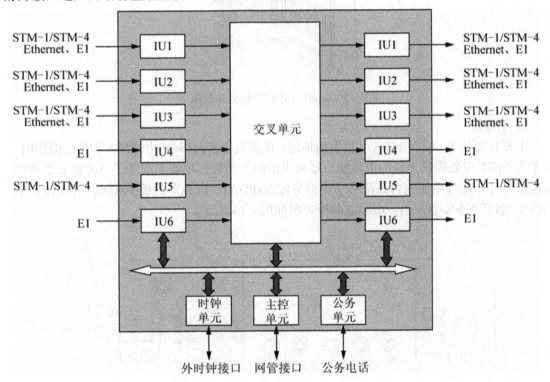

图 8.11　OptiX 155/622 结构图

光传输系统的基本组成部分有：设备(包括机柜、子架、风扇盒、转接架、电路板)、线缆(线缆内部电缆、外部电缆和光缆)、网管系统(工作站、操作系统、软件)。

OptiX 155/622 设备由机柜、子架、风机盒以及若干可选插入式电路板等构成，可灵活配置为终端复用器、分插复用器、再生中继器。系统可配置为 STM-1 单系统或双系统、STM-4

单系统或双系统、两者的混合系统,并可实现由 STM-1 向 STM-4 的在线升级,又可以通过调整配置以满足网络灵活逐级扩容的需求。OptiX 155/622 网元外形如图 8.12 所示。

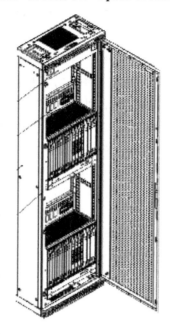

图 8.12　OptiX 155/622 网元外形图

1) 电源盒

电源盒安装于 OptiX 155/622 机柜的顶部,电源盒主要起-48V 电源接入和分配的作用。为了给 SDH 设备提供更好的电性能,增强供电的安全性,电源盒配备了电源滤波器和过流保护器件。此外电源盒内还配备了电源分配板(PDA)、电源监测板(PMU)、过压保护板(OPU)、低压保护板(LVC)。电源盒面板说明如图 8.13 所示。

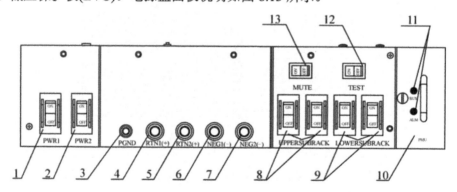

图 8.13　电源盒面板图

1—总开关(第 1 路);2—总开关(第 2 路);3—保护地;4—电源地(第 1 路);
5—电源地(第 2 路);6—-48V 电源(第 1 路);7—-48V 电源(第 2 路);8—上子架电源开关;
9—下子架电源开关;10—PMU 板;11—PMU 板指示灯;12—声光测试开关;13—告警声切除开关

2) 子架

其外观如图 8.14 所示。OptiX 155/622 的子架用于安插各类电路板并提供各类电接口。子架分为母板、接线区和插板区。

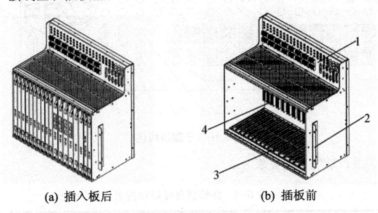

(a) 插入板后　　　　　　　(b) 插板前

图 8.14　子架外观图

1—接线区；2—挂耳；3—插板区；4—母板

(1) 母板。其正视图如图 8.15 所示。

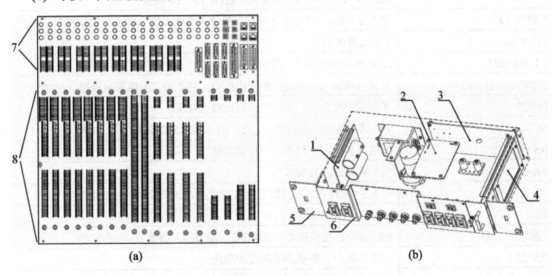

(a)　　　　　　　　　　(b)

图 8.15　母板正视图

1—OPU 板；2—LVC 板；3—PDA 板；
4—PMU 板；5—挂耳；6—面板；7—接线区；8—插板区

OptiX 155/622 母板连接各电路板，并提供外部信号的接入，在系统中起着十分重要的作用。母板分为两部分：插板区和接线区，与子架的插板区和接线区一一对应。

(2) 接线区。OptiX 155/622 子架的接线区如图 8.16 所示。

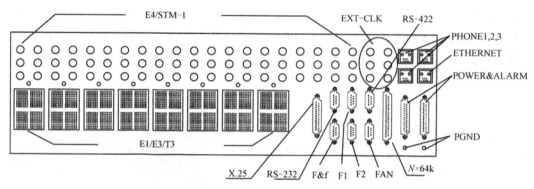

图 8.16 子架接线区

接线区的各接口功能说明见表 8-3。

表 8-3 接线区各接口功能表

接 口 名 称	功 能
E1/E3/T3	接入 E1/E3/T3 信号，共 8 组接插件，对应子架插板区的 1～8 板位
E4/STM-1	接入 E4/STM-1 信号，共 20 组接口，每组 3 个 SMB 接插件，对应子架插板区的 1～8 板位(每板位 2 组)和 11～14 板位
EXT-CLK	接入 2 MHz、2 Mb/s 外时钟，提供 2 个输入接口和 4 个输出接口
PHONE1，2，3	3 路公务电话接口
ETHERNET	以太网双绞线接口，用于接入网管
POWER&ALARM	子架电源输入及子架告警输出接口，共 2 个，与电源盒连接
PGND	子架保护地接口，共 2 个，与电源盒连接
$N×64k$	3 路透明传输的数据接口，接口特性为 RS-232/RS-422 可选
RS-422	非透明接口，提供出子网连接功能
FAN	风机盒电源及告警接口
F2	1 路透明传输的数据接口，接口特性为 RS-232/RS-422 可选
F1	64Kb/s 同向数据接口
F&f	F&f 接口，接口特性为 RS-232，用于接入网管
RS-232	非透明接口，提供出子网连接功能
X.25	X.25 接口

(3) 插板区。母板通过接插件与安插在子架上的各电路板连接，从而实现各电路板之间的信号传送；在接线区，母板通过接插件提供系统与外部信号的连接，完成各种业务的接入以及数据通信信号的接入。

OptiX 155/622 设备子架的插板区如图 8.17 所示。

TU 为支路接口单元；LU 为线路接口单元；XC 为交叉连接单元；STG 为同步定时发生单元；SCC 为系统控制与通信单元；OHP 为开销处理单元。

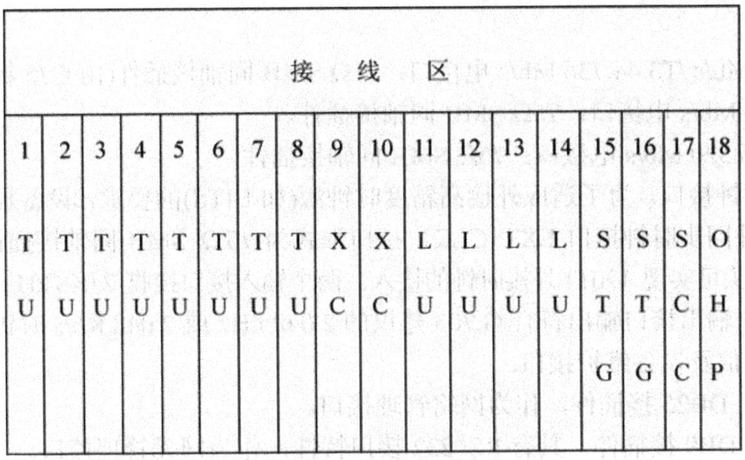

第 8 章　光纤通信网

接　　线　　区																	
1	2	3	4	5	6	7	8	9	10	11	12	13	14	15	16	17	18
T U	T U	T U	T U	T U	T U	T U	T U	X C	X C	L U	L U	L U	L U	S T G	S T G	S C C	O H P

图 8.17　子架插板区

插板区可插入的电路板及对应的插槽见表 8-4。

表 8-4　插板区可插入电路板及对应槽位

电路板名称	全　　称	可插入位置
PL1	16*E1 支路电接口板	TU
PD1	32*E1 支路电接口板	TU
PL3	3*E3、3*T3 支路电接口板	TU
PL4	1*E4 支路电接口板	TU
TDA	音频数据接口板	TU
ET1	4*10M/100M 以太网电接口板	TU
SLE	1*STM-1 电接口板	TU, LU
SL1	1*STM-1 光接口板	TU, LU
SL2	2*STM-1 光接口板	LU
SE2	2*STM-1 电接口板	LU
SL4	1*STM-4 光接口板	LU
GTC	通用时隙交叉连接板	XC
XC4	交叉连接板	XC
XC1	交叉连接板	XC
STG	同步时钟发生器板	STG
SCC	系统控制与通信板	SCC
OHP	开销处理板	OHP
BA2	光功率放大器板	TU, LU

3) 子架接线区的对外接口

子架接线区提供各类电信号接口用于电信号的接入：

(1) PDH/SDH 电接口：

E1 2.048 Mb/s 电接口：75Ω SMB 同轴接插件(C75 D75 板)或 120Ω DB37 型接插件

(C12 D12 板)。

E3 34.368 Mb/s /T3 44.736 Mb/s 电接口：75Ω SMB 同轴接插件(由 C75 板引出)。

E4 139.264 Mb/s 电接口：75Ω SMB 同轴接插件。

STM-1 155.520 Mb/s 电接口：75Ω SMB 同轴接插件。

(2) 同步时钟接口。为了适应外接高精度时钟源(如 BITS)的要求，设备提供 2 048 kHz 或 2 048 Kb/s 外同步时钟接口 EXT-CLK，接口形式为 75Ω SMB 同轴接插件。使用一个 75～120Ω 转换头可实现 120Ω 外接时钟的接入。两个输入接口接收 2 048 kHz 或 2 048 Kb/s 时钟信号，四个输出接口输出符合 G.703 建议的 2 048 kHz 或 2 048 Kb/s 时钟信号。

(3) 数字通信及设备维护接口：

X.25 接口：DB25 接插件，作为网络管理接口。

F&f 接口：DB9 接插件，具有 RS-232 接口特性，作为网元管理接口。

ETHERNET 接口：以太网双绞线接口，RJ45 接插件，作为网络管理或网元管理接口。

RS-232 接口：DB9 型接插件，通用 RS-232 接口，为非透明传输接口。

RS-422 接口：DB9 型接插件，通用 RS-422 接口，也可定义为 RS-232 接口，为非透明传输接口。

$N \times 64K$ 接口：DB37 型接插件，3 路 RS-232/RS-422 透明数据接口。

F1 接口：DB9 型接插件，作为同向 64 Kb/s 数据通信接口。

F2 接口：DB9 型接插件，1 路 RS-232/RS-422 透明数据接口。

PHONE1、PHONE2、PHONE3 接口：RJ11 接插件，作为公务电话接口。

FAN 接口：DB9 型接插件，用于给风扇提供电源和进行风扇告警管理。

(4) 子架电源接口。POWER&ALARM 接口：两个 DB13-D 型接插件，用于给设备子架提供-48V 电源和进行电源盒告警管理。

4) 风机盒

风机盒安装在子架的下面用于给子架散热，风机盒由风扇防尘网风扇控制板 FAN 板等组成风机盒的结构如图 8.18 所示，防尘网可直接取出清洗。

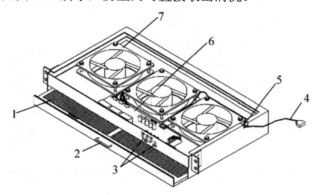

图 8.18 风机盒结构图

1—风扇防尘网；2—手柄；3—指示灯；4—风扇电源线；5—风扇线出/入口；6—FAN 板；7—风扇

2. OptiX 155/622H(Metro 1000)设备介绍

OptiX 155/622H 是华为技术有限公司根据城域网现状和未来发展趋势，开发的新一代光传输设备，融 SDH、Ethernet、PDH 等技术为一体，实现了在同一个平台上高效地传送语音和数据业务。OptiX 155/622H 的设备外形如图 8.19 所示。

图 8.19　OptiX 155/622H 实物外形图

OptiX 155/622H 应用于城域传输网中的接入层，可与 OSN 9500、OptiX 10G、OptiX OSN 2500、OptiX OSN 1500、OptiX Metro 3000 混合组网。图 8.20 所示是 OptiX 155/622H 在传输网络中的应用。

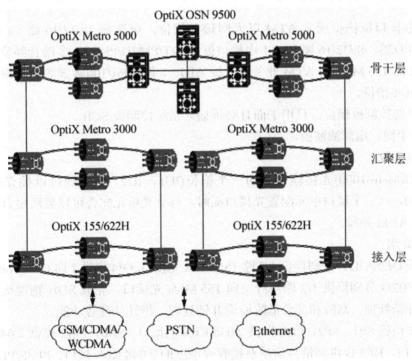

图 8.20　OptiX 155/622H 的网络应用

155/622H(Metro1000)同步光传输设备，结构紧凑，为安装提供了很大的灵活性，可以安装于开放式机架，也可进行壁挂式安装。后面板如图 8.21 所示。

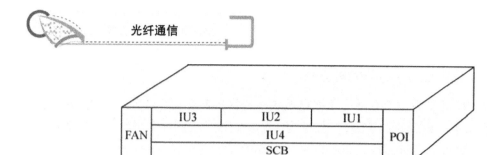

图8.21　155/622H(Metro 1000)后面板

1) 槽位介绍

从系统背面看到的结构为七个槽位(每个槽位插入一块单板)。IU1，IU2，IU3和IU4，为设备业务接入槽位。

IU1：光接口板槽位，可选择1/2路STM-1光接口板OI2S/OI2D、1路STM-4光接口板OI4或者2路STM-1单纤双向光接口板SB2插入IU1槽位。

IU2，IU3：光接口板、电接口板共用槽位，可选择光接口板OI2/OI4/SB2，8/4路E1电接口板SP1D/SP1S、16路E1电接口板SP2、8路E1/T1电接口板SM1、8路E1高性能电接口板HP2或电接口板PL3插入IU2、IU3槽位。环境监控单元EMU仅可插入IU3槽位。

HU4：电接口板槽位或者ATM以太网接入槽位，可选择48/32/16路E1电接口板PD2T/PD2D/PD2S、48/32/16路E1/T1电接口板PM2T/PM2D/PM2S、多路音频数据接入板TDA、2路/4路155 Mb/s的ATM业务接入板AIU，8路10M/100M兼容以太网业务接入板ET1插入IU4槽位。

SCB：系统控制板槽位，只用于而且必须插入系统控制板SCB。

POI：防尘网、电源滤波板。

FAN：风扇板。

155/622H(Metro1000)光传输设备的三个槽位(IU1，IU2，IU3)均可以插光接口单元(OI2/OI4/SB2)，这三个接口单元配置光接口板时，与交叉单元配合可以灵活组合构成单个或多个TM，ADM系统。

2) 单板介绍

光接口板OI2S/OI2D分别提供1/2路155 Mb/s光接口、OI4提供1路622 Mb/s光接口、SB2L/SB2R/SB2D分别提供1/2路单纤双向155 Mb/s光接口，完成SDH物理接口、复用段和再生段开销处理、高阶和部分低阶通道开销处理、指针处理等功能。

支路电接口板SP1，SP2，PD2提供2 048 Kb/s电接口，SM1，PM2提供2 048 Kb/s和1 544 Kb/s接口，HP2提供高信号质量及接收灵敏度的2 048 Kb/s接口，PE3S/PE3D/PE3T提供E3接口，PT3S/PE3D/PT3T提供T3接口，这些电接口板主要完成2 048 Kb/s，1 544 Kb/s，34 368 Kb/s或44 736 Kb/s信号到VC-4信号的映射、解映射等功能。

多路音频数据接入板TDA提供12路二线音频接口(或者6路四线音频接口或者是两者的组合)。同时提供4路RS-232和4路RS-422数据接口，主要完成低速信号复用、2 048 Kb/s或1 544 Kb/s信号到VC-4信号的映射、解映射等功能。

ATM 业务接口单元 AIU 对外提供 2 路或 4 路 155 Mb/s 的 ATM 光接口,可以实现 ATM 业务的接入。

以太网接口单元 ET1 对外提供 8 路 10M/100M 兼容的以太网接口。

环境监控单元(EMU)提供环境监控功能,主要包括设备工作电压监测、设备温度检测、开关量输入输出和串行通信等。

系统控制板(SCB)包括控制与通信单元(SCC)、交叉连接单元(X42)、同步定时发生器单元(STG)及开销处理单元(OHP)。

控制与通信单元 SCC 通过管理接口与网元管理终端连接,负责收集系统的性能、告警等维护信息上报网管,并下发来自网管的各种命令,如配置、监视等,同时通过 DCC 通道和不同传输网元之间交换信息,来实现对其他网元的管理;进行网元内的各个单元的信息交换、提供 DCC 通信,提供标准的以太网管接口、RS-232 网管接口,进行网元及网络管理。

同步定时单元提供整个系统的工作时钟,可以从线路单元、支路单元、外部定时源或内部定时源获取定时信号,并且可以输出定时信号作为其他设备的输入时钟源。

交叉矩阵单元提供 16×16 个 VC-4 在 VC-12 级别的交叉能力,可实现接口侧业务在 VC-4,VC-3,VC-11 和 VC-12 级别上的互通与交换。

开销处理单元进行开销处理、提供公务电话的多种呼叫方式和 RS-232 数据通道接口等功能。

此外系统控制板还提供系统所需的电源、声光报警、铃流等功能。

155/622H(Metro 1000)系统槽位与单板对应关系见表 8-5。

表 8-5 155/622H(Metero1000)系统槽位和单板对应关系

板 名	接口类型、数量	可接 IU 槽位
OI2S 线路接口板	1×STM-1	IU1、IU2、IU3
OI2D 线路接口板	2×STM-1	IU1、IU2、IU3
OI4 线路接口板	1×STM-4	IU1、IU2、IU3
SB2L 线路接口板	1×STM-1	IU1、IU2、IU3
SB2R 线路接口板	1×STM-1	IU1、IU2、IU3
SB2D 线路接口板	2×STM-1	IU1、IU2、IU3
SPIS 支路单元	4×2 048 kb/s	IU2、IU3
SPID 支路单元	8×2 048 kb/s	IU2、IU3
SP2 支路单元	16×2 048 kb/s	IU2、IU3
SMIS 支路单元	4×(2 048 kb/s 或 1 544 kb/s)兼容	IU2、IU3
SMID 支路单元	8×(2 048 kb/s 或 1 544 kb/s)兼容	IU2、IU3
HP2 支路单元	8×2 048 kb/s 高性能接口	IU2、IU3
PD2S 支路单元	16×2 048 kb/s	IU4
PD2D 支路单元	32×2 048 kb/s	IU4
PD2T 支路单元	48×2 048 kb/s	IU4

板　　名	接口类型、数量	可接 IU 槽位
PM2S 支路单元	16×(2048 Kb/s 或 1544 Kb/s)兼容	IU4
PM2D 支路单元	32×(2048 Kb/s 或 1544 Kb/s)兼容	IU4
PM2T 支路单元	48×(2048 Kb/s 或 1544 Kb/s)兼容	IU4
TDA 多路音频数据接口单元	12 路音频+4 路 RS-232+4 路 RS-422	IU4
AIU ATM 业务接口板	用户接口：2/4×155 Mb/s 的 ATM 接口	IU4
ETI 以太网业务接口板	用户接口：8×(10/100 Mb/s 兼容的以太网业务接口)	IU4

3) OptiX 155/622H 的功能介绍

OptiX 155/622H 具有的功能：接入容量高集成度设计，以太网业务接入；业务接口和管理接口；交叉能力；业务接入能力；设备级保护；组网形式和网络保护功能。

(1) 强大接入容量：OptiX 155/622H 线路速率可以灵活配置为 STM-1 或 STM-4。

(2) E1 的接入容量：OptiX 155/622H 最多提供 112 路 E1 电接口，IU1、IU2 和 IU3 都配置为 SP2D(16 路 E1)，IU4 配置为 PD2T(48 路 E1)，SCB 板的电接口单元配置为 SP2D，如图 8.22 所示。

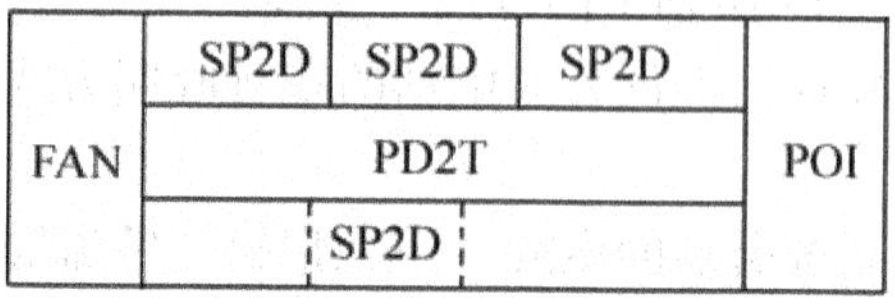

FAN	SP2D	SP2D	SP2D	POI
	PD2T			
		SP2D		

图 8.22　最多 E1 配置

(3) STM-1 的接入容量：OptiX 155/622H 最多提供 8 路 STM-1 光接口，IU1、IU2 和 IU3 都配置双光口板 OI2D，SCB 板的光接口单元也配置为 OI2D，如图 8.23 所示。

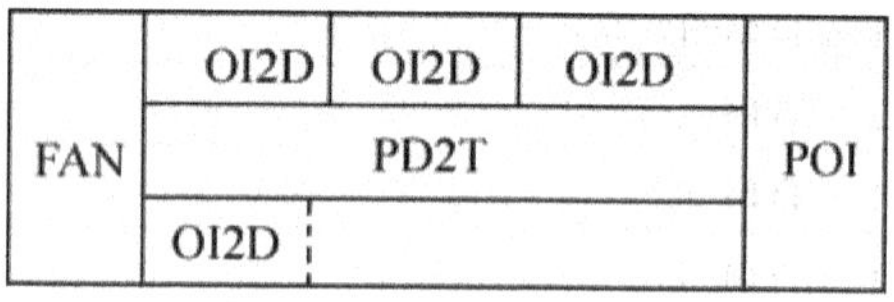

FAN	OI2D	OI2D	OI2D	POI
	PD2T			
		OI2D		

图 8.23　最多 STM-1 配置

(4) STM-4 的接入容量：OptiX 155/622H 最多提供 5 路 STM-4 光接口，IU1、IU2 和 IU3 都配置 OI4，SCB 板的光接口单元配置为 OI4D，如图 8.24 所示。

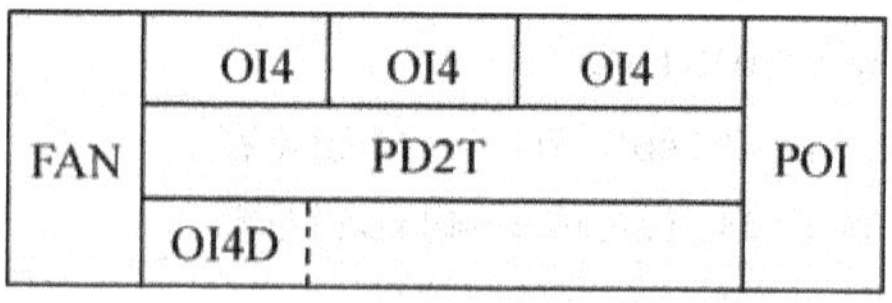

FAN	OI4	OI4	OI4	POI
	PD2T			
		OI4D		

图 8.24　STM-4 配置

(5) 高集成度设计：OptiX 155/622H 子架尺寸为 436mm(长)×293mm(宽)×86mm(高)，有 IU1、IU2、IU3、IU4 和 SCB 共五个槽位。

(6) 以太网业务接入：OptiX 155/622H 实现了数据业务的传输和汇聚。支持 10M/100M 以太网业务的接入和处理；支持 HDLC(High-level Data Link Control)、LAPS(Link Access Procedure-SDH)或 GFP(Generic Framing Procedure)协议封装；支持以太网业务的透明传输、汇聚和二层交换；支持 LCAS(Link Capacity Adjustment Scheme)，可以充分提高传输带宽效率；支持 L2 VPN 业务，可以实现 EPL、EVPL、EPLn/EPLAN 和 EVPLn/EVPLAN 业务。

(7) 业务接口和管理接口：OptiX 155/622H 提供多种业务接口和管理接口，具体如表 8-6 所示。

表 8-6　OptiX 155/622H 提供的业务和管理接口

接 口 类 型	描　　述
SDH 业务接口	STM-1 光接口：I-1、S-1.1、L-1.1、L-1.2 STM-4 光接口：I-4、S-4.1、L-4.1、L-4.2
PDH 业务接口	E1
以太网业务接口	10Base-T、100Base-TX
时钟接口	2 路 75Ω 和 120Ω 外时钟接口 时钟信号可选为 2 048 kb/s 或 2 048 kHz
告警接口	4 路输入 2 路输出的开关量告警接口
管理接口	4 路透明传输串行数据的辅助数据口 1 路以太网网管接口
公务接口	1 个公务电话接口

(8) 交叉能力：OptiX 155/622H 交叉容量是 26×26 VC-4。

(9) 业务接入能力：OptiX 155/622H 通过配置不同类型、不同数量的单板实现不同容量的业务接入，各种业务的最大接入能力见表 8-7。

表 8-7　OptiX 155/622H 的业务接入能力

业 务 类 型	最大接入能力
STM-4	5 路
STM-1	8 路
E1 业务	112 路
快速以太网(FE)业务	12 路

(10) 组网形式和网络保护：OptiX 155/622H 是 MADM(Multi-Add/Drop Multiplexer)系统，可提供 10 路 ECC(Embedded Control Channel)的处理能力，支持 STM-1/STM-4 级别的线形网、环形网、枢纽形网络、环带链、相切环和相交环等复杂网络拓扑。

OptiX 155/622H 支持单双向通道保护、二纤复用段环保护、线性复用段保护、共享光路虚拟路径保护和子网连接保护等网络级保护。

综合应用实例/应用实例和实例分析：

根据现有设备，有 OptiX 155/622H(Metro 1000)设备两套，OptiX 155/622(Metro 2050)

设备一套，维护用户终端若干台，进行 SDH 点对点组网配置。

1. 要掌握设计必备理论基础：SDH 网络的基本拓扑结构

在 SDH 网络中，通常采用点对点链状、星状、树状、环状等网络结构。

1) SDH 点对点链状网络结构及其优缺点

点到点链状拓扑即为线形拓扑，将各网络结点串联起来，同时保持首尾两个网络结点呈开放状态的网络结构。图 8.25 所示就是一个最为典型的点到点链状 SDH 网络。

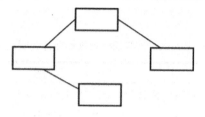

图 8.25　典型点对点链状 SDH 网络

这种网络结构简单，便于采用线路保护方式进行业务保护，但当光缆完全中断时，此种保护功能失效。另外这种网络的一次性投资小，容量大，具有良好的经济效益，因此很多地区采用此种结构来建立 SDH 网络。

2) SDH 星状网络结构及其优缺点

所谓星状网络拓扑结构是指如图 8.26 所示的网络结构，即其中一个特殊网络结点(即枢纽点)与其他的互不相连的网络结点直接相连，这样除枢纽点之外的任意两个网络结点之间的通信，都必须通过此枢纽点才能完成连接，因而一般在特殊点配置交叉连接器(DXC)以提供多方向的互连，而在其他结点上配置终端复用器。

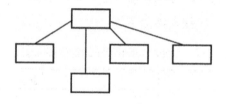

图 8.26　SDH 星状网结构

这种网络结构简单，可以将多个光纤终端统一成一个终端，从而提高带宽的利用率，同时又可以节约成本，但在枢纽结点上业务过分集中，并且只允许采用线路保护方式，因此系统的可靠性能不高，故仅在初期的 SDH 网络建设中出现。目前多使用在业务集中的接入网中。

3) SDH 树状网络结构及其优缺点

一般树状网络是由星状结构和线状结构组合而成的网络结构，因而所谓树状网络结构是指将点到点拓扑单元的末端点连接到几个枢纽点时的网络结构，如图 8.27 所示。通常在这种网络结构中，连接三个以上方向的结点应设置 DXC，其他结点可设置 TM 或 ADM。

这种网络结构适合于广播式业务，而不利于提供双向通信业务，同时也存在枢纽点可靠性不高和光功率预算问题，但这种网络结构仍在长途网中使用。

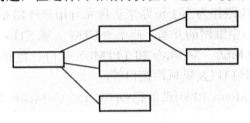

图 8.27　SDH 树状网络结构

4) SDH 环状网络结构及其优缺点

所谓环状网络是指那些将所有网络结点串联起来，并且使之首尾相连，而构成的一个封闭环路的网络结构，如图 8.28 所示。

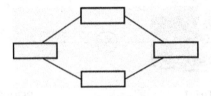

图 8.28　SDH 环状网络结构

即系统可以自动地进行环回倒换处理，排除故障网元，而无须人为的干涉就可恢复业务的功能。这种网络结构的一次性投资要比线形网络大，但其结构简单，而且在系统出现故障时，具有自愈功能。

5) 我国 SDH 网络结构

第一级干线：是最上一层网络，主要用于省会、城市间的长途通信，由于其间业务量较大，因而一般在各城市的汇接结点之间采用 STM-64、STM-16 高速光链路，而在各汇接结点城市装备 DXC 设备，如 DXC4/4，从而形成一个以网孔状结构为主，其他结构为辅的大容量、高可靠性的骨干网。由于使用了 DXC4/4 设备，这样可以直接通过 DXC4/4 中的 PDH 体系 140 Mb/s 接口，将原有的 140 Mb/s 和 565 Mb/s 系统纳入到长途一级干线之中。

第二级干线：这是第二层网络，主要用于省内的长途通信。考虑其具体业务量的需求，通常采用网孔状或环形骨干网结构，有时也辅以少量线状网络，因而在主要城市装备 DXC 设备，其间用 STM-4 或 STM-16 高速光纤链路相连接，形成省内 SDH 网络结构。同样由于在其中的汇接点采用 DXC4/4 或 DXC4/1 设备，因而通过 DXC4/1 上的 2 Mb/s、34 Mb/s 和 140 Mb/s 接口，从而使原有的 PDH 系统也能纳入二级干线进行统一管理。

第三级干线：这是第三层网络，主要用于长途端局与市话之间以及市话局之间通信的中继网构成。根据区域划分法，可分为若干个由 ADM 组成的 STM-4 或 STM-16 高速环路，也可以是用路由备用方式组成的两结点环，而这些环是通过 DXC4/1 设备来沟通的，既具有很高的可靠性，又具有业务量的疏导功能。

第四级是网络的最低层面,既称为用户网,又称接入网。由于业务量较低,而且大部分业务量汇聚于一个结点(交换局)上,因而可以采用环状网络结构,也可以采用星状网络结构,其中是以高速光纤线路作为主干链路来实现光纤用户环路系统(OLC)的互通,或者经由 ADM 或 TM 来实现与中继网的互通。速率为 STM-1 或 STM-4,接口可以为 STM-1 光/电接口、PDH 体系的 2 Mb/s、34 Mb/s 和 140 Mb/s 接口、普通电话用户接口、小交换机接口、2B+D 或 30B+D 接口以及城域网接口等。

利用 OptiX 155/622H(Metro 1000)设备和 OptiX 155/62(Metro 2050)设备组成点到点光传输网络,硬件配置。

2. 实际操作设备连接情况

采用点对点组网方式时,需要两套 SDH 设备,配置方案如图 8.29 所示。

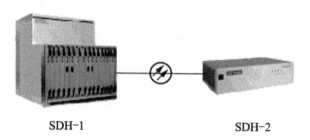

图 8.29　SDH 实际配置方案图

以 OptiX 155/622 组网时为例实际连接图如图 8.30 所示。

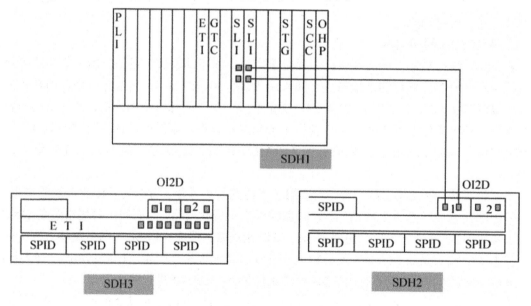

图 8.30　SDH 组网实际连接图

ODF 光纤配线架连接示意图如图 8.31 所示。

第8章 光纤通信网

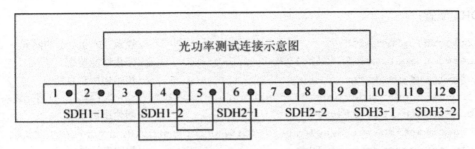

图8.31 ODF光纤配线架连接示意图

注：图中编号奇数为光纤的发，偶数为光纤的收；如：1为发，2为收。

3. 对点对点SDH光传输网进行数据配置

以下范例是1号用户(密码为NESOFT)所配置的命令行。要求在SHD1的SP1D 2M板的1～4端口和SHD2的SP1D 2M板的1～4端口之间有2M业务连通。

SDH1配置：

```
#1:login:1,"nesoft"                                    //登录ID号为1的网元
:per-set-endtime:15m&24h,1990-0-0,0*0;                 //停止性能监视
:cfg-init<sysall>;                                     //初始化所有系统
:cfg-set-nepara:nename="实验1":device=sbs622:bp_type=type3:gne=true;
                                                       //网元设备属性
:cfg-create-lgcsys:sys1                                //创建逻辑系统之间有2M业务连通
:cfg-set-sysname<sys1>:"sys1";                         //定义逻辑子系统名称
:cfg-create-board:1,pl1:9,gtc:12,sl1:15,stg:18,ohp2;   //创建板位
:cfg-set-gtcpara:work_mode=main;                       //配置GTC工作模式：GTC用于
                                                       //主子架
:cfg-set-xcmap<sys1>:xlwork,9,gtc;                     //第9槽位的GTC板为主用，用
                                                       //于逻辑子系统1
:cfg-set-ohppara:tel1=101;                             //配置电话号码
:cfg-set-ohppara:meet=999:reqt=8:dial=dtmf;            //配置公务电话号码
:cfg-set-ohppara:rax=sys1;                             //允许通话逻辑系统
:cfg-set-stgpara:sync=intr:syncclass=intr;
:cfg-set-gutumap<sys1>:ge1,12,sl1,0;                   //逻辑设备到物理设备的映射
:cfg-set-gutumap<sys1>:t1,1,pl1,0;
:cfg-set-tupara:tu1,1&&16,np&75o;                      //配置支路板属性
:cfg-set-attrib<sys1>:155:2f:bi:nopr:tm:line;          //配置逻辑设备属性
:cfg-init-slot<sysall>;                                //初始化单板
                                                       //1站到2站的业务
:cfg-create-vc12:sys1,ge1,1&&4,sys1,t1,1&&4;           //配置业务
:cfg-create-vc12:sys1,t1,1&&4,sys1,ge1,1&&4;
:cfg-checkout;                                         //配置校验下发
:cfg-get-nestate;                                      //查看网元是否进入正常运行态
```

将以上命令行编辑成一个文本文件：如SDH1.txt。

SDH2 配置：

```
#2:login:1,"nesoft"                                    //登录 ID 号为 1 的网元
:per-set-endtime:15m&24h,1990-0-0,0*0;                 //停止性能监视
:cfg-init<sysall>;                                     //初始化所有系统
:cfg-set-nepara:device=sbs155a:nename="站点-2":gne=false;  //网元设备属性
:cfg-create-lgcsys:sys1                                //创建逻辑系统
:cfg-create-board: 3,sp1d:11,oi2d:9,x42:15,stg:18,ohp2;  //创建板位
:cfg-set-ohppara:tel1=102;                             //配置电话号码
:cfg-set-ohppara:meet=999:reqt=8:dial=dtmf;            //配置公务电话号码
:cfg-set-ohppara:rax=sys1;                             //允许通话逻辑系统
:cfg-set-stgpara:sync=w1s8k:syncclass=w1s8k&intr
:cfg-set-gutumap<sys1>:t3,3,sp1d,0;                    //逻辑设备到物理设备的映射
:cfg-set-gutumap<sys1>:gw1,11,oi2d,1;
:cfg-set-tupara:tu3,1&&8,np;                           //配置支路板属性
:cfg-set-xcmap<sys1>:xlwork,9,x42;                     //配置逻辑设备交叉板
:cfg-set-attrib<sys1>:2f:bi:nopr:tm:line:155;          //配置逻辑设备属性
                                                       //1 站到 2 站的业务
:cfg-create-vc12:sys1,gw1,1&&4,sys1,t3,1&&4            //配置业务
:cfg-create-vc12:sys1,t3,1&&4,sys1,gw1,1&&4;
:cfg-checkout;                                         //配置校验下发
:cfg-get-nestate;                                      //查看网元是否进入正常运行态
```

将以上命令行编辑成一个文本文件。

4. 验证点对点光传输网的数据配置的正确性

以上配置完成后，根据组网图连接好物理链路就可以对数据进行验证了。误码测试连接示意图如图 8.32 所示。

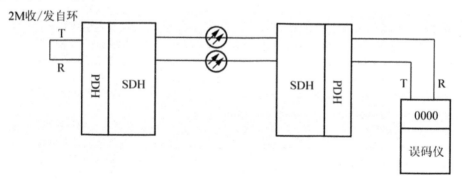

图 8.32 误码连接测试示意图

注：2M 测试方法如下：将其中一套 SDH 一端的 2M 环起来，另外一套 SDH 对应连通的 2M 接误码仪。

根据上述连接图找到对应的 2M 口，按照误码测试示意图进行连接，然后用误码仪测试误码，正常情况下，5min 内误码应为 0。

8.3 WDM 光传送网

8.3.1 WDM 传送网的概念

SONET/SDH 技术出现后就很快成为长途传送网上的主要技术,因为其不仅具有高的传输容量,而且还有着灵活可靠的保护方式。随着因特网业务和其他宽带业务的剧增,带宽需求已使铺设的光纤资源消耗殆尽,必须寻找合适的技术解决这个问题。在采用 SDH 系统挖掘光缆的带宽潜力、采用 OTDM 技术增加单根光纤中 SDH 的传输容量和采用 WDM 技术进行波分复用这三种技术中,WDM 技术得到了充分的肯定和优先发展,在长途骨干网上已经取代了 SDH 技术,成为大容量传输系统的首选扩容方案。

WDM 是一种为了使若干个独立光信号能在一根光纤上传输,将其安排在分离的波长上的复用技术。WDM 技术不仅具有 SDH 一样灵活的保护和恢复方式,而且也能够使光纤的传输容量几倍、几十倍的增加。在光纤发展的初期,研究人员就已预想到,光通信系统将会从简单的点对点系统发展成为多点交换系统(光网络)。

WDM 技术在光纤网中的应用正在经历一个从"线"到"面"的发展过程,即从点对点的 DWDM 系统,到环状网,再到网状网的方向发展。点对点的 DWDM 传输技术目前已比较成熟,现在关于 WDM 技术的研究方向主要有两个:一个是朝着更多波长、单波长更高速率的方向发展;另一个是朝着 WDM 联网方向发展,联网更能体现 WDM 技术的优越性。在光联网方向的发展目前也取得了许多重要的成果,例如 WDM 环状网在城域网上已开始商用化,网状网的光网络在世界范围也已经建立了许多实验平台,而加拿大采用 IP over WDM 技术实现的光网络已在商业运营了。

随着可用波长数的不断增加、光放大和光交换等技术的发展和越来越多的光传输系统升级为 WDM 或 DWDM 系统,下层的光传输网不断向多功能型、可重构、灵活性、高性价比和支持多种多样保护恢复能力等方面发展,以及在 DWDM 技术逐渐从骨干网向城域网和接入网渗透的过程中,人们发现波分复用技术不仅可以充分利用光纤中的带宽,而且其多波长特性还具有无可比拟的光通道直接联网的优势,为进一步组成以光子交换为交换体的多波长光纤网络提供了基础,因此促使了波分复用系统由传统的点到点传输系统向光传送联网的方向发展,形成了多波长波分复用光网络,又称光传送网(Optical Transport Network,OTN),WDM 发展过程如图 8.33 所示。

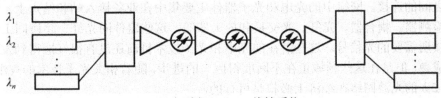

(a) 点到点 WDM:线性系统

图 8.33 由点到点传输系统向 WDM 光网络的演进

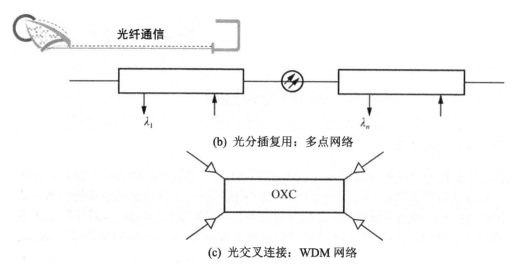

(b) 光分插复用：多点网络

(c) 光交叉连接：WDM 网络

图 8.33　由点到点传输系统向 WDM 光网络的演进(续)

在早期 WDM 仅作为点到点的传输系统来使用，以提高传输线路的速率。与 TDM 系统对照，WDM 技术在从简单的点对点系统向基于波长的多点网络演变的过程中具有相当明显的优势。WDM 点对点网络系统在分布区域相当广(300～600 km)的终端之间提供了巨大的传输容量。普通的点对点波分复用通信系统尽管有巨大的传输容量，但只提供了原始的传输带宽，需要有灵活的结点才能实现高效的灵活组网能力。于是业界的注意力开始转向光结点，即光分插复用器(Optical Add/Drop Multiplexer，OADM)和光交叉连接器，能够靠光层面上的波长连接来解决结点的容量扩展问题，即能直接在光路上对不同波长的信号实现上下和交叉连接功能。

由于波长/光分插复用器 WADM/OADM 和波长/光交叉连接器 WXC/OXC 术的成熟，当与 WDM 技术相结合后，不但能够从任意一条线路中任意上下一路或几路波长，而且可以灵活地使一个结点与其他结点形成连接，从而形成 WDM 光网络。另外动态、可重构型 OADM 和 OXC 能够使 WDM 光网络对不同输入链路间的波长在光域上实现交叉连接和分插复用的动态重构能力，增加网络对波长通道的灵活配置能力，提高网络通道的使用效率。总之，OADM 和 OXC 的使用使得光纤通信逐渐从点对点的单路传输系统向 WDM 联网的光网络方向发展。多波长光网络的基本思想是将点对点的波分复用系统用光交叉互连结点和光分插复用结点连接起来，组成以端到端光通道为基础的光传送网。波分复用技术完成 OTN 结点之间的多波长通道的光信号传输，OXC 结点和 OADM 结点则完成对光通道的交换配置功能。

光网络结点 ONN 提供了交换和选路功能，控制光信号路径，分配路径和创建希望的源和目的之间的连接。网络中的光电和光子器件主要集中在业务接入站和结点上，主要有激光器、检测器、耦合器、光纤、光交换和放大器等。这些器件同光纤一起协同工作以产生某个连接所需要的光信号。这些潜在的光电和光子技术目前还没有很好地得到发展，因此还不很成熟。但是在这些领域正在不断取得巨大的进步，随着相关光子技术的逐渐成熟，组建规模较大的光波网络在经济上必将是可行的。

光网络由光传输系统和在光域内进行交换/选路的光结点组成，光传输系统的容量和光结点的处理能力非常大，电子处理通常在边缘网络进行，边缘网络中的结点或结点系统可采用光通道通过光网络进行直接连接。

通过使用多波长光路来联网的光网络技术利用波分复用和波长路由技术，将一个个波长作为通道，全光地进行路由选择。通过可重构的选路结点建立端到端的"虚波长"通路(波长值不同的一系列波长连接起来的一条光路)，实现源和目的之间端到端的光连接，这将使通路之间的调配和转接变得简单和方便。在多波长光纤网络中，由于采用光路由器/光交换机技术，极大增强了结点处理的容量和速度，具有对信息传输码率、调制方式、传送协议等透明的优点，有效地克服了结点的"电子瓶颈"限制。因此，只有WDM多波长光纤网络才能满足当前和未来通信业务量迅速增长的需求。也正基于这些原因，近年来在国际上形成了对高速宽带光网络的研究热潮，其中尤以美国、欧洲最为突出。美国在国家先进研究项目署组成一系列协作集团，建设国家规模的全光网；欧洲正在实施ACTS计划，根据这一计划要建设连接欧洲各主要城市、直径3 000 km的光纤通信网。与此同时，包括ITU-T、ANSIT1X1.5协会、光互联网论坛(Optical Internetworking Forum，OIF)和互联网工程任务组(IETF)在内的标准化组织也都积极致力于对可重构型多波长光纤网络的研究。光网络的基本结构类型有星状、总线状(含环状)和树状等三种，可组合成各种复杂的网络结构。光网络可横向分割为核心网、城域/本地网和接入网。核心网倾向于采用网状结构，城域/本地网多采用环状结构，接入网将是环状和星状相结合的复合结构，如图8.34所示。

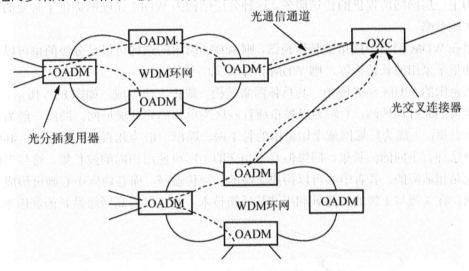

图8.34　多波长光网络总体结构示意图

网状光网络同其他技术形式相比，更能体现WDM技术的联网优势，例如环状网同Mesh网相比就不能充分利用资源，实现网状光网络的主要优势可以体现在以下几个方面：在IP层和光层之间使用集成的业务量控制工程；在相同条件下的建设成本节省近2/3；动态波长指配，能够实现实时指配，以秒的量级进行服务传递，很快的产生收益；动态的光通道恢复，毫秒量级的恢复时间；共享保护路由的选择增多，减少用于恢复的网络资源，提高光网络基础结构的利用率；使用动态波长实现光层与IP层的互连，光交叉连接结点可以动态的为阻塞的路由器分配波长进行重新选路，还可以根据路由器的动态带宽请求重新配置网络，以满足新的网络业务模式。

总结起来,各种技术进步将原先单纯增加系统传输容量的 WDM 技术向前大大地推进了一步,使 WDM 层具备了许多原先只能在高层实现的网络功能而发生了质的飞跃,转化为一种具有真正光联网功能的多波长光网络技术。基于这些技术的全新 WDM 光联网技术具有两大优势:一是直接通过光的互联可以节省用于 SONET/SDH 系统升级的花费;二是使用户以波长接入/接出成为可能,这样能更好地对网络进行控制。另外与 SDH/SONET 相比,WDM 光网络提供了更透明、更开放的传送平台,可以支持不同比特率、不同数据格式和不同业务质量(QOS)要求的业务的传送,使现存各种网络的融合成为可能。

8.3.2 WDM 光传送网的分层结构

WDM 光传送网是用光波长作为最基本交换单元的交换技术,即客户信号是以波长为最基本单位来完成传送、复用、路由和管理。WDM 光传送网是随着 WDM 技术的发展,在 SDH 网络的基础上发展起来的,即通过引入光结点,在原有的分层结构中引入了光层,又可以细分成三个子层:从上到下依次为光信道层、光复用段层和光传输段层,相邻的层网络形成所谓的客户/服务者关系,每一层网络为相邻上一层网络提供传送服务,同时又使用相邻的下一层网络所提供的传送服务。这种分层结构为 WDM 光联网提供了必要的统一规范与实施策略。

如果在 WDM 网络中应用波长转换器,则 WDM 网络的结构可以是分级的也可以是无级的,如果不采用波长转换器,则 WDM 网络是无级结构。

在大范围的 WDM 全光网中,其总体网络结构一般由三级组成,如图 8.35 所示。0 级为数量很大的光纤局域网;1 级为以城市或行政区为单位的光纤城域网,跨度一般为几公里至几十公里;2 级为广域网或全国范围的骨干网,跨度一般为几百至几千公里。其中不同级的网络拥有不同的波长集,同级但互不相交的子网可使用相同的波长集。这与当前通信的状况是相适应的。各省中心可以构成 2 级的长途传输网,而各地区中心则可构成 1 级的本地网,在 2 级与 1 级的边界处利用波长转换技术,则可以提高网络波长的利用率。

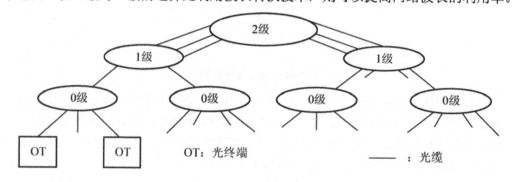

图 8.35 WDM 全光网的分级结构

对于各级网络来说采用的结构也不尽相同。对 0 级的局域网来说,一般网径较小,传输延迟小,数据吞吐量要求高。因而常采用星状结构,网中用户可以采用单一波长,也可以采用多波长,用户间采用媒质控制协议来解决共享资源的问题。对于 1 级城域网,要将许多 0 级子网连接起来，网径中等，但传输速率要求较高，一般采用环状结构较多。对于 2 级广域网，网径大，传输延迟长，一般采用网状结构。

根据不同的分级结构，WDM 网有单跳网和多跳网两种形式，单跳网的特点是时延小，任意两个用户都能直接通信，但单跳网对光器件要求高。多跳网能够支持大量用户的分组交换网，但分组要多次中转，平均时延较大。WDM 网络的另一个显著特点是具有重构能力。当网络结点或路由发生故障时，能够将受阻断的通路迂回，以保持继续通信。这是在网络构筑阶段通过设置一些迂回路由来实现的，但设置迂回路由无疑会增加网络的资源消耗，因而可以考虑对网络中的一些级别重要的路由设置迂回路由。

另外可利用波长来选择光路由，既能实现光通道的自动保护倒换，又具有光通道的最佳路由选择，并通过 OADM 和 OXC 处理和传送最高容量的数字流，而将较低比特率数字流的处理和传送留给电 ADM 和电 DXC。最后随着光交换、光处理等技术的成熟，使信息的分析、处理、传送全部在光域上实现，并最终过渡到全光通信网。所以，WDM 系统的引入既是网络升级扩容的有效手段，又是迈向透明的全光通信网络的第一步。

8.3.3 WDM 网络基本形式和基本结构

1. WDM 网络基本形式

WDM 系统的基本构成主要有以下两种形式：

1) 双纤单向传输

单向 WDM 是指所有光通路同时在一根光纤上沿同一方向传送，如图 8.36 所示，在发送端将载有各种信息的、具有不同波长的已调光信号 λ_1，λ_2，…，λ_n 通过光复用器组合在一起，并在一根光纤中单向传输，由于各信号是通过不同光波长携带的，所以彼此之间不会混淆。在接收端通过光解复用器将不同光波长的信号分开，完成多路光信号传输的任务。反方向通过另一根光纤传输，原理相同。

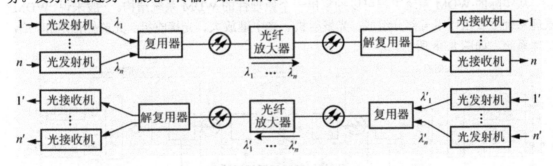

图 8.36 双纤单向传输示意图

2) 单纤双向传输

双向 WDM 是指光通路在一根光纤上同时向两个不同的方向传输，如图 8.37 所示，所用波长相互分开，以实现彼此双方全双工的通信联络。

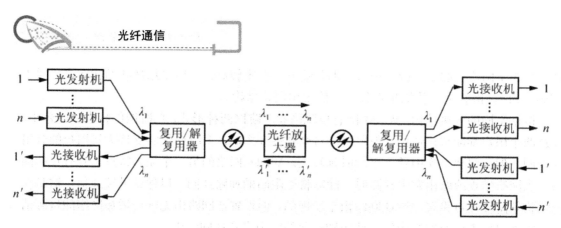

图 8.37 单纤双向传输示意图

单向 WDM 系统在开发和应用方面都比较广泛。双向 WDM 系统的开发和应用相对来说要求更高，这是由于双向 WDM 系统在设计和应用时必须要考虑到几个关键的系统因素，如为了抑制多通道干扰(MPI)，必须注意到光反射的影响、双向通路之间的隔离、串话的类型和数值、两个方向传输的功率电平值和相互间的依赖性、OSC 传输和自动功率关断等问题，同时要使用双向光纤放大器。但与单向 WDM 系统相比，双向 WDM 系统可以减少使用光纤和线路放大器的数量。

3) WDM 系统的组网

以上两种方式都是点到点传输，如果在中间设置光分插复用器或光交叉连接器，就可使各波长光信号进行合流与分流，实现光信息的上/下通路与路由分配，这样就可以根据光纤通信线路和光网的业务量分布情况，合理地安排插入或分出信号。如果根据一定的拓扑结构设置光网元，就可构成先进的 WDM 光传送网。

2. WDM 系统的基本结构

实际的 WDM 系统工程由光传输站和光缆线路构成。光传输站可以分为五种类型：终端站、转接站、再生站、分路站和光放站。

从实际的 WDM 系统工程可以抽象出一个原理性的 WDM 系统结构。一般来说，WDM 原理系统主要由以下五部分组成：光发射机、光中继放大、光接收机、光监控信道和网络管理系统，如图 8.38 所示。

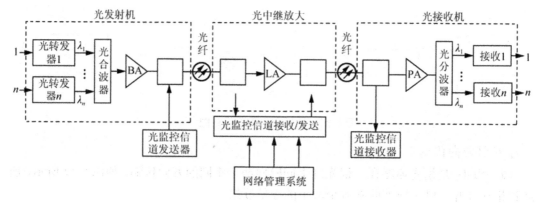

图 8.38 WDM 总体结构示意图(单向)

发射机是 WDM 系统的核心，根据 ITU-T 的建议和标准，除了对 WDM 系统中发射激光器的中心波长有特殊的要求外，还需要根据 WDM 系统的不同应用来选择具有一定色散容限的发射机。在发送端首先将来自终端设备(如 SDH 端机)输出的光信号，利用光转发器(OUT)把符合 ITU-T G.957 建议的非特定波长的光信号转换成具有稳定的特定波长的光信号，利用合波器合成多通路光信号，通过光功率放大器(BA)放大输出多通路光信号。

经过长距离光纤传输后(80～120 km)，需要对光信号进行光中继放大。目前使用的光放大器多数为掺铒光纤光放大器。在 WDM 系统中，必须采用增益平坦技术，使 EDFA 对不同波长的光信号具有相同的放大增益。同时，还需要考虑到不同数量的光信道同时工作的各种情况，能够保证光信道的增益竞争不影响传输性能。在应用时，可根据具体情况，将 EDFA 用作"线放(LA)"、"功放"和"前放(PA)"。

在接收端，光前置放大器放大经传输而衰减的主信道光信号，采用分波器从主信道光信号中分出特定波长的光信道。接收机不但要满足一般接收机对光信号灵敏度、过载功率等参数的要求，还要能承受有一定光噪声的信号，要有足够的电带宽性能。

光监控信道主要功能是监控系统内各信道的传输情况。在发送端，插入本结点产生的波长为 λ_s(1 510 nm)的光监控信号，与主信道的光信号合波输出；在接收端，将接收到的光信号分波，分别输出 λ_s(1 510 nm)波长的光监控信号和业务信道光信号。帧同步字节、公务字节和网管所用的开销字节等都是通过光监控信道来传递的。

网络管理系统通过光监控信道物理层传送开销字节到其他结点或接收来自其他结点的开销字节对 WDM 系统进行管理，实现配置管理、故障管理、性能管理、安全管理等功能，并与上层管理系统(如 TMN)相连。

8.3.4 WDM 系统的关键技术

1. 光源技术

光源的作用是产生激光或荧光，是组成光纤通信系统的重要器件。目前应用于光纤通信的光源半导体激光器和半导体发光二极管都属于半导体器件，共同特点是：体积小、质量轻、耗电量小。

LD 和 LED 相比，主要区别在于：前者发出的是激光，后者发出的是荧光。因此，LED 的谱线宽度较宽，调制效率低，与光纤的耦合效率也较低；但其输出特性曲线线性好，使用寿命长，成本低，适用于短距离、小容量的传输系统。而 LD 一般适用于长距离、大容量的传输系统，在高速率的 PDH 和 SDH 设备上已被广泛采用。

WDM 系统的工作波长较为密集，一般波长间隔为几纳米到零点几纳米，这就要求激光器工作在一个标准波长上，并且具有很好的稳定性。另一方面，WDM 系统的无电再生中继长度从单个 SDH 系统传输的 50～60 km 增加到了 500～600 km，在要求传输系统的色散受限距离大大延长的同时，为了克服光纤的非线性效应，如受激拉曼散射效应、自相位调制效应、交叉相位调制效应、调制的不稳定性以及四波混频效应等，要求系统光源使用技术更为先进、性能更为优越的激光器。

总之，WDM 系统的光源的两个突出的特点是：有比较大的色散容纳值；有标准而稳定的波长。

1) 激光器的调制方式

目前广泛使用的光纤通信系统均为强度调制——直接检波系统，对光源进行强度调制的方法有两类，即直接调制和间接调制。

直接调制，即直接对光源进行调制，通过控制半导体激光器的注入电流的大小，改变激光器输出光波的强弱，又称内调制。传统的 PDH 和 2.5 Gb/s 速率以下的 SDH 系统使用的 LED 或 LD 光源基本上采用的都是这种调制方式。

直接调制方式的特点是输出功率正比于调制电流，简单，损耗小，成本低。但由于调制电流的变化将引起激光器发光谐振腔的长度发生变化，引起发射激光的波长随调制电流线性变化，这种变化称为调制啁啾，实际上是一种直接调制光源无法克服的波长(频率)的抖动。啁啾的存在展宽了激光器发射光谱的线宽，使光源的光谱特性变差，限制了系统的传输速率和距离。一般情况下，在常规 G.652 光纤上使用时，传输距离不大于 100 km，传输速率不大于 2.5 Gb/s。

对于不采用光线路放大器的 WDM 系统，从节省成本的角度出发，可以考虑使用直接调制的激光器。

间接调制，即不直接调制光源，而是在光源的输出通路上外加调制器对光波进行调制，此调制器实际起到一个开关的作用。这种调制方式又称外调制，结构如图 8.39 所示。

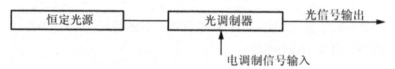

图 8.39　外调制激光器的结构

恒定光源是一个连续发送固定波长和功率的高稳定光源，在发光的过程中，不受电调制信号的影响，因此不产生调制频率啁啾，光谱的谱线宽度维持在最小。光调制器对恒定光源发出的高稳定激光根据电调制信号以"允许"或者"禁止"通过的方式进行处理，在调制的过程中，对光波的频谱特性不会产生任何影响，保证了光谱的质量。与直接调制激光器相比，大大压缩了谱线宽度，一般能够做到不大于 100 MHz。

间接调制方式的激光器比较复杂、损耗大，而且造价也高。但调制频率啁啾很小或无，可以应用于不小于 2.5 Gb/s 的高速率传输，而且传输距离也超过 300 km 以上。因此，在使用光线路放大器的 WDM 系统中，一般来说，发射部分的激光器均为间接调制方式的激光器。

2) 激光器的波长的稳定与控制

在 WDM 系统中，激光器的波长的稳定是一个十分关键的问题。根据 ITU-T G.692 建议的要求，中心波长的偏差不大于光信道间隔的 1/10，即对光信道间隔为 1.6 nm(200 GHz) 的系统，中心波长的偏差不能大于 ±20 GHz。

在密集波分复用系统中，由于各个光通路的间隔很小(可低达 0.8 nm)，因而对光源的波长稳定性有严格的要求，例如 0.5 nm 的波长变化就足以使一个光通路移到另一个光通路上。在实际系统中通常必须控制在 0.2 nm 以内，其具体要求随波长间隔而异，波长间隔越小要求越高，需要采用严格的波长稳定技术。

集成电吸收调制激光器(EML)的波长微调主要是靠改变温度来实现的，其波长的温度灵敏度为 0.08 nm/℃，正常工作温度为 25 ℃。在 15～35 ℃温度范围内调节芯片的温度，即可使 EML 调定在一个指定的波长上，调节范围达 1.6 nm。芯片温度的调节靠改变制冷器的驱动电流，再利用热敏电阻作反馈便可使芯片温度稳定在一个基本恒定的温度上。

分布反馈式激光器的波长稳定是利用波长和管芯温度的对应特性，通过控制激光器管芯处的温度来控制的。对于 1.5 μm DFB 激光器，波长温度系数约为 13 GHz/℃。因此，在 25～35 ℃范围内中心波长符合要求的激光器，通过对管芯温度的反馈控制可以稳定激光器的波长。

这种温度反馈控制的方法完全取决于 DFB 激光器的管芯温度——波长性能，目前，MWQ-DFB 激光器工艺可以在激光器的寿命时间内保证波长的偏移满足 WDM 系统的要求。

除了温度外，激光器的驱动电流也能影响波长，其灵敏度为 0.008 nm/mA，比温度的影响约小一个数量级，但在有些情况下，其影响可以忽略。此外，封装的温度也可能影响到器件的波长，例如，从封装到激光器平台的连线带来的温度传导和从封装壳向内部的辐射，也会影响器件的波长。在一个设计良好的封装中其影响可以控制在最小。

以上这些方法可以有效解决短期波长的稳定问题，对于激光器老化等原因引起的波长长期变化就显得无能为力了。直接使用波长敏感元件对光源进行波长反馈控制是比较理想的，属于该类控制方案的有标准波长控制和参考频率扰动波长控制，均正在研制中。

2. 光波长转换器

WDM 可以分为开放式和集成式两种系统结构，开放式 WDM 系统的特点是对复用终端光接口没有特别的要求，只要这些接口符合 ITU-T G.957 建议的光接口标准，WDM 系统采用波长转换技术，将复用终端的光信号转换成指定的波长。而集成式 WDM 系统没有采用波长转换技术，要求复用终端的光信号的波长符合系统的规范。

开放式 WDM 系统正是依靠波长转换器(OTU)这一关键器件来实现波长转换技术的，达到可以灵活调整波长，不对电复用终端设备的光器件做过多的要求。

除了可以将非规范的波长转换成标准波长外，还可以根据需要增加定时再生的功能。没有定时再生电路的 OTU 实际上由一个光/电转换器和一个高性能的电/光转换器构成，适用于传输距离较短，仅以波长转换为目的的情况，其原理如图 8.40 所示。

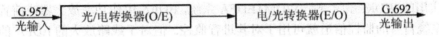

图 8.40　没有定时再生电路的 OTU

有定时再生电路的 OTU 是在光/电转换器和电/光转换器之间增加了一个定时再生功能块，对所接收到的信号进行了一次整形，实际上兼有 REG 的功能，其原理如图 8.41 所示。

图 8.41　有定时再生电路的 OTU

3. 光放大器

光放大器(OA)是一种不需要经过光/电/光的变换而直接对光信号进行放大的有源器件，能高效补偿光功率在光纤传输中的损耗，延长通信系统的传输距离，扩大用户分配网覆盖范围，是新一代的长距离、大容量、高速率光通信系统和光纤 CATV、用户接入网等光纤传输系统的关键部件。

至今已经研制出的光放大器有两大类，即光纤放大器和半导体放大器，每类又有几种不同的应用结构和形式。相比之下，掺铒光纤放大器具有高增益、高输出、宽频带、低噪声，以及数据速率与格式透明等一系列的优点，得到了最为广泛的应用，在 WDM 系统中，使用最多的也是掺铒光纤放大器。

4. 光复用和光解复用技术

波分复用系统的核心部件是波分复用器件，即光复用器和光解复用器(有时又称合波器和分波器)，实际均为光学滤波器，其特性好坏在很大程度上决定了整个系统的性能。光复用器和光解复用器的性能指标主要有插入损耗和串扰，WDM 系统对其的要求是：损耗及其偏差小；信道之间的串扰小；低的偏振相关性。

DWDM 系统中常用的光复用器和光解复用器主要有介质薄膜干涉型、释放光栅型、星形耦合器及光照射光栅、阵列波导光栅型等。

介质薄膜干涉型光复用器和光解复用器是用得最早的光滤波器，优点是插入损耗小，缺点是要分离 1 nm 左右波长较为困难，通过改进制膜方法，可以分离 1 nm 波长。一般在 16 个通道以下的 DWDM 系统中采用。但随着 WDM 技术的发展，要求分离信道间隔波长越来越窄，所以需要进一步改进制膜方法。

释放光栅型光复用器随着温度的变化，其中心波长漂移非常小，不需要温度控制。使用波导阵列代替光纤阵列还可以缩小其体积。

星形耦合器是一种插入损耗和串扰均较大的光器件，在复用路数不是很多时，一般只用来做复用器。当使用掺锗的石英波导形成光照射光栅构成 Add/Drop 型光复用器和光解复用器时，其插入损耗在 2 dB 以下，串扰大于 20 dB。

阵列波导光栅(AWG)型光复用器和光解复用器具有波长间隔小、信道数多、通带平坦等优点，非常适合于超高速、大容量 WDM 系统使用，因此已经成为目前开发的重点。

5. WDM 系统的监控技术

现在实用的 WDM 系统都是 WDM+EDFA 系统，EDFA 用作功率放大器或前置放大器时，传输系统自身的监控信道就可用于对其进行监控。但对于线路放大的 EDFA 的监控管理，就必须采用单独的光信道来传输监控管理信息。

1) 带外波长监控技术

ITU-T 建议采用一个特定波长作为光监控信道，传送监测管理信息，此波长位于业务信息传输带外时可选 1 310 nm，1 480 nm，1 510 nm，但优先选用 1 510 nm。由于位于 EDFA 增益带宽之外，所以称为带外波长监控技术，如图 8.42 所示。

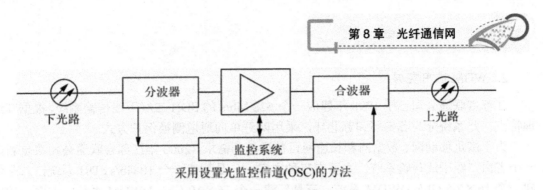

图 8.42　带外波长监控技术

此时监控信号不能通过 EDFA，也就是说必须在 EDFA 前(下光路)取出，在 EDFA 之后(上光路)插入，由于带外监控信道的光信号得不到 EDFA 的放大，所以传送的监控信息速率低，一般为 2 048 Kb/s，但由于一般 2 048 Kb/s 系统接收灵敏度优于-50 dBm，所以虽不经 EDFA 放大也能正常工作。

2) 带内波长监控技术

带内监控技术是选用位于 EDFA 增益带宽内的 1 532 nm 波长，其优点是可利用 EDFA 增益，此时监控系统的速率可提高至 155 Mb/s。尽管 1 532 nm 波长处于 EDFA 增益平坦区边缘的下降区，但因 155 Mb/s 系统的接收灵敏度优于 WDM 各个主信道系统的接收灵敏度，所以，监控信息仍能正常传输。

6. WDM 系统的网络管理

在一个 DWDM 系统中，可以承载多家 SDH 设备，WDM 系统的网元管理系统应独立于所承载的 SDH 设备。

WDM 系统网元的划分在发送端和接收端，除 EDFA、光监控通道外，网元还包括波分复用器/解复用器。对其的控制也要统一纳入 WDM 系统的网元级管理。这样，就明确划分了 SDH 系统和 WDM 系统的网元管理的界限，一个面向 SDH 系统设备终端，另一个面向 WDM 系统设备。

8.3.5　WDM 系统工程设计

1. WDM 系统适用场合

WDM 系统适用于干线传输网、数据业务量大的城域网及其他业务量大的传输通道。

对于干线传输网，如果两个以下的 2.5 Gb/s 或 10 Gb/s SDH 系统无法满足需求，或者是新运营商的干线传输网光缆租用不便、环网距离较长、业务增长较快时，建议建设 WDM 系统。

对于城域网，如果在可预见的一段时间内(如两年)需要 GE 口和 2.5 Gb/s 口较多，同时在数据网的建设时已考虑到数据设备的 GE 口和 2.5 Gb/s 口的配置时，建议建设 WDM 系统。对于一些运营商，其本地网的建设受光缆资源牵制较大(如市政部门对路放光缆的限制)，其他拥有光缆资源的运营商出于竞争需要而不愿多出租光纤时，可在骨干结点间组建 WDM 环，多个 SDH 系统叠加其上，通过骨干层完成接入结点间、接入结点与骨干结点及骨干结点间的连接。

2. WDM 应用实例

江苏省联通公司已于 1998 年建成一个 622 Mb/s 的 SDH 二级干线传输系统,根据其地理特点,此系统分为苏南环和苏北环,采用两纤单向通道倒换保护方式。

为了满足移动网、数据网和长途网日益增长的需求,2000 年江苏省联通公司决定新建一个省内二级干线传输系统。主要有三种方案:一是新建一个 10 Gb/s SDH 系统;二是新建一个 16×2.5 Gb/s DWDM 系统;三是新建一个 16×10 Gb/s DWDM 系统。方案一的主要缺点在于容量受限、可扩展性差、色散要求较高,但投资最省;方案二的投资在三个方案中居中,实现较简单,具有较大的可扩展性,基本不受色散限制;方案三的系统容量最大,投资也最大,同时在 DWDM 系统上开放的 10 Gb/s SDH 系统受色散限制较大。基于江苏省联通光缆网的现状、业务网的发展趋势、传输技术的发展、工程的投资规模以及工程建设周期等因素,决定采用方案二。

鉴于江苏省地理位置的特点,新建的 DWDM 环仍采用苏南、苏北两个环的格局,且均为 16×2.5 Gb/s,其终端容量各为四个和两个 2.5 Gb/s 的 SDH 系统。为了节省工程投资,两环网的公共部分即扬州至南通段,采用 32×2.5 Gb/s 的 DWDM 系统。环间电路经扬州和南通转接。

在进行网络设计时,根据 DWDM 系统的再生段内光放段的数量、增益及厂家所提供设备的具体技术参数计算光放段的最大允许长度,并据此设置光放站。对于一些超长段,可采用增设前置、后置光放大及 FEC 纠错的方式来避免设置过多的光放站所增加的工程维护量。

工程系统通过 SDH 层面实现对业务的保护。在 SDH 环内采用两纤双向复用段的保护方式,从而充分利用各上下话路站间的通道容量,实现 50 ms 内保护的启用;环间采用双结点互动保护方式对跨环业务进行较好的保护,避免单结点失效引起的跨环业务的中断。

3. 波分复用系统应用注意事项

根据在 WDM 系统设计中的经验,提出以下几点注意事项:

在选择 WDM 系统时最好采用开放式结构。开放式结构采用 G.957 标准光接口可减少 SDH 设备的备件,同时形成 DWDM 与 SDH 两个相对独立的层面,这样 SDH 与 DWDM 的设备不必是同一厂家的。

在资金和技术等条件允许时,尽量采用 OADM 设备。利用 OADM 设备可灵活上下波长的功能来实现在光层面上的调度,以适应业务网对传输通道需求的不断变化。

应选择具备向 32 个波平滑升级功能的 WDM 系统,通过平滑升级来保护现有投资。

网管系统应能同时对 WDM 与 SDH 系统进行管理,避免网管系统过多使得投资和维护管理工作量增大。

在设计网络时,对于在一段时间后 SDH 系统不能满足需求而需引进 DWDM 系统进行扩容的情况,那么在设计 SDH 网络时不要设置纯 REG 中继站,要采用可以平滑升级到 ADM 的中继设备或暂时用 ADM 设备来当中继站用。因为一旦引入 WDM 系统,则原有 SDH 系统可以纳入到 WDM 系统中去。若 SDH 系统采用纯中继方式,则中继设备就浪费了；若采用 ADM 设备当中继或采用可平滑升级到 ADM 的中继设备，则可以充分保护已有投资。

在工程建设前一定要对光缆进行测试，并根据测试结果进行相应的整改，避免出现影响工程开通的情况。在以往的工程中曾出现按光功率计算可以开通，但实际的光通道衰耗太大，无法开通的情况。通过调查发现，由于光缆线路经过的无线基站过多，且基站内均采用 ODF 跳接方式，没有按要求做成死接头，造成衰耗过大从而耽误了工程的进度。

大部分厂家的 WDM 系统在 1 个机架内无法解下 32 个波，需加扩展架；还有一些厂家的主架与扩展架间通过总线相连，距离不能太长，这就需要在安排机房平面时预留好扩展架的位置，避免在系统运行后再搬移设备所带来的工作量。

由于 WDM 系统容量大，承载的业务多，故必须做好两路电源和保护地的引入，同时要有充足的备品备件。对于 OTU，可以专门配置 1 个波的整套 OTU，作为出现问题时的调度使用。

在工程验收时，WDM 系统与 SDH 系统应分开测试，避免出现问题时不能确定故障点。

8.4 全 光 网 络

8.4.1 全光网概述

由于光器件技术的局限性，目前光网络的覆盖范围还很小，要扩大网络覆盖范围，必须要通过光电转换来消除光信号在传输过程中积累的损伤(色散、衰减、非线性效应等)，进行网络维护、控制和管理。因此，目前所说的"全光网络"是指在光域上实现传输和交换的网络。ITU-T 在 G.872 建议中定义光传送网为一组可为客户层信号提供主要在光域上进行传送、复用、选路、监控和生存性处理的功能实体，能够支持各种上层技术，是适应公用通信网络演进的理想基础传送网络，自动交换光网络也属于光传送网的范畴。而全光网的传输方式是全光方式，取消了光-电-光转换，在网络结点和交换上实现全光路由和交换。

如何发展光网络以及发展什么样的光网络，关键要看网络对光信号的透明程度。从网络对光信号的透明性来说，能做到全透明当然很好，可以全面而充分地利用光交换及光纤传输的潜力，如果真能这样的话，网络的带宽就可以达到几乎无限的程度。相对来说，半透明就只能有限地利用光交换及光纤传输的潜力，网络的性能会受 O/E/O 转换及电子电路的限制。但从另一方面来说，半透明可以利用电域已成熟的技术和灵活的处理资源，例如 SDH 技术及网络中已大量敷设的 SDH 设备。

从技术上看，目前实现全透明网还有不少难处，例如，直接在光域上对网内的业务信号进行监控、光域组网及运营，相应的标准需研究开发。所以，为避免技术与运营上的困难。ITU-T 决定按光传送网的概念来研究光网络技术及制定相应的标准。OTN 这个名称是根据网络的功能及主要特征来定义的，不限定网络的透明性。其最终目标是全透明的全光网络。但是，可以从半透明开始。ITU-T 对发展光网络采取了较为现实的策略，即逐步演进的方式。即先在技术经济条件允许的范围内发展光的透明子网(TSN)，各 TSN 之间由光电处理单元如 3R 再生器连接，如图 8.43 所示，随着条件的成熟，逐步扩大 TSN 直至全(光)

网。WDM 光传送网的基本思想是充分利用 WDM 传输中波长通路的特点，通过引入光结点，解决容量进一步增长的交换问题。

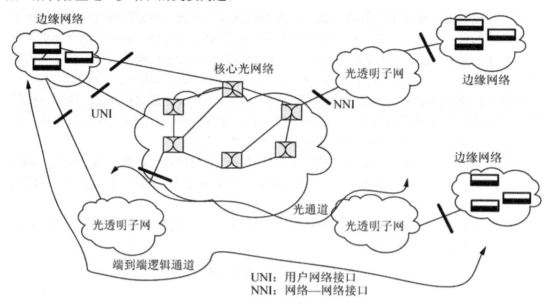

图 8.43　有多个透明子网互连的不透明光传送网络结构

光结点是重要的网元，主要有两种类型，即接入结点和光交换结点。接入结点具有光信道的选择特性，完成光信道进入网络和从网络中下路，光信道性能监测、故障检测、保护和恢复等功能。光分插复用器可以作为全光网络的接入结点，现已在光传送网中得到应用。光交换结点特别适用于作为网状网的接点及两个环形之间的连接结点。主要完成路由选择，光信号的交换、放大、处理，光信道的性能监测、故障检测等。

光链路一般指光纤链路。现在普遍采用的 G.652 标准光纤可以用于全光网络，必要时做一些色散补偿处理，具有低廉、可充分利用现有资源的优点。G.655 非零色散位移光纤较多地用于 WDM 系统，作为全光网络的光链路也是适宜的，但其价格是 G.652 价格的三倍。光纤链路中可设置光放大器，用以提高链路性能。

光网络管理单元是全光网络的神经系统，具有性能管理、设备管理、故障管理等功能，还应包括网络的安全体系、安全管理、确保网络的存活性、可靠性，以及计费管理等功能。

8.4.2　全光网分层结构

全光网采用分层结构，将应用层直接接入光层，形成两层结构，即光层和 IP 层。减少了网络层次，IP 业务在光域上实现传输和交换。全光网与现有的传统网应具有良好的开放性和兼容性，允许以多种方式接入，如 SDH、ATM 等。IP 层可以通过 SDH 接入光层，即 IP over SDH，也可以通过 ATM 接入光层，即 IP over ATM。

ITU-T 的 G.872 为 OTN 的分层结构作了定义。由一系列光网元经光纤链路互连而成，能按照 G.872 的要求提供有关客户层信号的传送、复用、选路、管理、监控和生存性功能的网络称为光传送网。如图 8.44 所示，光层应能为实现全光传输和交换构建相应的结构，应完成如下功能：①光信道，以传送业务信息。②多路光信道的信息进行复用，以获得更有效率的传输和交换。③实现在光域上的信息传输和交换。

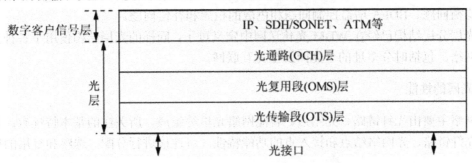

图 8.44　光传送网络的分层结构

光层的结构可以根据光层应完成的功能来确定，其结构应具备三个子层：光通路(OCH)、光复用段(OMS)和光传输段(OTS)三层。OCH 层为各种数字化用户信号的接口，为透明地传送 SDH、PDH、ATM、IP 等业务信号提供点到点的以光通路为基础的组网功能。OCH 指单一波长的传输通路 OMS 为经 DWDM 复用的多波长信号提供组网功能。OTS 经光接口与传输媒质相接，提供在光介质上传输光信号的功能。相邻的层之间形成所谓的客户/服务者关系，每一层网络为相邻上一层网络提供传送服务，同时又使用相邻的下一层网络所提供的传送服务。光传送网络的各子层功能如下。

1. 光通路层

光通路层(Optical Channel Layer)负责为来自电复用段层的不同格式的客户信息选择路由和分配波长，为灵活的网络选路安排光通路连接，为透明地传递各种不同格式的客户层信号的光通路提供端到端的联网功能。处理光通路开销，提供光通路层的检测、管理功能，提供端到端的连接。并在故障发生时，通过重新选路或直接把工作业务切换到预定的保护路由来实现保护倒换和网络恢复。主要传送实体有网络连接、链路连接、子网连接和路径。

必须具备下述能力：光通路连接的重组，以便实现灵活的网络选路；光通路开销处理，以便确保光通路适配信息的完整性；光通路监控功能，以便实现网络等级上的操作和管理；网络的生存性能力，以便在故障发生时，通过重新选路来实现保护倒换和网络恢复。

2. 光复用段层

光复用段层(Optical Multiplexing Section Layer)保证相邻两个波长复用传输设备间多波长复用光信号的完整传输，为多波长信号提供网络功能。主要包括：为灵活的多波长网络选路，重新安排光复用段功能；为保证多波长光复用段适配信息的完整性处理光复用段开销；为段层的运行和维护提供光复用段的检测和管理功能。

3. 光传输段层

光传输段层(Optical Transmission Section Layer)为光信号在不同类型的光媒质(如 G.652、G.653、G.655 光纤等)上提供传输功能；光传输段开销处理以便确保光传输段适配信息的完整性；同时实现对光放大器或中继器的检测和控制功能等。整个光传送网由最下面的物理媒质层网络所支持，即物理媒质层网络是光传输段的服务者。通常会涉及以下问题：功率均衡问题、EDFA 增益控制问题和色散的积累和补偿问题。

上述光层分层结构已经在 WDM 光传送网中定义过了，同样的光层结构使用于各种类型的全光网络，包括时分多址的全光网及全光互联网。

8.4.3 全光网的性能

全光网络主要由光纤链路、光结点、智能网络光里等组成。所关注的基本特性有：拓扑结构，光纤链路、光网络结点和接入点的功能特性，对连接进行分配、选路和复用的控制及算法。

全光传送网与传统的传送网相比主要有以下优点：

1. 透明性

光传送网的结点 OADM 和 OXC 对不同光信号进行光-电、电-光处理，工作内容与光信号的内容无关，对于信息的调制方式，传送模式和传输速率透明。目前相互独立的 SDH 传送网、PDH 传送网、ATM 网络、IP 网络及模拟视频网络都可以建立在同一光网络上，共享底层资源，并提供统一的检测和恢复网管能力，降低网络运营成本。

2. 存活性

全光网络中的 OXC 具有波长选路功能，可以使通过的信息不经过光/电、电/光转换和 DXC 的处理，而在光域处理。只有当信息中含有需要在此结点终止的内容时，这个光信道才被光电转换后接入 DXC 进行处理。这样，大量直通信息将不再浪费 DXC 的资源，减轻了 DXC 的处理负担，从而能够大幅度提高结点的吞吐量。同时，当发生连路故障、器件失效及结点故障时，可以通过光信道的重新配置和切换保护开关的运作，为发生故障的信道重新寻找路由，完成网络连接的重构，使网络迅速自愈和恢复，因而具有很强的生存能力，可获得较好的重构性和存活性。

3. 可扩展性

全光网络具有分区分层的拓扑结构，OADM 及 OXC 结点采用模块化设计，在原有的网络结构和 OXC 结构基础上，就能方便地增加网络的光信道复用数、路径数和结点数，实现网络的扩充。当业务量增加时，在不中断现有业务的情况下就可以扩展网络覆盖地区及网络容量，彼此独立地进行管理和传输。

4. 兼容性

全光网络和传统网络是完全兼容的。光层作为新的网络层加到传统的结构中，如 IP、SDH、ATM 等业务均可将其融合到光层，呈现巨大的包容性，而满足各种速率和各种媒体宽带综合业务服务的需求。

8.5 光纤接入网

接入网介于本地交换机和用户之间,主要完成使用户接入到核心网的任务,接入网由业务结点接口(SNI)和用户网络接口(UNI)之间一系列传送设备组成。

宽带接入已经成为通信的热点技术之一,并获得了迅猛的发展。近年来,以互联网为代表的新技术革命正在深刻地改变传统的电信概念和体系结构,随着各国接入网市场的逐渐开放,电信管制政策的放松,竞争的日益加剧和扩大,新业务需求的迅速出现,有线技术包括基于双绞线的宽带接入技术,如高比特率数字用户线技术(HDSL)、非对称数字用户线技术(ADSL);基于光缆的宽带接入技术,如混合光纤同轴技术(HFC)、光纤用户环路技术(DLC)、全光纤接入网技术;无线技术如微波系统、蜂窝移动通信系统、无绳电话系统、固定和移动卫星通信系统、集群通信系统均可视为无线接入系统。接入网开始成为人们关注的焦点。在巨大的市场潜力驱动下,产生了各种各样的接入网技术。光纤通信具有通信容量大、质量高、性能稳定、防电磁干扰、保密性强等优点,在干线通信中,光纤扮演着重要角色。在接入网中,光纤接入也将成为发展的重点。光纤接入网是发展宽带接入的长远解决方案。

光纤接入网(OAN)是以光纤作为传输媒体的接入网,在光纤接入过程中,端局本地交换机(LE)和用户之间是采用光纤通信的方法,通过基带数字传输或模拟传输技术来实现广播业务和双向交互式业务。在通信网中引入 OAN 的主要目的是为了支持开发新业务。特别是多媒体和宽带新业务,满足用户日益增长的对业务质量的高要求。

光通信的继续发展,必然向接入网延伸,这是现代通信网实现全光通信的需要。而且只有引入光纤接入网,才能从根本上解决接入网的"瓶颈效应"问题,才能真正实现信息高速公路,所以,光纤接入网是接入网发展的必然趋势。

8.5.1 光纤接入网的基本组成

光纤接入网,通过光线路终端(OLT)与业务结点(SNI)相连,通过光网络单元(ONU)与用户连接。光纤接入网包括远端设备——光网络单元和局端设备——光线路终端,通过传输设备相连。系统的主要组成部分是 OLT 和远端 ONU 及光配线网 ODN,如图 8.45 所示。在整个接入网中完成从业务结点接口到用户网络接口间有关信令协议的转换。接入设备本身还具有组网能力,可以组成多种形式的网络拓扑结构。同时接入设备还具有本地维护和远程集中监控功能,通过透明的光传输形成一个维护管理网,并通过相应的网管协议纳入网管中心统一管理。

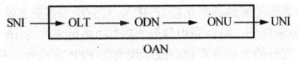

图 8.45 OAN 结构

OLT 的作用是为接入网提供与本地交换机之间的接口,并通过光传输与用户端的光网络单元通信。将交换机的交换功能与用户接入完全隔开。光线路终端提供对自身和用户端的维护和监控，可以直接与本地交换机一起放置在交换局端，也可以设置在远端。

ONU的作用是为接入网提供用户侧的接口。可以接入多种用户终端，同时具有光/电转换功能以及相应的维护和监控功能。ONU的主要功能是终结来自OLT的光纤，处理光信号并为多个小企业，事业用户和居民住宅用户提供业务接口。ONU的网络端是光接口，而其用户端是电接口。因此ONU具有光/电和电/光转换功能，还具有对话音的数/模和模/数转换功能。ONU通常放在距离用户较近的地方，其位置具有很大的灵活性。

8.5.2 光纤接入网的分类

光纤接入网从系统分配上分为有源光网络(Active Optical Network，AON)和无源光网络(Passive Optical Network，PON)两类。

1. 有源光纤接入网

有源光网络又可分为基于SDH的AON和基于PDH的AON。有源光网络的局端设备(CE)和远端设备(RE)通过有源光传输设备相连，传输技术是骨干网中已大量采用的SDH和PDH技术，但以SDH技术为主，本节主要讨论SDH(同步光网络)系统。

1) 基于SDH的有源光网络

SDH网是对原有PDH网的一次革命。PDH是异步复接，在任一网络结点上接入接出低速支路信号都要在该结点上进行复接、码变换、码速调整、定时、扰码、解扰码等过程，并且PDH只规定了电接口，对线路系统和光接口没有统一规定，无法实现全球信息网的建立。随着SDH技术引入，传输系统不仅具有提供信号传播的物理过程的功能，而且提供对信号的处理、监控等过程的功能。SDH通过多种容器(C)和虚容器(VC)以及级联的复帧结构的定义，使其可支持多种电路层的业务,如各种速率的异步数字系列、DQDB、FDDI、ATM等，以及将来可能出现的各种新业务。段开销中大量的备用通道增强了SDH网的可扩展性。通过软件控制使原来PDH中人工更改配线的方法实现了交叉连接和分插复用连接，提供了灵活的上/下电路的能力，并使网络拓扑动态可变，增强了网络适应业务发展的灵活性和安全性，可在更大几何范围内实现电路的通信能力的优化利用，从而为增强组网能力奠定基础，只需几秒就可以重新组网。特别是SDH自愈环，可以在电路出现故障后，几十毫秒内迅速恢复。SDH的这些优势使其成为宽带业务数字网的基础传输网。

在接入网中应用SDH的主要优势在于：SDH可以提供理想的网络性能和业务可靠性；SDH固有的灵活性使对于发展极其迅速的蜂窝通信系统采用SDH系统尤其适合。当然，考虑到接入网对成本的高度敏感性和运行环境的恶劣性，适用于接入网的SDH设备必须是高度紧凑，低功耗和低成本的新型系统，其市场应用前景看好。

接入网用SDH的最新发展趋势是支持IP接入，目前至少需要支持以太网接口的映射，于是除了携带话音业务量以外，可以利用部分SDH净负荷来传送IP业务，从而使SDH也能支持IP的接入。支持的方式有多种，除了现有的PPP方式外，利用VC12的级联方式来支持IP传输也是一种效率较高的方式。总之，作为一种成熟可靠提供主要业务的传送技术，在可以预见的将来仍然会不断改进，支持电路交换网向分组网的平滑过渡。

2) 基于 PDH 的有源光网络

准同步数字系列以其廉价的特性和灵活的组网功能，曾大量应用于接入网中。尤其近年来推出的 SPDH 设备将 SDH 概念引入 PDH 系统，进一步提高了系统的可靠性和灵活性，这种改良的 PDH 系统在相当长一段时间内，仍会广泛应用。

2. 无源光纤接入网络

无源光网络，是指在 OLT 和 ONU 之间是光分配网络(ODN)，没有任何有源电子设备，包括基于 ATM 的无源光网络 APON 及基于 IP 的 PON。

APON 的业务开发是分阶段实施的，初期主要是 VP 专线业务。相对普通专线业务，APON 提供的 VP 专线业务设备成本低，体积小，省电、系统可靠稳定、性能价格比有一定优势。第二步实现一次群和二次群电路仿真业务，提供企业内部网的连接和企业电话及数据业务。第三步实现以太网接口，提供互联网上网业务和 VLAN 业务。以后再逐步扩展至其他业务，成为名副其实的全业务接入网系统。

APON 采用基于信元的传输系统，允许接入网中的多个用户共享整个带宽。这种统计复用的方式，能更加有效地利用网络资源。APON 能否大量应用的一个重要因素是价格问题。目前第一代的实际 APON 产品的业务供给能力有限，成本过高，其市场前景由于 ATM 在全球范围内的受挫而不确定，但其技术优势是明显的。特别是综合考虑运行维护成本，在新建地区，高度竞争的地区或需要替代旧铜缆系统的地区，此时敷设 PON 系统，无论是 FTTC，还是 FTTB 方式都是一种有远见的选择。在未来几年能否将性能价格比改进到市场能够接受的水平是 APON 技术生存和发展的关键。

IPPON 的上层是 IP，这种方式可更加充分地利用网络资源，容易实现系统带宽的动态分配，简化中间层的复杂设备。基于 PON 的 OAN 不需要在外部站中安装昂贵的有源电子设备，因此使服务提供商可以高性价比地向企业用户提供所需的带宽。

无源光网络是一种纯介质网络，避免了外部设备的电磁干扰和雷电影响，减少了线路和外部设备的故障率，提高了系统可靠性，同时节省了维护成本，是电信维护部门长期期待的技术。无源光接入网的优势具体体现在以下几方面：

(1) 无源光网体积小，设备简单，安装维护费用低，投资相对也较小。

(2) 无源光设备组网灵活，拓扑结构可支持树状、星状、总线状、混合型、冗余型等网络拓扑结构。

(3) 安装方便，有室内型和室外型。其室外型可直接挂在墙上，无须租用或建造机房。而有源系统需进行光-电、电-光转换，设备制造费用高，要使用专门的场地和机房，远端供电问题不好解决，日常维护工作量大。

(4) 无源光网络适用于点对多点通信，仅利用无源分光器实现光功率的分配。

(5) 无源光网络是纯介质网络，彻底避免了电磁干扰和雷电影响，极适合在自然条件恶劣的地区使用。

(6) 从技术发展角度看，无源光网络扩容比较简单，不涉及设备改造，只需设备软件升级，硬件设备一次购买，长期使用，为光纤入户奠定了基础，使用户投资得到保证。

8.5.3 光纤接入网的拓扑结构

光纤接入网的拓扑结构,是指传输线路和结点的几何排列图形,表示了网络中各结点的相互位置与相互连接的布局情况。网络的拓扑结构对网络功能、造价及可靠性等具有重要影响。其三种基本的拓扑结构是:总线状、环状和星状,由此又可派生出总线—星状、双星状、双环状、总线—总线状等多种组合应用形式,各有特点、相互补充。

1. 总线状结构

总线状结构是以光纤作为公共总线(母线)、各用户终端通过某种耦合器与总线直接连接所构成的网络结构。这种结构属串联结构,特点是:共享主干光纤,节省线路投资,增删结点容易,彼此干扰较小;但缺点是损耗累积,用户接收机的动态范围要求较高;对主干光纤的依赖性太强。

2. 环状结构

环状结构是指所有结点共用一条光纤链路,光纤链路首尾相接自成封闭回路的网络结构。这种结构的突出优点是可实现网络自愈,即无须外界干预,网络即可在较短的时间里从失效故障中恢复所传业务。

3. 星状结构

星状结构是各用户终端通过一个位于中央结点(设在端局内)与具有控制和交换功能的星形耦合器进行信息交换,这种结构属于并联结构。不存在损耗累积的问题,易于实现升级和扩容,各用户之间相对独立,业务适应性强。但缺点是所需光纤代价较高,对中央结点的可靠性要求极高。星状结构又分为单星状结构、有源双星状结构及无源双星状结构三种。

8.5.4 光纤接入网的形式

根据光网络单元(ONU)的位置,光纤接入方式可分为如下几种:
FTTB(光纤到大楼);FTTC(光纤到路边);FTTZ(光纤到小区);FTTH(光纤到用户);FTTO(光纤到办公室);FTTF(光纤到楼层);FTTP(光纤到电杆);FTTN(光纤到邻里);FTTD(光纤到门);FTTR(光纤到远端单元)。

1. 光纤到路边

其特点是:ONU 设置在路边分线盒处,根据实际需要也可以设置在交接箱处。ONU 和端局之间用光缆连接,ONU 和用户之间用双绞线连接。若要传输宽带图像业务,双绞线这一段可以用同轴电缆。FTTC 适用于点到点或点到多点树状拓扑结构,支持用户可达 100 户以上。

在 FTTC 结构中,其引入线仍能利用现有的铜缆设施,因而工程成本较低。由于其光纤化程度已十分靠近用户,因而可以较充分地享受光纤化所带来的一系列优点,诸如节省管道空间、易于维护、传输距离长、带宽大等。有了一条很靠近用户的潜在宽带传输线路,一旦有宽带业务需要,就可以很快地将光纤引至用户处,实现光纤到家的战略目标。

目前,FTTC 结构在提供 2 Mb/s 以下窄带业务时,是 OAN 中最现实和最经济的。然而,在将来需要同时提供窄带和宽带业务时,这种结构就不够理想了。

2. 光纤到大楼

FTTB 可以看成是 FTTC 的一种简单变形,不同之处是将路边的光纤延伸,使 ONU 能够从路边直接移放到楼内(通常为住宅公寓楼或办公楼),再经多对双绞线将业务分送给各个用户。FTTB 通常不采用点对点结构,而是采用点对多点结构。FTTB 的光纤化程度比 FTTC 更进一步。光纤已铺设到楼,因而更适于高密度用户区,也更接近于长远发展目标,其应用前景会越来越广泛。

3. 光纤到家和光纤到办公室

如果在 FTTC 结构中,将在路边的 OUN 换成无源光分路器,并将 OUN 从路边移到用户家,就构成 FTTH 结构。FTTH 用于每个住户,业务需求量很小,其结构采用点到多点方式。由于 ONU 安装在住户处,因而环境条件大为改善,可以采用低成本元器件。同时,OUN 可以本地供电,不仅供电成本降低,而且故障率也可以大大减少。光纤直接通达住户,每个用户才真正有了名副其实的宽带链路,通过使用各种 WDM 技术,真正发掘光纤巨大潜在带宽。

FTTO 的连线结构与 FTTH 基本相同,不同之处是将 OUN 移到了办公室。FTTO 面向大企事业用户,业务需求量大,因而适用点对点或环状结构。

FTTH 和 FTTO 都是纯光纤连接网络。免除了电传输的带宽瓶颈,适于发展宽带新业务,是一种最理想的接入网络。目前,由于经济成本和业务需求等原因,近期内 FTTH 和 FTTO 不会很快普及。然而,随着社会的发展,FTTH 和 FTTO 最终会成为人们工作和生活中不可缺少的工具。

在光纤接入网的所有形式中最主要的就是上述 FTTB、FTTC、FTTH 三种形式。FTTC 主要是为住宅用户提供服务的,光网络单元设置在路边,即用户住宅附近,从 ONU 出来的电信号再传送到各个用户,一般用同轴电缆传送视频业务,用双绞线传送电话业务。FTTB 的 ONU 设置在大楼内的配线箱处,主要用于综合大楼、远程医疗、远程教育及大型娱乐场所,为大中型企事业单位及商业用户服务,提供高速数据、电子商务、可视图文等宽带业务。FTTH 是将 ONU 放置在用户住宅内,为家庭用户提供各种综合宽带业务,FTTH 是光纤接入网的最终目标,但是每一用户都需一对光纤和专用的 ONU,因而成本昂贵,实现起来非常困难。

8.5.5　HFC 接入网

光纤-同轴电缆混合网(Hybrid Fiber-Coax,HFC)是在有线电视网的基础上发展起来的一种宽带接入网,是综合利用数字和模拟传输技术、光纤和同轴电缆技术的一种接入网,是 CATV 网与通信网相结合的产物。HFC 网除了传送 CATV 外,还提供电话、数据和其他宽带交互式业务。

传统的 CATV 网是树状拓扑结构的(75Ω)同轴电缆网络，使用模拟方式的频分复用(FDMA)技术对电视节目进行单向传输。其主要缺点是：

(1) CATV 网的最高传输频率为 450 MHz，采用单向(下行)广播方式，不支持点到点的交互式(上行和下行)通信；

(2) 同轴电缆的传输损耗较大(与光纤相比)，从发送端到用户之间需要安放很多放大器，过多的放大器并不能保证电视信号功率均匀分布，同时还会产生较多的故障。使系统的可靠性降低。

为了使 HFC 网具有双向传输等功能，必须对 CATV 网进行改造。首先，需要采用光纤取代 CATV 网中的主干线电缆，并用模拟光纤技术来传输多种信息；其次，配线部分仍然使用树状拓扑结构的同轴电缆系统，并用 FDM 技术来传输和分配用户信息。

1. HFC 网络结构

HFC 网的结构包括以下部分。即

(1) 局端。局端(又称前端)设备完成电信号调制解调、电/光和光/电转换(即光发送和光接收)、合路/分路、应答控制等功能。

(2) 光纤结点。光纤结点(FN)完成光/电和电/光转换(即光接收和光发送)以及电信号解复用/复用等功能。

(3) 分路器。分路器(又称分支器)是多根同轴电缆的交接点，完成电信号的分路/合路。

(4) 放大器。完成同轴电缆信号放大的功能。

(5) 用户接口盒(User Interface Box，UIB)。安装在每个住户内提供以下接口转换功能：

① 用 50Ω 同轴电缆将机顶盒连接到用户 TV 上，或者使用 75Ω 同轴电缆直接连接用户 TV 上。

② 使用双绞线将内置调制解调器和编解码器连接到用户电话机上。

③ 使用同轴电缆(50Ω)将内置电缆调制解调器(Cable Modem，又称线缆调制解调器)连接到用户计算机上。

Cable Modem 的主要功能是将数字信号调制到射频上进行传输，接收时进行解调。此外，Cable Modem 还具备与外部主干网的接口、协议转换、智能化的网络控制与管理等功能。因此，要比传统的电话拨号调制解调器复杂得多。Cable Modem 的上行信道一般采用较可行的 QPSK(正交相移键控调制)方式，上行速率最高可达 10 Mb/s。下行信道采用的典型的调制方式，下行速率最高可达 36 Mb/s。

机顶盒(STB)是一种用来扩展现有模拟电视机功能的终端设备，可以将各种数字信号转换成模拟电视机能够接收的信号。STB 的接收信号是已压缩的数字视频信号，因此，STB 内含有解压器和解码器。

HFC 接入网的频段分配如下：上行通道(Upstream Channel)使用 5～42 MHz 频段(高频 HF 和甚高频 VHF)，用来传送上行电话及用户请求控制信号；下行通道(Downstream Channel)使用 50～1 000 MHz 频段(甚高频 VHF 和特高频 UHF)，其中 50～550 MHz 频段用来传送模拟电视，550～750 MHz 频段用来传送数字电视，750～1 000 MHz 频段预留用来传送双向通信业务。

2. HFC 网络的工作原理

HFC 网的工作原理如下：HFC 网中所有信息经由相应调制转换成射频(即 HF、VHF 和 UHF)模拟信号，经频分复用方式合成一个宽带射频电信号，加到前端的光发射模块上制成光信号发送出去；光信号传输到光纤结点后转换为射频电信号，再经射频放大器放大后送至各个同轴电缆分配网传输到用户；在用户端，用户接收相应频带的信息，并进行解调得到所需信息。

例如：传输数字语音时，来自交换机的用户数字语音信号，经局端设备的调制解调器调制为 5～30MHz 的射频调幅模拟电信号，经电/光转换成为光信号，通过光纤传输到光纤结点，再经光/电转换恢复出射频电信号，经放大后由同轴电缆送至相应分支点，由用户接口盒中的调制解调器取出基带信号，再用解码器解出相应的语音信号。

传输数字视频图像时，先将数字视频信号经压缩编码器用 MPG-2 标准进行压缩编码，再用调制解调器以 QAM64 方式调制成 582～710 MHz 的射频调幅模拟信号，经电/光转换成为光信号，通过光纤传输到光纤结点进行光/电转换恢复出射频电信号，经放大后由同轴电缆送至相应分支点，由用户接口盒中的调制解调器解出 QAM64 数字视频信息，最后解压缩编码器还原出视频信号。

8.5.6 光纤接入网的优势与劣势

与其他接入技术相比，光纤接入网具有如下优点：

(1) 光纤接入网能满足用户对各种业务的需求。人们对通信业务的需求越来越高，除了打电话、看电视以外，还希望有高速计算机通信、家庭购物、家庭银行、远程教学、视频点播(VOD)以及高清晰度电视(HDTV)等。这些业务用铜线或双绞线是比较难实现的。

(2) 光纤可以克服铜线电缆无法克服的一些限制因素。光纤损耗低、频带宽，解除了铜缆的一些限制。此外，光纤不受电磁干扰，保证了信号传输质量，用光缆代替铜缆，可以解决城市地下通信管道拥挤的问题。

(3) 光纤接入网的性能不断提高，价格不断下降，而铜缆的价格在不断上涨。

(4) 光纤接入网提供数据业务，有完善的监控和管理系统，能适应将来宽带综合业务数字网的需要，打破"瓶颈"，使信息高速公路畅通无阻。

当然，与其他接入网技术相比，光纤接入网也存在一定的劣势。最大的问题是成本还比较高。尤其是光结点离用户越近，每个用户分摊的接入设备成本就越高。另外，与无线接入网相比，光纤接入网还需要管道资源。这也是很多新兴运营商看好光纤接入技术，但又不得不选择无线接入技术的原因。

现在，影响光纤接入网发展的主要原因不是技术，而是成本，到目前为止，光纤接入网的成本仍然太高。但是采用光纤接入网是光纤通信发展的必然趋势，尽管目前各国发展光纤接入网的步骤各不相同，但光纤到户是公认的接入网的发展目标。

本 章 小 结

本章主要介绍了光纤通信网的概念和基础知识。根据光纤网的基本结构，本章主要介绍了光纤传送网和光纤接入网。根据光纤传送网的发展过程，详细介绍了 SDH 光传送网和 WDM 光传送网以及全光传送网。介绍了 SDH 传送网的速率等级，复用映射结构，主要通过映射、定位和复用三个过程将 STM-1 信号复用到 STM-N。根据 SDH 系统结构，可以将 SDH 设备类型分为终端复用设备、分插复用设备、数字交叉连接设备和再生器。其中，详细介绍了华为比较典型的 SDH 设备 OptiX 155/622(Metro 2050)和 OptiX 155/622H(Metro 1000)以及如何应用此设备进行相应组网。

随着因特网业务和其他宽带业务的剧增，带宽需求已使铺设的光纤资源消耗殆尽，WDM 传送网应运而生。本章主要介绍了 WDM 网络的分层结构，在 SDH 网络原有的分层结构中引入了光层，又可以细分成三个子层：从上到下依次为光信道层、光复用段层和光传输段层。WDM 系统的基本构成主要有以下两种形式：双纤单向传输和单纤双向传输。WDM 系统由光发射机、光中继放大、光接收机、光监控信道和网络管理系统组成。介绍了 WDM 系统的关键技术，并就 WDM 工程设计进行举例。全光网络是指信号只是在进出网时才进行电-光和光-电转换，而在网内部和交换过程中，始终利用光的形式的通信网。

光纤接入网通过光线路终端与业务结点相连，通过光网络单元与用户连接。光纤接入网包括远端设备——光网络单元和局端设备——光线路终端，通过传输设备相连。光纤接入网从系统分配上分为有源光网络和无源光网络两类。根据光网络单元的位置，光纤接入方式可分为如下几种：FTTB，FTTC，FTTZ，FTTH，FTTO，FTTF，FTTP，FTTN，FTTD，FTTR。并介绍了光纤-同轴电缆混合网的基本组成：局端、光纤结点、分路器、放大器、用户接口盒，以及工作原理。

习 题

8.1 填空题

(1) WDM 网络的分层结构，在 SDH 网络原有的分层结构中引入了光层，又可以细分成三个子层：从上到下依次为_____、_____和_____。

(2) 根据 SDH 系统结构，可以将 SDH 设备类型分为_____、_____、_____设备和_____。

(3) WDM 系统主要由以下五部分组成：_____、_____、_____、_____和网络管理系统。

(4) 从 SDH 复用结构可分析出，任何信号进入 SDH 组成 STM-N 帧需经过三个过程：_____、_____和_____。

(5) STM-1 帧结构为_____行；_____列字节，N 表示 SDH 的_____($N=1$, 4, 16, 64, 256)。STM-N 每帧占有时间也为 125μs。

(6) DXC 可以有多种配置方式。如果用 DXC M/N 来表示一个 DXC 的类型和性能，M 表示可接入 DXC 的_____，N 表示在交叉矩阵中能够进行交叉连接的_____。

(7) SDH 设备主要组成部分有：_____、_____、_____、_____、_____、低阶接口和一些辅助功能模块。

(8) 同步数字系列 SDH 的最基本速率等级是_____，其速率为_____。其他高速率等级分别为_____、_____、_____和_____。

8.2 同步数字系列各速率等级都是同步复用吗？理由是什么？SDH 承载 PDH 信号采用什么复用方式？

8.3 何谓低阶通道和高阶通道？

8.4 求低阶通道每个字节的比特率和高阶通道、复用段和再生段每字节的比特率。

8.5 何谓光纤接入网？其线路结构是怎样的？

8.6 何谓 OADM、OXC？

参 考 文 献

[1] 袁国良．光纤通信简明教程[M]．北京：清华大学出版社，2006．
[2] 张宝富．光纤通信[M]．西安：西安电子工业出版社，2004．
[3] 顾畹仪．光纤通信[M]．北京：人民邮电出版社，2006．
[4] 黄章勇．光纤通信用光电子器件和组件[M]．北京：北京邮电大学出版社，2001．
[5] 黄章勇．光纤通信用新型光无源器件[M]．北京：北京邮电大学出版社，2003．
[6] 胡先志．光纤通信基本理论与技术[M]．武汉：华中科技大学出版社，2008．
[7] 李履信．光纤通信系统[M]．北京：机械工业出版社，2003．
[8] 胡庆，王敏琦．光纤通信系统与网络[M]．北京：电子工业出版社，2006．
[9] 陈才和．光纤通信[M]．北京：电子工业出版社，2004．
[10] 顾畹仪．光纤通信系统[M]．北京：北京邮电大学出版社，2006．
[11] 原荣．光纤通信[M]．北京：电子工业出版社，2006．
[12] 邓大鹏．光纤通信原理[M]．北京：人民邮电出版社，2003．
[13] 王辉．光纤通信[M]．北京：电子工业出版社，2004．
[14] 李玉权，朱勇．光纤通信原理与技术[M]．北京：科学出版社，2006．
[15] 顾生华．光纤通信技术[M]．北京：北京邮电大学出版社，2005．
[16] 胡先志．光纤光缆工程测试[M]．北京：人民邮电出版社，2008．
[17] 张宝富．光纤通信系统原理与实验教程[M]．北京：电子工业出版社，2004．
[18] 吴重庆．光通信导论[M]．北京：清华大学出版社，2008．
[19] 黄一平．光纤通信[M]．北京：北京理工大学出版社，2008．
[20] 苗新．光纤通信技术[M]．北京：国防工业出版社，2002．
[21] 王秉钧，王少勇．光纤通信系统[M]．北京：电子工业出版社，2004．
[22] 廖延彪．光纤光学[M]．北京：清华大学出版社，2000．
[23] 董天临．光纤通信与光纤信息网[M]．北京：清华大学出版社，2005．
[24] 钱显毅．光纤通信[M]．南京：东南大学出版社，2008．
[25] 黎洪松．光通信原理与系统 [M]．北京：高等教育出版社，2008．
[26] [美]GERD KEISER．光纤通信[M]．李玉权，译．北京：机械工业出版社，2003．
[27] 刘增基．光纤通信[M]．西安：西安电子工业出版社，2001．
[28] 方志豪．光纤通信[M]．武汉：武汉大学出版社，2004．
[29] 刘振霞．光纤通信系统学习指导与习题解析[M]．西安：西安电子工业出版社，2006．
[30] 方志豪．光纤通信习题集[M]．武汉：武汉大学出版社，2006
[31] 袁国良．光纤通信原理[M]．北京：清华大学出版社，2004．
[32] [美]DJAFAR K MYNBAEV．光纤通信技术[M]．徐公权，译．北京：机械工业出版社，2002．
[33] 孙学康．SDH 技术[M]．北京：人民邮电出版社，2002．
[34] 吴凤修．SDH 技术与设备[M]．北京：人民邮电出版社，2006．
[35] 杨淑雯．全光纤通信网[M]．北京：科学出版社，2006．
[36] 马声全．高速光纤通信 ITU-T 规范与系统设计[M]．北京：北京邮电大学出版社，2002．

[37] 何一心. 光传输网络技术——SDH 与 DWDM[M]. 北京：人民邮电出版社，2008.
[38] 方志豪，朱秋萍. 光纤通信——原理、设备和网络应用[M]. 武汉：武汉大学出版社，2004.
[39] 王加强，岳新全，李勇. 光纤通信工程[M]. 北京：北京邮电大学出版社，2003.
[40] 尹树华，张引发. 光纤通信工程与管理[M]. 北京：人民邮电出版社，2005.
[41] 董天临. 光纤通信原理和新技术[M]. 武汉：华中理工大学出版社，1998.
[42] 张明德，孙小菡. 光纤通信原理与系统[M]. 南京：东南大学出版社，2009.

北京大学出版社电气信息类教材书目(已出版)
欢迎选订

序号	标准书号	书名	编著者	定价
1	978-7-301-10759-1	DSP 技术及应用	吴冬梅 张玉杰	26
2	978-7-301-10760-7	单片机原理与应用技术	魏立峰 王宝兴	25
3	978-7-301-10765-2	电工学	蒋 中 刘国林	29
4	978-7-301-10766-9	电工与电子技术(上册)	吴舒辞 朱俊杰	21
5	978-7-301-10767-6	电工与电子技术(下册)	徐卓农 李士军	22
6	978-7-301-10699-0	电子工艺实习	周春阳	19
7	978-7-301-10744-7	电子工艺学教程	张立毅 王华奎	32
8	978-7-301-10915-6	电子线路 CAD	吕建平 梅军进	34
9	978-7-301-10764-1	数据通信技术教程	吴延海 陈光军	29
10	978-7-301-10768-3	数字信号处理	阎 毅 黄联芬	24
11	978-7-301-10756-0	现代交换技术	茅正冲 姚 军	30
12	978-7-301-10761-4	信号与系统	华 容 隋晓红	33
13	978-7-301-10762-5	信息与通信工程专业英语	韩定定 赵菊敏	24
14	978-7-301-10757-7	自动控制原理	袁德成 王玉德	29
15	978-7-301-16520-1	高频电子线路(第2版)	宋树祥 周冬梅	35
16	978-7-301-11507-7	微机原理与接口技术	陈光军 傅越千	34
17	978-7-301-11442-1	MATLAB 基础及其应用教程	周开利 邓春晖	24
18	978-7-301-11508-4	计算机网络	郭银景	31
19	978-7-301-12178-8	通信原理	隋晓红 钟晓玲	32
20	978-7-301-12175-7	电子系统综合设计	郭 勇 余小平	25
21	978-7-301-11503-9	EDA 技术基础	赵明富 李立军	22
22	978-7-301-12176-4	数字图像处理	曹茂永	23
23	978-7-301-12177-1	现代通信系统	李白萍 王志明	27
24	978-7-301-12340-9	模拟电子技术	陆秀令	28
25	978-7-301-13121-3	模拟电子技术实验教程	谭海曙	24
26	978-7-301-11502-2	移动通信	郭俊强	22
27	978-7-301-11504-6	数字电子技术	梅开乡	30
28	978-7-301-10597-5	运筹学	徐裕生 张海英	20
29	978-7-5038-4407-2	传感器与检测技术	祝诗平	30
30	978-7-5038-4413-3	单片机原理及应用	刘 刚 秦永左	24
31	978-7-5038-4409-6	电机与拖动	杨天明 陈 杰	27
32	978-7-5038-4411-9	电力电子技术	樊立萍 王忠庆	25
33	978-7-5038-4399-0	电力市场原理与实践	邹 斌	24
34	978-7-5038-4405-8	电力系统继电保护	马永翔 王世荣	27
35	978-7-5038-4397-6	电力系统自动化	孟祥忠 王 博	25
36	978-7-5038-4404-1	电气控制技术	韩顺杰 吕树清	22
37	978-7-5038-4403-4	电器与 PLC 控制技术	陈志新 宗学军	38
38	978-7-5038-4400-3	工厂供配电	王玉华 赵志英	34

序号	标准书号	书名	编著者	定价
39	978-7-5038-4410-2	控制系统仿真	郑恩让 聂诗良	26
40	978-7-5038-4398-3	数字电子技术	李 元 张兴旺	27
41	978-7-5038-4412-6	现代控制理论	刘永信 陈志梅	22
42	978-7-5038-4401-0	自动化仪表	齐志才 刘红丽	27
43	978-7-5038-4408-9	自动化专业英语	李国厚 王春阳	32
44	978-7-5038-4406-5	集散控制系统	刘翠玲 黄建兵	25
45	978-7-5038-4402-7	传感器基础	赵玉刚 邱 东	23
46	978-7-5038-4396-9	自动控制原理	潘 丰 张开如	32
47	978-7-301-10512-2	现代控制理论基础(国家级十一五规划教材)	侯媛彬	20
48	978-7-301-11151-2	电路基础学习指导与典型题解	公茂法 刘 宁	32
49	978-7-301-12326-3	过程控制与自动化仪表	张井岗	36
50	978-7-301-12327-0	计算机控制系统	徐文尚	28
51	978-7-5038-4414-0	微机原理及接口技术	赵志诚 段中兴	38
52	978-7-301-10465-1	单片机原理及应用教程	范立南	30
53	978-7-5038-4426-4	微型计算机原理与接口技术	刘彦文	26
54	978-7-301-12562-5	嵌入式基础实践教程	杨 刚	30
55	978-7-301-12530-4	嵌入式 ARM 系统原理与实例开发	杨宗德	25
56	978-7-301-13676-8	单片机原理与应用及 C51 程序设计	唐 颖	30
57	978-7-301-13577-8	电力电子技术及应用	张润和	38
58	978-7-301-12393-5	电磁场与电磁波	王善进	25
59	978-7-301-12179-5	电路分析	王艳红	38
60	978-7-301-12380-5	电子测量与传感技术	杨 雷 张建奇	35
61	978-7-301-14461-9	高电压技术	马永翔	28
62	978-7-301-14472-5	生物医学数据分析及其 MATLAB 实现	尚志刚 张建华	25
63	978-7-301-14460-2	电力系统分析	曹 娜	35
64	978-7-301-14459-6	DSP 技术与应用基础	俞一彪	34
65	978-7-301-14994-2	综合布线系统基础教程	吴达金	24
66	978-7-301-15168-6	信号处理 MATLAB 实验教程	李 杰 张 猛 邢笑雪	20
67	978-7-301-15440-3	电工电子实验教程	魏 伟 何仁平	26
68	978-7-301-15445-8	检测与控制实验教程	魏 伟	24
69	978-7-301-04595-4	电路与模拟电子技术	张绪光 刘在娥	35
70	978-7-301-15458-8	信号、系统与控制理论(上、下册)	邱德润 等	70
71	978-7-301-15786-2	通信网的信令系统	张云麟	24
72	978-7-301-16493-8	发电厂变电所电气部分	马永翔 李颖峰	35
73	978-7-301-16076-3	数字信号处理	王震宇 张培珍	32
74	978-7-301-16931-5	微机原理及接口技术	肖洪兵	32
75	978-7-301-16932-2	数字电子技术	刘金华	30
76	978-7-301-16933-9	自动控制原理	丁 红 李学军	32
77	978-7-301-17540-8	单片机原理及应用教程	周广兴 张子红	40
78	978-7-301-12379-9	光纤通信	卢志茂 冯进玫	28

电子书(PDF 版)、电子课件和相关教学资源下载地址：http://www.pup6.com/ebook.htm，欢迎下载。
欢迎免费索取样书，请填写并通过 E-mail 提交教师调查表，下载地址：http://www.pup6.com/down/教师信息调查表 excel 版.xls，欢迎订购。联系方式：010-62750667，xufan666@163.com，lihu80@163.com，lipt2007@163.com，linzhangbo@126.com，欢迎来电来信。